FI

本书全面适用于Flash CS5\CS6\CC版本学习使用

刘春玲　郝国芬　编著

案例大讲堂

中文版 **Flash**

商业广告设计
与网络动画制作

300例

随书附赠高质量近62小时视频教学

超值附赠配套资源，内容包括近2300个素材文件、源文件，以及近62小时的视频教学文件，使读者可享受专家课堂式的讲解，成倍提高学习效率。

☑ 本书内容全面，以提高读者的动手能力为出发点，通过300个案例全面地讲解了Flash商业广告设计和网络动画制作过程，帮助读者系统地掌握Flash软件的操作技能和相关行业知识。

☑ 全面介绍软件技术与制作经验的同时，还专门为读者设计了许多知识提示，以方便读者在遇到问题时可以及时得到准确、迅速的解答。

☑ 每一个完整的案例都有详细的讲解，让读者通过反复的练习，一步步的提升，实现从菜鸟变达人，轻松应对日常的设计工作。

U0271650

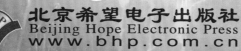
BHP
北京希望电子出版社
Beijing Hope Electronic Press
w w w . b h p . c o m . c n

内 容 简 介

本书全面讲解 Flash 动画设计与制作，能够帮助读者从浅入深、循序渐进地学习 Flash 动画。

全书共 15 章。第 1~3 章以动画角色与道具的绘制、动画场景及其他网络动画的绘制来介绍 Flash 动画的基础知识。第 4~8 章通过网页按钮的制作、网站导航的制作、简单网络动画的制作、基础交互动画的制作、网站片头的制作等内容，讲解 Flash 网站、网页动画的技巧要领。第 9~11 章通过 Flash 网站全站制作、游戏角色与场景动画、完整游戏制作等内容，讲解 Flash 网站及游戏动画的制作。第 12~14 章通过商业广告的制作、卡片与请柬的制作、课件的制作，介绍 Flash 商业动画的应用。第 15 章通过动画短片的制作，总结前面所学知识，将内容化散为整，学习完整商业动画的制作。

本书从零开始、图文并茂、讲解细致、循序渐进，适合初、中级学者学习使用，同时也可以作为大中专院校相关专业及社会各类培训班的教学用书。

本书配套资源包含书中所有案例的多媒体语音教学、源文件、素材文件和部分操作文件，绘声绘影的讲解让您一学就会、一看就懂。

图书在版编目（CIP）数据

中文版 Flash 商业广告设计与网络动画制作 300 例 / 刘春玲，郝国芬编著.—北京：北京希望电子出版社，2015.9

ISBN 978-7-83002-194-8

Ⅰ.①中⋯ Ⅱ.①刘⋯ ②郝⋯ Ⅲ.①动画制作软件 Ⅳ.① TP391.41

中国版本图书馆 CIP 数据核字（2015）第 067554 号

出版：北京希望电子出版社   封面：深度文化

地址：北京市海淀区中关村大街 22 号   编辑：刘秀青

     中科大厦 A 座 10 层   校对：刘 伟

邮编：100190   开本：889mm×1194mm 1/16

网址：www.bhp.com.cn   印张：19（全彩印刷）

电话：010-82620818（总机）转发行部   字数：729 千字

     010-82626237（邮购）   印刷：北京市博图彩色印刷有限公司

传真：010-62543892

经销：各地新华书店   版次：2019 年 8 月 2 版 1 次印刷

定价：69.00 元

实例006 动物角色类——猫头鹰的绘制

实例007 动物角色类——猫咪的绘制

实例019 交通道具类——飞机的绘制

实例021 植物道具类——树木的绘制

实例023 季节场景类——春景郊外绘制

实例025 季节场景类——秋季农景绘制

实例027 自然场景类——海景绘制

实例030 建筑场景类——卡通建筑绘制

实例033 室外场景类——街道1绘制

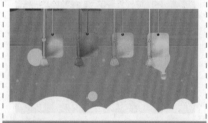

实例050 导航按钮——制作拉绳式按钮

实例053 网页按钮——制作前浮式按钮

实例057 网页按钮——制作指针按钮

实例059 照片查看器——制作按钮缩览图

实例065 网页按钮——制作照片按钮

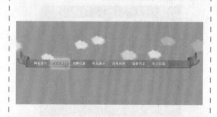

实例071 网页导航——横向滑动导航

实例073 网页导航——收缩式导航

实例084 网页导航——简易导航

实例102 简单动画——音乐播放器

实例104　简单广告——轮播广告

实例111　鼠标控制对象——樱花开放

实例115　脚本控制——仿真计算器

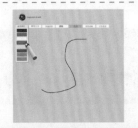

实例116　脚本控制——多功能绘画板

实例122　脚本控制——定时闹钟

实例128　交互动画——全功能电子杂志

实例133　网站片头——房地产网片头制作

实例134　网站片头——披萨网站片头制作

实例145　网站片头——古典中国风片头

实例150　开场动画——动物园开场

实例157　Flash网站制作——商业公司网站

实例159　Flash网站制作——美容网站全站

实例163　Flash网站全站——餐饮公司网站

实例164　Flash网站全站——菱形公司网站

实例169　Flash网站全站——复古型网站

实例173　Flash网站全站——旅游网站

实例183　场景动画——向日葵生长

实例189　场景动画——春天郊外风光

实例196　场景动画——下雪

实例197　场景动画——燃烧的火焰

实例204　场景动画——舞台聚光灯

实例205　游戏制作——打地鼠游戏

实例206　游戏制作——打鸭子游戏

实例210　游戏制作——找不同游戏

实例215　游戏制作——桌球游戏

实例219　游戏制作——棋子游戏

实例223　游戏制作——填充游戏

实例226　游戏制作——苹果打字游戏

实例230　汽车广告——新品上市

实例231　化妆品广告——单品宣传广告1

实例233　游戏广告——武器选择

实例234　游戏广告——游戏宣传

实例236　游戏广告——武林悬赏令

实例240　活动广告——设计比赛广告

实例242　食品广告——特价促销

实例243　食品广告——饮料新品

实例245　卡片制作——爱情卡片

实例247　卡片制作——关心卡片

实例248　卡片制作——漂流瓶

实例250　贺卡制作——端午贺卡

实例253　贺卡制作——生日贺卡

实例255　贺卡制作——元旦贺卡2

实例257　卡制作——万圣节贺卡2

实例261　贺卡制作——圣诞节贺卡

实例272　英语课件——看图学英文

实例276　语文课件——赠汪伦

实例278　语文课件——小学识字

实例286　MV短片——爱在深秋

实例287　MV短片——真心话

实例288　MV短片——个人演唱会

实例290　公益短片——节约用电

实例295　宣传短片——电影宣传航空

实例298　动画短片——爱的伤害

实例299　动画短片——爱的礼物

前言 PREFACE

关于Flash动画

Flash动画是目前网络上最流行的一种交互式动画，因其体积小、兼容性好、互动性强等诸多特点，被广泛应用于娱乐、教学、商业等多个领域。相比传统动画，Flash动画不仅容易给人留下深刻的印象，也十分利于网络传播。

Flash动画在商业领域十分常见，不论是网站网页，还是广告动画，甚至是课件演示都可以看到Flash动画的身影。其独有的视觉效果和感染力，成为各行各业宣传企业形象、推广产品的最佳方式。

本书内容安排

本书是介绍Flash商业广告与网络动画应用的实例教程。全书共15章，通过300个实例全面地介绍商业广告和网络动画制作过程中使用的各种知识和技术，帮助读者学习Flash动画的制作。

全书内容如下：

第1~3章以动画角色、动画场景及其他常见动画的绘制来学习Flash动画的基础知识，通过动画角色、道具及场景绘制的学习，帮助读者打下一定的绘画基础。

第4~6章通过对网页按钮的制作、网页导航的制作、简单网络动画制作等内容的讲解，帮助读者全面掌握简单Flash动画的制作要领。

第7~14章通过对Flash网站全站制作、游戏角色与场景动画的制作、完整游戏的制作、商业广告的制作、卡片与请柬及课件制作等内容的讲解，帮助读者深入学习各领域在Flash中的应用。

第15章通过MV短片、公益短片、宣传短片及动画短片制作的讲解，帮助读者总结前面各章所学知识，将其化散为整，学习完整动画的制作。

本书内容全面、知识丰富。书中实例的操作性、趣味性和针对性都比较强，适合广大Flash爱好者学习，也可作为培训机构和各大院校的参考教程。

本书编写特色

零基础起步 商业动画层层掌握	本书从Flash的卡通形象绘制到动画短片的制作，共用了15章的内容，从基础讲解、逐渐深入，涉及了Flash动画制作的每个知识点。每个实例是通过细致、层层递进的知识结构体系讲解，使读者真正从不会到熟练、从新手到高手。
重点难点解读 技巧提示穿插全书	全书共300个实例，每个实例中涉及的重点或难点，在提示内容中都会进行讲解，可以加深读者对Flash各工具和功能的认识和使用。
动画类型细分 商业应用全面讲解	本书将商业动画细致分类，并按章节介绍，包括动画角色、动画场景、网页按钮、网页导航、网络动画、交互动画、片头与开场动画、游戏角色与场景动画、完整游戏、商业广告、卡片与请柬及动画短片等，帮助读者全面学习商业动画的制作，并能应用到实际工作中。
超清语音教学 学习效率成倍提高	本书配套资源收录全书300个实例的高清语音视频教学，可以在家享受专家课堂式的讲解，成倍提高学习兴趣和效率。

本书配套资源

本书配套资源，其中包含了全书300个实例的源文件与素材，近62个小时的高清语音视频教学，生动、详细地讲解了每个实例的制作方法和过程，如同专业讲师现场演练，能成倍提高学习兴趣和效率，真正的物超所值。

本书创作团队

本书由河北工程技术高等专科学校刘春玲老师编写了第1～9章，河北工程技术高等专科学校郝国芬老师编写了第10~15章。此外，参与本书整理的还有陈志民、江凡、张洁、马梅桂、戴京京、骆天、胡丹、陈运炳、申玉秀、李红萍、李红艺、李红术、陈云香、陈文香、陈军云、彭斌全、林小群、刘清平、钟睦、刘里锋、朱海涛、廖博、喻文明、易盛、陈晶、张绍华、黄柯、何凯、黄华、陈文轶、杨少波、杨芳、刘有良、刘珊、赵祖欣、齐慧明等。

由于作者水平有限，书中错误、疏漏之处在所难免。在感谢您选择本书的同时，也希望您能够把对本书的意见和建议告诉我们。邮箱：bhpbangzhu@163.com。

编著者

目 录 CONTENTS

第5章　网页导航的制作

第6章　简单网络动画的制作

第7章　基础交互动画制作

第8章　片头与开场动画的制作

第9章　Flash网站全站制作

第10章　游戏角色与场景动画的制作

第11章　完整游戏的制作

第12章　商业广告制作

第13章 卡片与请柬的制作

第14章 课件的制作

第15章 动画短片的制作

第 1 章　动画角色与道具的绘制

　　在动画的创作中，角色与道具的塑造占有极其重要的地位。它直观地传递着整个动画片的情节、风格等，在商业动画片中尤其重要。

　　角色设计在动画、游戏等制作中处于核心地位，具有独特的行为以及鲜明个性的动画角色能够在观众的脑海中留下深刻的印象。同时角色也是品牌衍生的基础，用动画角色形象设计的广告、包装随处可见，各类动漫玩具、动漫游戏、动漫图书等周边产品已广泛地被大众接受，角色的系列产品开发对于动画的投资商来说可以带来高额的回报。

　　动画道具在动画、游戏等作品中交代了故事的背景，它不仅仅是渲染场景的重要元素，也是动画片中主人公所爱好、所依赖的重要物品。好的动画道具是有个性、有生命力的标志性符号，它能丰富画面的效果，甚至有时候能烘托出主人公的情感。

实例001　人物角色类——动画人物的绘制

动画角色是一部动画作品成功的关键所在，甚至能够决定整个作品的命运。

案例设计分析

设计思路

　　人物造型的设计要注意彰显个性，人物的性格主要通过着装、动作进行体现。本实例人物绘制的关键在于先使用线条工具、椭圆工具等绘图工具绘制人物线稿，再使用钢笔工具细致刻画，最后使用颜料桶工具着色。为清晰地表现绘制流程及方便修改，每个步骤分图层绘制，因此图层的运用也十分关键。

案例效果剖析

本实例绘制的动画人物角色效果如图1-1所示。

图1-1　效果展示

案例技术要点

本实例中主要用到的功能及技术要点如下。

- 线条工具与椭圆工具：使用线条工具、椭圆工具绘制形象大致轮廓。
- 选择工具：使用选择工具调整轮廓线。
- 钢笔工具：使用钢笔工具绘制平滑的线条及刻画细节。
- 颜料桶工具：使用颜料桶工具为封闭的图形填充颜色。

案例制作步骤

源文件路径	源文件\第1章\实例001 动画人物的绘制.fla
视频路径	视频\第1章\实例001 动画人物的绘制.mp4
难易程度	★
学习时间	5分26秒

　❶ 选择工具箱中的 ✏（刷子工具），调整笔触大小和形状，在舞台上先绘制角色的大致外形，如图1-2所示。

图1-2　绘制角色的大致形象

　❷ 使用 ✒（钢笔工具）将平滑的线条标出，如图1-3所示。

提　示

　　因为身体和手势会重合，所以在绘制手势时一定要记得新建图层，避免后面清理线条造成麻烦。

图1-3　用钢笔工具标出线条

❸ 新建一个图层，勾勒五官，如图1-4所示。

图1-4　勾勒五官

❹ 使用相同的方法，使用 ▣（钢笔工具）标出平滑的线条，如图1-5所示。

图1-5　标出平滑线条

❺ 使用相同的方法，将头发、帽子和服饰简易标出，如图1-6所示。

图1-6　简易标出

❻ 刻画手指、眼珠、服装纹理等细节，完成线稿的绘制，如图1-7所示。

图1-7　删除多余线条

💬 提示

线稿完成后，不要着急填色，先将绘制辅助线条的图层锁定，全选所有平滑线条并复制，新建图层后进行粘贴，再将多余的线条一一删除，就可以为线稿填充颜色了。

❼ 使用 ▣（颜料桶工具）对其填充颜色，完成人物的绘制，如图1-8所示。

图1-8　填充颜色后的效果

⬢ 实例002　人物角色类——漫画人物的绘制

漫画人物不同于动画人物之处在于，漫画人物根据情节的需求会将动作或表情进行夸张变形处理，具有讽刺与幽默的特点。

>> 案例设计分析

🔵 设计思路

设计漫画人物时，为了产生强烈的视觉反差，只需要抓住某个特点进行最大化的夸张即可。本实例将制作一个贪官形象的漫画，人物设计主要通过刻画肥胖的身体和细小的腿，形成反差；再制作其一手高举清廉旗帜，一手背地里贪污受贿画面，将赤裸裸的腐败形象表现出来。

本实例使用多种绘图工具绘制人物的线稿与细节，使用颜料桶工具为不同的区域填充颜色，最后使用文本工具输入文字。

🔵 案例效果剖析

本实例绘制的漫画人物效果如图1-9所示。

绘制线稿　　　　　填充颜色

图1-9　效果展示

>> 案例技术要点

本实例中主要用到的功能及技术要点如下。

● 绘图工具：使用线条工具、椭圆工具、钢笔工具等多种绘图工具绘制人物线稿。
● 颜料桶工具：使用颜料桶工具为图形填充颜色。
● 文本工具：使用文本工具输入文字。

>> 案例制作步骤

源文件路径	源文件\第1章\实例002 漫画人物的绘制.fla		
视频路径	视频\第1章\实例002 漫画人物的绘制.mp4		
难易程度	★	学习时间	4分38秒

❶ 使用 ◯（椭圆工具）绘制两个圆分别当做头部和肚子，再使用 ＼（线条工具）进行连接、勾勒，大致效果如图1-10所示。

图1-10 绘制人物轮廓

❷ 新建一个图层后，使用 ◊（钢笔工具）对轮廓进行描线，其效果如图1-11所示。

图1-11 描线

❸ 新建一个图层，用 ＼（线条工具）将人物的服装大致绘制出来，如图1-12所示。

图1-12 绘制服饰

❹ 新建一个图层，继续勾勒五官，如图1-13所示。

图1-13 绘制五官

❺ 新建一个图层，使用 ◊（钢笔工具）描线，将五官及脸部的赘肉等细节进行处理，如图1-14所示。

图1-14 细节处理

❻ 新建一个图层，对旗帜进行刻画，对其藏在背后的手及"赃物"进行绘制，使用 T（文本工具）输入文字，如图1-15所示。

图1-15 绘制道具

❼ 描线完成后，将辅助图层锁定。全选其他图层，并对所选内容进行复制，新建图层后进行粘贴，最终线稿如图1-16所示。

图1-16 删除多余线条

❽ 使用 ◊（颜料桶工具）对其填充颜色，并修改文本颜色为白色，如图1-17所示。

图1-17 填充颜色后的效果

➡ 实例003 人物角色类——插画人物的绘制

我们平常所看的报纸、杂志、各种刊物或儿童图画书中，在文字间所加插的图画，统称为插画。插画不但能突出主题思想，还能增强艺术感染力。

➤➤ 案例设计分析

ⓑ 设计思路

插画人物简化了人物细节，注重表现特点。本实例使用钢笔工具绘制出插画人物的轮廓，使用颜料桶工具为图形填充颜色。对于多个重复的图形，可以按住Ctrl键进行快速复制并按Q键调整图形的大小与角度。

ⓑ 案例效果剖析

本实例绘制的插画人物效果如图1-18所示。

绘制线稿与填色   细节刻画

图1-18 效果展示

案例技术要点

本实例中主要用到的功能及技术要点如下。

- 钢笔工具：使用钢笔工具勾勒平滑的轮廓曲线。
- 颜料桶工具：使用颜料桶工具对封闭的图形进行颜色填充。
- 椭圆工具：使用椭圆工具绘制项链，使用选择工具调整椭圆弧度。
- 快速复制：选择对象后，按住Ctrl键拖动即可快速进行复制。
- 任意变形：使用任意变形工具的快捷键Q调整复制图形的角度与大小。

源文件路径	源文件\第1章\实例003 插画人物的绘制.fla		
视频路径	视频\第1章\实例003 插画人物的绘制.mp4		
难易程度	★	学习时间	21分31秒

实例004 人物角色类——Q版人物的绘制

Q版人物以其夸张的造型、可爱的特点深深吸引着广大动漫爱好者。所谓Q版人物，是指头身比例小于正常头身比例的人物。通常有立七坐五盘三半的说法，是指正常人在站立的情况下是七个头的比例，坐着是五个头的比例，而盘坐着则是三个半头的比例。在动漫人物的绘制中，人物的头身比可以根据实际情况进行设定。但是Q版人物的绘制通常是指四个头比例以下的人物。

案例设计分析

🔵 设计思路

本实例绘制的Q版人物为二头身Q版人物，二头身即人物是两个头身比例的人物。二头身Q版人物的头占整个人物的一半，因此头部的刻画是极其重要的。一般情况下，二头身的人物身体许多细节都被故意省略掉了，所以，Q版人物的手脚不用细致刻画，画出大概即可。

使用绘图工具将Q版人物的身体比例进行大致设定，然后在新建的图层中绘制主要线稿，并在确定最终形象后删除多余的线条，填充颜色即可。

🔵 案例效果剖析

本实例绘制Q版人物的效果如图1-19所示。

绘制线稿　　　　　填充颜色

图1-19　效果展示

案例技术要点

本实例中主要用到的功能及技术要点如下。

- 绘图工具：使用椭圆工具、线条工具、钢笔工具等绘图工具绘制人物的线稿轮廓。
- 选择工具：使用选择工具调整线条的弧度。
- 颜料桶工具：使用颜料桶工具为图形填充主体颜色与阴影颜色。

案例制作步骤

源文件路径	源文件\第1章\实例004 Q版人物的绘制.fla		
视频路径	视频\第1章\实例004 Q版人物的绘制.mp4		
难易程度	★	学习时间	5分07秒

❶ 新建一个空白文档，使用 （椭圆工具）在舞台中绘制椭圆作为人物头部轮廓，并用（选择工具）进行调整，然后使用（线条工具）大致勾勒出体型，如图1-20所示。

图1-20　绘制人物轮廓

❷ 新建一个图层，使用（钢笔工具）根据"图层1"图层中的头部轮廓，绘制出头发以及五官的位置，如图1-21所示。

图1-21　绘制头部

❸ 新建一个图层，根据"图层1"图层中绘制的身体外貌，绘制大致体型，如图1-22所示。

图1-22　描线

④ 新建一个图层，进一步绘制刘海及服饰，如图1-23所示。

图1-23 绘制刘海及服饰

⑤ 新建一个图层，将前面所有图层上的内容复制后，粘贴在此图层上。删除多余线条，并绘制阴影区域，完成线稿，如图1-24所示。

图1-24 删除多余线条

⑥ 使用 （颜料桶工具）填充颜色，如图1-25所示。

	#915E1D
	#4A2C10
	#FFF4E0
	#DEC6B4
	#724919
	#D5BA00
	#FFE73E
	#1D1A22
	#0F409B

图1-25 填充颜色后的效果

实例005 人物角色类——写实人物的绘制

写实人物的绘制相比其他风格人物的绘制要难一点。

案例设计分析

设计思路

写实人物本身要接近于日常生活中的真人，五官、身体比例、动态都没有进行夸张的处理，相对接近真实人物。绘制写实人物脸部是难点与重点之处。因此，本实例在绘制写实人物时，将重点放在人物的五官上。参考身边的人，将五官写实绘制；根据人体对称的原理，绘制相应的图形后复制并水平翻转；根据光影原理，将阴影与高光颜色进行区分填充，表现人物的立体感。

案例效果剖析

本案例绘制的写实人物效果如图1-26所示。

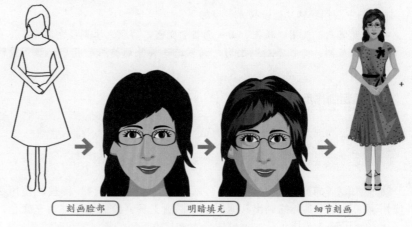

刻画脸部   明暗填充   细节刻画

图1-26 效果展示

案例技术要点

本实例中主要用到的功能及技术要点如下。

- 图层的应用：新建不同的图层，在相应的图层中绘制相应的对象，以及对图层锁定，便于绘制与修改。
- 复制与水平翻转：对于对称的五官、四肢，可将图形复制后进行水平翻转。
- 颜色填充：人物填充需要先对主体颜色进行填充，再对高光与阴影进行填充，以表现其立体感。

源文件路径	源文件\第1章\实例005 写实人物的绘制.fla		
视频路径	视频\第1章\实例005 写实人物的绘制.mp4		
难易程度	★	学习时间	21分16秒

实例006 动物角色类——猫头鹰的绘制

在动画、游戏等作品中，除了人物角色外，动物角色也占有很重要的地位。

案例设计分析

设计思路

由于鸟类体型偏小，因此身体部分的绘制可以简化，鸟类角色的绘制关键在于表现其翅膀与头部，根据不同鸟类来重点刻画其鸟类特征。本实例绘制的猫头鹰，关键在于表现猫头鹰的眼睛。在制作本实例时，使用绘图工具绘制身体，使用椭圆工具将猫头鹰的眼睛进行重点绘制，使用颜料桶工具填充颜色，使眼睛表现得更为传神。最后绘制树枝，使猫头鹰更加形象。

案例效果剖析

本实例绘制的猫头鹰效果如图1-27所示。

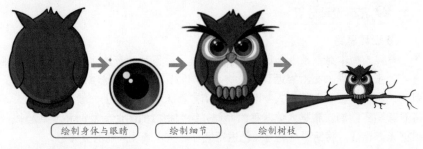

绘制身体与眼睛　　绘制细节　　绘制树枝

图1-27　效果展示

案例技术要点

本实例主要用到的功能及技术要点如下。

● 渐变填充：使用"颜色"面板调整渐变色，为颜色填充径向渐变。

● 图层应用：分图层绘制图形，设置遮罩层并调整图层顺序，显示最终效果。

案例制作步骤

源文件路径	源文件\第1章\实例006 猫头鹰的绘制.fla		
视频路径	视频\第1章\实例006 猫头鹰的绘制.mp4		
难易程度	★	学习时间	29分46秒

❶ 使用◎（椭圆工具）绘制圆，并使用✎（铅笔工具）绘制出其他图形，接着使用▶（选择工具）调整图形后填充颜色，将多余的线条删除，如图1-28所示。

图1-28　绘制身体轮廓

❷ 新建"图层2"图层，绘制翅膀。新建"图层3"图层，移动图层至底层，绘制尾巴，填充颜色，效果如图1-29所示。

图1-29　绘制翅膀和尾巴

❸ 新建"图层4"图层，使用◎（椭圆工具）绘制图形并填充颜色，如图1-30所示。

图1-30　绘制眼眶

❹ 新建"眼睛"图形元件，使用◎（椭圆工具）绘制椭圆，设置填充颜色为径向渐变，调整渐变色，如图1-31所示。

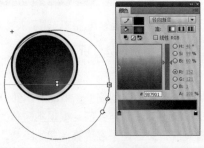

图1-31　调整渐变色

❺ 新建一个图层，使用◎（椭圆工具）绘制椭圆，如图1-32所示。

图1-32　绘制眼睛

❻ 新建一个图层，绘制半圆，并设置填充色标值为Alpha 29%的白色到透明的线性渐变，调整渐变色，如图1-33所示。

图1-33　调整渐变色

❼ 回到主舞台中，将"眼睛"元件拖入舞台中两次，如图1-34所示。

图1-34　拖入眼睛

❽ 新建"图层5"图层，复制"图层4"图层中的图形，粘贴到当前位置。设置该图层为遮罩层，效果如图1-35所示。

图1-35　设置遮罩层

⑨ 新建"图层6"图层，使用 （钢笔工具）绘制眉毛，如图1-36所示。

图1-36 绘制眉毛

⑩ 新建"图层7"图层，绘制嘴巴。再新建"图层8"图层，调整至"图层7"图层的下方，绘制图形，如图1-37所示。

图1-37 绘制嘴巴

⑪ 新建"图层9"图层，绘制鹰爪并填充颜色，如图1-38所示。

图1-38 绘制鹰爪

⑫ 新建"图层10"图层，调整至"图层9"图层的下方，绘制树枝，完成后的效果如图1-39所示。

图1-39 最终效果

实例007 动物角色类——猫咪的绘制

猫是动画中出场最多的动物之一，国产动画中，猫一般是以娇小可爱的形象示人。

案例设计分析

设计思路

猫咪绘制在于把握它的形态与特征。本实例绘制的是偏写实的猫咪，通过线条将猫咪的形态细节全部表现出来，使用颜料桶工具为不同的区域填充基本色，然后绘制明暗交界线，填充高光与阴影。

案例效果剖析

本实例绘制的猫咪效果如图1-40所示。

绘制并填充基本色　　　填充明暗色

图1-40 效果展示

案例技术要点

本实例中主要用到的功能及技术要点如下。

● 绘图工具：使用多种绘图工具绘制线稿。
● 选择工具：使用选择工具调整线条。
● 颜料桶工具：使用颜料桶工具为图形填充颜色。

源文件路径	源文件\第1章\实例007 猫咪的绘制.fla	
视频路径	视频\第1章\实例007 猫咪的绘制.mp4	
难易程度	★	学习时间	42分21秒

实例008 动物角色类——蜻蜓的绘制

昆虫类动画身体虽小，但细节刻画也十分重要。

案例设计分析

设计思路

本实例绘制的蜻蜓，对两个大眼睛及嘴巴部分进行了拟人化的处理，其他部分则突出蜻蜓的特色。在制作实例时，使用钢笔工具绘制身体，使用椭圆工具绘制眼睛，使用钢笔工具刻画细节，并使用颜料桶工具填充颜色。

案例效果剖析

本实例绘制的蜻蜓效果如图1-41所示。

绘制线稿   填充颜色   修改线条

图1-41 效果展示

案例技术要点

本实例中主要用到的功能及技术要点如下。

- 椭圆工具：使用椭圆工具绘制基本线稿。
- 颜料桶工具：使用颜料桶工具填充颜色。
- "颜色"面板：在"颜色"面板中选择明暗的颜色。

源文件路径	源文件\第1章\实例008 蜻蜓的绘制.fla		
视频路径	视频\第1章\实例008 蜻蜓的绘制.mp4		
难易程度	★	学习时间	30分15秒

实例009   角色表情类——普通表情的绘制

表情是五官的变化，因此表情绘制的重点在于处理五官。

案例设计分析

设计思路

人物角色表情可以表现一个角色的特点。人物开心时眼睛呈弧形，嘴巴张开。把握这些后，使用绘图工具绘制出开口笑的表情动作，线稿完成后填充颜色即可。

案例效果剖析

本实例绘制的角色普通表情效果如图1-42所示。

绘制线稿   填充颜色

图1-42 效果展示

案例技术要点

本实例中主要用到的功能及技术要点如下。

- 椭圆工具：使用椭圆工具绘制头部的多个圆。
- 线条工具：使用线条工具绘制眉毛、眼睛等。
- 颜料桶工具：使用颜料桶工具为图形填充颜色。

案例制作步骤

源文件路径	源文件\第1章\实例009 普通表情的绘制.fla		
视频路径	视频\第1章\实例009 普通表情的绘制.mp4		
难易程度	★	学习时间	2分16秒

❶ 使用 ◯（椭圆工具）绘制头部，如图1-43所示。

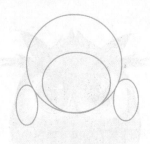

图1-43 绘制头部轮廓

❷ 继续使用 ◯（椭圆工具）绘制脸部，使用 ＼（线条工具）绘制眉毛与眼睛，如图1-44所示。

图1-44 绘制五官

❸ 使用 ◈（钢笔工具）对头部细节进行完善，如图1-45所示。

图1-45 描线

❹ 新建一个图层，将其他图层上的内容全部复制并粘贴到该图层中。选择多余的线条，按Delete键删除，效果如图1-46所示。

图1-46 删除多余线条

⑤ 设置填充颜色，使用 🪣（颜料桶工具）进行填充，效果如图1-47所示。

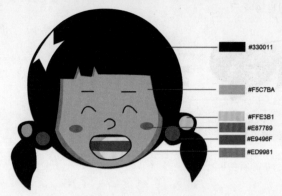

■	#330011
■	#F5C7BA
■	#FFE3B1
■	#E87789
■	#E9496F
■	#ED9981

图1-47　填充颜色后的效果

实例010　角色表情类——夸张表情的绘制

夸张，即夸大的意思，将人物的某个动作或表情通过绘画的方式夸大，而这些动作表情是人类平常生活所达不到的。

案例设计分析

设计思路

夸张表情是将表情进行夸张处理，使其更能体现表情特色，本实例绘制的夸张表情将眼睛、嘴巴进行放大处理，更能体现人物的惊讶。将人物头部看成是多个几何形体的组合，并使用椭圆工具、矩形工具绘制头部结构，使用钢笔工具绘制细节，然后使用颜料桶工具填充颜色。

案例效果剖析

本实例绘制的角色夸张表情效果如图1-48所示。

绘制线稿　　　　填充颜色

图1-48　效果展示

案例技术要点

本实例中主要用到的功能及技术要点如下。

● 椭圆工具与矩形工具：使用两种工具绘制头部结构。
● 线条工具：使用线条工具绘制形象大致轮廓。
● 选择工具：使用选择工具调整线条。
● 颜料桶工具：使用颜料桶工具为图形填充颜色。

案例制作步骤

源文件路径	源文件\第1章\实例010 夸张表情的绘制.fla	
视频路径	视频\第1章\实例010 夸张表情的绘制.mp4	
难易程度	★　　学习时间	3分55秒

① 使用 ⬭（椭圆工具）和 ▭（矩形工具）绘制人物头部，如图1-49所示。

图1-49　绘制头部轮廓

② 使用 ◣（线条工具）勾勒人物头发外形，如图1-50所示。

图1-50　勾勒人物头发外形

③ 使用 ✒（钢笔工具）绘制头发细节，如图1-51所示。

图1-51　描线

④ 使用 ✒（钢笔工具）绘制出阴影区域，如图1-52所示。

图1-52　绘制阴影

⑤ 将图层上所有内容进行复制，并粘贴到新图层上，删除多余线条，完成线稿，如图1-53所示。

图1-53　删除多余线条

⑥ 使用 🪣（颜料桶工具）填充颜色，效果如图1-54所示。

图1-54　填充颜色后的效果

实例011　角色动作类——人物跑步的绘制

常见的人物动作包括走、跑、跳等，本实例将绘制人物跑步。

案例设计分析

设计思路

跑步动作的关键在于双手与双脚的一前一后打开，为体现出跑步的身体动作，本实例绘制的是侧面跑步。在制作本实例时，使用圆表现人物的头与躯干、关节等主要身体部位，使用线条将各部位连接，删除多余的线条后即为主要身体结构。在身体上绘制服饰等细节，最后填充颜色。

案例效果剖析

本实例绘制的人物跑步效果如图1-55所示。

绘制线稿　　　　　填充颜色

图1-55　效果展示

案例技术要点

本实例中主要用到的功能及技术要点如下。

- 椭圆工具：使用椭圆工具绘制主要的身体部位。
- 线条工具：使用线条工具绘制身体结构轮廓。
- 钢笔工具：使用钢笔工具绘制平滑的细节线条。
- 颜料桶工具：使用颜料桶工具为图形填充颜色。

案例制作步骤

源文件路径	源文件\第1章\实例011 人物跑步绘制.fla	
视频路径	视频\第1章\实例011 人物跑步绘制.mp4	
难易程度	★	学习时间	4分32秒

① 使用 ⬭（椭圆工具）与 ＼（线条工具）描绘人体结构，如图1-56所示。

图1-56　绘制人体结构图

② 新建一个图层，将有用的线条描绘下来，如图1-57所示。

图1-57　描线

③ 绘制帽子、头发和服饰的大致外观，如图1-58所示。

图1-58　添加服饰

④ 使用 ✒（钢笔工具）对头发、帽子和服饰进行定型，如图1-59所示。

⑤ 刻画眼睛、手掌、衣服和鞋子，如图1-60所示。

图1-59 绘制服饰

图1-60 刻画细节

6 将前面所有内容进行复制,并粘贴在新图层上,删除多余线条,完成线稿,如图1-61所示。

图1-61 删除多余线条

7 使用 ▣(颜料桶工具)填充颜色,完成效果如图1-62所示。

■	#7A4207
■	#008836
■	#65B822
■	#F7B798
■	#FDCDB7
■	#DFF595
■	#FDE5C1
■	#3081AC
■	#FAE605
■	#91B9D2
■	#FF7F00
■	#B95401

图1-62 填充颜色后的效果

实例012 角色动作类——夸张动作的绘制

在动画影视作品中,夸张的表现手法对于角色性格的塑造有着很大的帮助,动画师在制作动画作品时更加会借用这种夸张的表现手法,让观众立刻能明白角色的个性特征,也会把角色的机智、滑稽、倒霉,或是愚蠢的形象淋漓尽致地表现出来。

案例设计分析

设计思路

夸张动作与普通动作的不同之处在于将重点部位突出放大或变形。本实例绘制的是俯视人物图,根据近大远小的原理,将人物的身体部分绘制的较小,而手则放大并夸张处理。在制作实例时,使用铅笔工具将人物的大致形态绘制出来,再根据形态一步步刻画结构、细节、明暗交界线等,完成形状的最终线稿后填充相应的颜色。

案例效果剖析

本实例绘制的夸张动作效果如图1-63所示。

绘制线稿　　　　填充颜色

图1-63 效果展示

案例技术要点

本实例中主要用到的功能及技术要点如下。

- 铅笔工具:使用铅笔工具绘制大致的形态。
- 钢笔工具:使用钢笔工具勾勒复杂的线条
- 颜料桶工具:使用颜料桶工具为图形填充颜色。

源文件路径	源文件\第1章\实例012 夸张动作的绘制.fla
视频路径	视频\第1章\实例012 夸张动作的绘制.mp4
难易程度	★	学习时间	28分17秒

实例013 游戏道具类——武器的绘制

在游戏中涉及的道具很多,在武侠类动画中多会出现兵器等道具,所以游戏中道具的绘制十分重要。

案例设计分析

设计思路

在卡通游戏中,武器类道具也会被刻画得小巧与可爱。本实例绘制的是卡通风格的武器,保留了斧子的原型,在斧子上增加装饰图案则让其减弱了武器的危险感。本实例使用线条工具绘制出基本形态,在确定斧头的形态后,完善轮廓与细节,在完成的线稿上填充颜色。

案例效果剖析

本实例绘制的武器效果如图1-64所示。

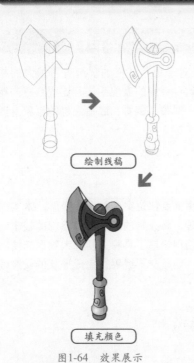

绘制线稿

填充颜色

图1-64　效果展示

❯❯ 案例技术要点

本实例中主要用到的功能及技术要点如下。

- 线条工具：使用线条工具绘制道具大致形态。
- 钢笔工具：使用钢笔工具在基本形态上绘制平滑线稿。
- 颜料桶工具：使用颜料桶工具为线稿填充颜色。

❯❯ 案例制作步骤

源文件路径	源文件\第1章\实例013武器的绘制.fla
视频路径	视频\第1章\实例013武器的绘制.mp4
难易程度	★
学习时间	2分38秒

❶ 首先绘制斧头整体的轮廓，如图1-65所示。

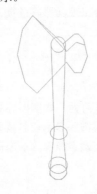

图1-65　绘制斧子轮廓

❷ 使用平滑的线条将斧头外观描绘出来，如图1-66所示。

图1-66　描线

❸ 对斧子的花纹进行绘制，如图1-67所示。

图1-67　添加花纹

❹ 将图层上的所有内容全部复制，并粘贴到新图层上，删除多余线条，绘制阴影区域，效果如图1-68所示。

图1-68　删除多余线条

❺ 对线稿填充颜色，效果如图1-69所示。

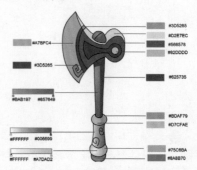

图1-69　填充颜色后的效果

▶ 实例014　游戏道具类——盾牌的绘制

在各类游戏中，盾牌作为防御的象征，被刻画得千奇百怪。

❯❯ 案例设计分析

◉ 设计思路

不同游戏的道具都有其特定的设计风格，本实例通过绘制盾牌中的骷髅头像表现其十足的防御性。使用椭圆工具绘制多个同心圆，确定盾牌的外形为圆形，并使用其他绘图工具在圆中间绘制盾牌图案。使用"颜色"面板，设置不同区域的填充颜色。为外轮廓填充线性渐变色，以表现金属的质感。为中间区域填充位图，以表现木材质感。另外，骷髅头与眼睛均填充径向渐变，散发金属与宝石光泽。

◉ 案例效果剖析

本实例绘制的盾牌道具效果如图1-70所示。

绘制线稿　　　填充颜色

图1-70　效果展示

案例技术要点

本实例中主要用到的功能及技术要点如下。

- 椭圆工具：使用椭圆工具绘制同心圆。
- 线条工具：使用线条工具绘制形象大致轮廓。
- 钢笔工具：用平滑的线条绘制细节。
- 颜色填充：为盾牌填充渐变色与位图。

案例制作步骤

源文件路径	源文件\第1章\实例014 盾牌的绘制.fla
素材路径	素材\第1章\实例014\木板纹理.jpg
视频路径	视频\第1章\实例014 盾牌的绘制.mp4
难易程度	★
学习时间	5分40秒

❶ 使用◯（椭圆工具）绘制盾牌轮廓，如图1-71所示。

图1-71 绘制盾牌轮廓

❷ 使用◥（线条工具）勾勒中间骷髅头，如图1-72所示。

图1-72 绘制骷髅头

❸ 绘制盾牌破损效果，如图1-73所示。

❹ 将图层上所有内容进行复制，并粘贴到新图层上，删除多余线条，如图1-74所示。

图1-73 绘制盾牌破损效果

图1-74 删除多余线条

❺ 巧妙运用"颜色"面板中的线性渐变、径向渐变及位图填充颜色，最终效果如图1-75所示。

图1-75 填充颜色后的效果

实例015 日常道具类——沙发的绘制

日常道具是指日常生活中所见的道具，如家具、日用品等都属于此类道具。

案例设计分析

设计思路

沙发是室内场景中经常用到的道具，刻画沙发在于表现其外形及材质，以及根据光源填充颜色，使其呈现立体感。沙发的外形通常可以直接看成矩形，通过对矩形的线条弧度进行调整来决定最终形态；绘制椭圆作为沙发细节，为沙发的不同区域填充颜色，完成沙发的绘制。

案例效果剖析

本实例绘制的沙发效果如图1-76所示。

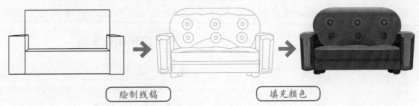

图1-76 效果展示

案例技术要点

本实例中主要用到的功能及技术要点如下。

- 矩形工具：使用矩形工具绘制沙发的外形。
- 其他绘图工具：结合使用多种绘图工具绘制沙发的纹饰。
- 位图填充：在"颜色"面板中可以选择位图填充，并使用渐变变形工具调整填充色。

案例制作步骤

源文件路径	源文件\第1章\实例015 沙发的绘制.fla		
素材路径	素材\第1章\实例015\素材1.jpg		
视频路径	视频\第1章\实例015 沙发的绘制.mp4		
难易程度	★	学习时间	10分42秒

❶ 使用▢（矩形工具）对沙发整体形状进行绘制，如图1-77所示。

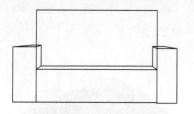

图1-77　绘制沙发整体

❷ 使用 ▧（钢笔工具）和 ▮（选择工具）修改线条，使线条更接近沙发的外形，如图1-78所示。

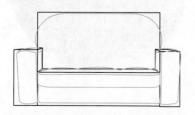

图1-78　描线

❸ 使用 ▭（椭圆工具）、▭（矩形工具）以及 ▮（选择工具）为沙发添加纹饰，如图1-79所示。

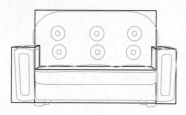

图1-79　添加花纹

❹ 复制所有图层上的内容，粘贴到新图层上，删除多余线条，并绘制阴影区域，如图1-80所示。

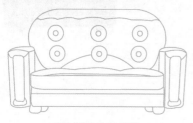

图1-80　绘制阴影

❺ 灵活运用"颜色"面板上的渐变、径向和位图3种填充方式对沙发进行填充，最终效果如图1-81所示。

图1-81　填充颜色后的效果

实例016　日常道具类——台灯的绘制

家具在现代生活中也是必不可少的物品，它们既是物质产品，又是艺术创作。接下来要绘制的台灯是卧室等场景中必不可少的物品。

案例设计分析

设计思路

台灯的绘制重点在于颜色的处理，如光线、灯罩等。不同外形的台灯又有所不同，本实例绘制的台灯是卧室台灯。将台灯的外轮廓通过几何图形绘制处理后，使用线条工具对灯罩等细节进行绘制，根据台灯的不同材质来填充基本颜色或径向渐变色，并使用渐变变形工具调整渐变色的最终效果。

案例效果剖析

本实例绘制的台灯效果如图1-82所示。

绘制线稿　　　填充颜色

图1-82　效果展示

案例技术要点

本实例中主要用到的功能及技术要点如下。

● 椭圆工具与线条工具：使用两种工具绘制台灯的基本形态与轮廓。
● 径向渐变：在"颜色"面板中设置径向渐变色，使用颜料桶工具进行填充。
● 渐变变形工具：使用渐变变形工具调整渐变色。

案例制作步骤

源文件路径	源文件\第1章\实例016 台灯的绘制.fla		
视频路径	视频\第1章\实例016 台灯的绘制.mp4		
难易程度	★★	学习时间	14分30秒

❶ 使用工具箱中的绘图工具绘制几个几何体，拼凑台灯外形，如图1-83所示。

❷ 使用 ◣（线条工具）绘制出台灯的灯帽花纹，如图1-84所示。

图1-83　绘制台灯轮廓

图1-84　添加灯帽花纹

③ 将所有图层上的内容进行复制，并粘贴到新建图层上，删除多余线条，如图1-85所示。

图1-85 删除多余线条

④ 使用"颜色"面板设置颜色，使用 ☑（颜料桶工具）对台灯填充颜色，如图1-86所示。

图1-86 填充颜色后的效果

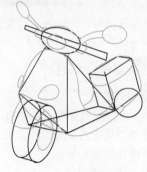

图1-88 绘制摩托车轮廓

② 使用 ☑（钢笔工具）对外形进行调整，如图1-89所示。

实例017 交通道具类——摩托车的绘制

交通道具是指汽车、飞机、轮船等交通所需的工具。作为本实例要绘制的摩托车，构造比较简单，它的部件基本上都裸露在外，所以绘制好摩托车的部件，基本上就能掌握摩托车的画法。摩托车的绘制只要把握其外形及角度即可。

案例设计分析

设计思路

在绘制摩托车时，将其分解并简化为多个几何形体：使用椭圆工具、矩形工具等将几何形状绘制出来，形成摩托车的基本轮廓；在不同的图层中改变线条颜色；使用钢笔工具、铅笔工具等绘制完整摩托车线稿。将多余的线条删除后，根据光源填充相应的颜色。

案例效果剖析

本实例绘制的摩托车效果如图1-87所示。

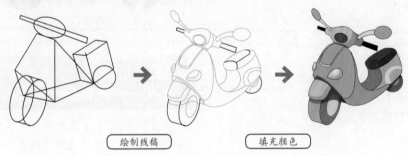

绘制线稿　　　填充颜色

图1-87 效果展示

案例技术要点

本实例中主要用到的功能及技术要点如下。

- 绘图工具：使用椭圆工具、矩形工具、线条工具绘制摩托车基本轮廓。
- 钢笔工具：使用钢笔工具描绘摩托车外形。
- 颜料桶工具：使用颜料桶工具为图形填充颜色。

案例制作步骤

源文件路径	源文件\第1章\实例017 摩托车的绘制.fla	
视频路径	视频\第1章\实例017 摩托车的绘制.mp4	
难易程度	★ 学习时间	39分47秒

① 使用 ☑（椭圆工具）、☑（矩形工具）等绘制摩托车外形，如图1-88所示。

图1-89 描线

③ 绘制其他纹饰，如图1-90所示。

图1-90 绘制纹饰

④ 将所有图层上的内容复制并粘贴到新图层上，删除多余线条，绘制阴影区域，如图1-91所示。

图1-91 删除多余线条

⑤ 使用 ☑（颜料桶工具）对其填充颜色，完成效果如图1-92所示。

图1-92 填充颜色后的效果

实例018 交通道具类——汽车的绘制

汽车是一种现代陆地必不可少的交通工具，一般由发动机、底盘、车身和电气设备等4个基本部分组成。

案例设计分析

设计思路

本实例绘制的是卡通风格的汽车，将汽车外形简化为两个矩形和两个圆，使用选择工具在汽车的原型上加以处理，使轮廓更圆滑。通过为汽车填充多种颜色，使其形象更卡通。

案例效果剖析

本实例绘制的汽车效果如图1-93所示。

图1-93 效果展示

案例技术要点

本实例中主要用到的功能及技术要点如下。

- 绘图工具：使用椭圆工具、矩形工具绘制汽车基本轮廓。
- 钢笔工具：使用钢笔工具描绘汽车外形。
- 颜料桶工具：使用颜料桶工具为图形填充颜色。

案例制作步骤

源文件路径	源文件\第1章\实例018 汽车的绘制.fla		
视频路径	视频\第1章\实例018 汽车的绘制.mp4		
难易程度	★	学习时间	18分42秒

❶ 使用▢（矩形工具）绘制汽车几何体，如图1-94所示。

❷ 用✎（线条工具）和▶（选择工具）绘制汽车外形，如图1-95所示。

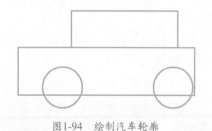

图1-94 绘制汽车轮廓

图1-95 描线

❸ 绘制汽车小零件，如图1-96所示。

图1-96 绘制汽车零件

❹ 复制所有图层上的内容，并粘贴到新图层上，删除多余线条，如图1-97所示。

图1-97 删除多余线条

❺ 对汽车图形填充颜色，效果如图1-98所示。

图1-98 填充颜色后的效果

实例019 交通道具类——飞机的绘制

飞机是现代人生活中不可取代的一种空中运输工具。飞机由机翼、机身、尾翼、起落装置和动力装置等5个主要部分组成。飞机的绘制是比较简单的，只要了解了飞机的构造，就可以比较完整地画出飞机的形态。

案例设计分析

设计思路

在绘制飞机时，将飞机轮廓简化，并使用几何图形工具、钢笔工具、线条工具等对细节进行处理，完成线稿后为飞机填充基本色、绘制明暗线并填充明暗颜色。明暗线是为了便于绘画临时绘制的线条，在完成后需要将其删除。

🔵 案例效果剖析

本实例绘制的飞机效果如图1-99所示。

绘制线稿　　　　填充颜色

图1-99　效果展示

» 案例技术要点

本实例中主要用到的功能及技术要点如下。

- 绘图工具：使用多种绘图工具绘制飞机基本轮廓。
- 钢笔工具：使用钢笔工具描绘飞机外形。
- 颜料桶工具：使用颜料桶工具为图形填充颜色。

源文件路径	源文件\第1章\实例019飞机的绘制.fla		
视频路径	视频\第1章\实例019飞机的绘制.mp4		
难易程度	★	学习时间	30分58秒

➡ 实例020　植物道具类——白菜的绘制

植物道具是指花草树木、蔬果盆栽等。其中，本实例要绘制的白菜是动画，是游戏中必不可少的植物之一。

» 案例设计分析

🔵 设计思路

绘制白菜时，将白菜看成是上宽下窄的圆柱形，使用椭圆工具绘制两个椭圆，并使用线条工具绘制直线连接椭圆，完成基本轮廓的绘制；再使用钢笔工具绘制线条，删除多余的线条后填充颜色，即可完成白菜的绘制。

🔵 案例效果剖析

本实例绘制的白菜效果如图1-100所示。

绘制线稿　　　　填充颜色

图1-100　效果展示

» 案例技术要点

本实例中主要用到的功能及技术要点如下。

- 椭圆工具与线条工具：使用椭圆工具与线条工具绘制白菜的基本轮廓。
- 钢笔工具：用平滑的线条绘制白菜细节。
- 颜料桶工具：使用颜料桶工具为封闭的图形填充颜色。

» 案例制作步骤

源文件路径	源文件\第1章\实例020白菜的绘制.fla		
视频路径	视频\第1章\实例020白菜的绘制.mp4		
难易程度	★	学习时间	19分01秒

❶ 使用 ⬭（椭圆工具）绘制白菜的外形，如图1-101所示。

图1-101　绘制白菜轮廓

❷ 使用 ＼（线条工具）勾勒白菜茎，如图1-102所示。

图1-102　绘制白菜茎

❸ 绘制白菜特有纹理，如图1-103所示。

图1-103　绘制白菜纹理

❹ 使用 ▸（选择工具）调整线条，如图1-104所示。

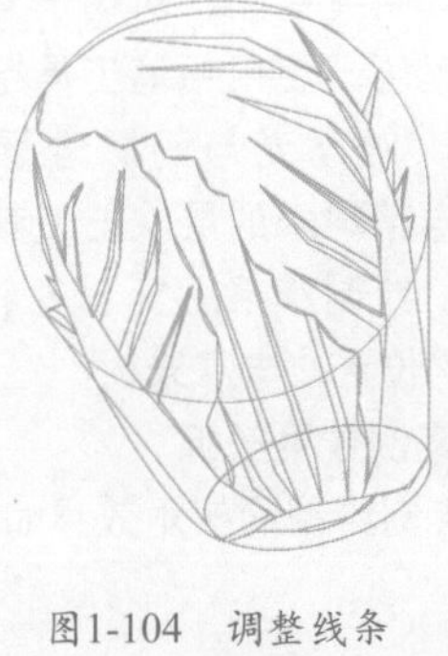

图1-104　调整线条

❺ 复制图层上所有的内容，并粘贴到新图层上，删除多余线条，如图1-105所示。

图1-105　删除多余线条

❻ 使用 🖌️（颜料桶工具）对大白菜填充颜色，效果如图1-106所示。

图1-106　最终效果

实例021　植物道具类——树木的绘制

树木是动画、游戏场景中必不可少的植物之一，动画风格不同，绘制的形象也会有所差异。

》案例设计分析

◎ 设计思路

树木是由树干与树叶组成的。在动画的绘制过程中，树叶的绘制通常进行大片整体刻画，然后通过明暗色来表现树叶的层次。在绘制树木时，先简单绘制线稿图，对树干与树叶分别填充颜色，使用铅笔工具绘制明暗交界线，对高光与阴影进行分别填充，以丰富树木的层次，使其更富有立体感。绘制苹果后复制多个，调整到不同的位置，丰富果树。

◎ 案例效果剖析

本实例绘制的树木效果如图1-107所示。

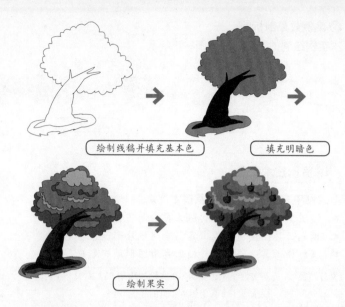

绘制线稿并填充基本色　　　填充明暗色

绘制果实

图1-107　效果展示

》案例技术要点

本实例中主要用到的功能及技术要点如下。

- 铅笔工具：使用铅笔工具绘制树木线稿及明暗交界线。
- 颜料桶工具：为树木填充基本色、高光与阴影颜色。
- 快速复制：选择苹果后，按住Ctrl键拖动即可快速复制出苹果。

源文件路径	源文件\第1章\实例021 树木的绘制.fla		
视频路径	视频\第1章\实例021 树木的绘制.mp4		
难易程度	★	学习时间	27分17秒

实例022　植物道具类——花朵的绘制

花朵是动画场景、游戏场景中很常见的一种植物，掌握绘制花朵的技巧是很有必要的。

》案例设计分析

◎ 设计思路

花朵虽小，但绘制时却不能马虎，本实例以丰富的颜色表现花朵的层次，在绘制花朵时将轮廓进行简化，用椭圆工具、铅笔工具进行绘制，确定花朵的轮廓后，在圆中绘制花瓣，并刻画细节，对不同的区域填充相邻的颜色，体现其真实感。

◎ 案例效果剖析

本实例绘制的花朵效果如图1-108所示。

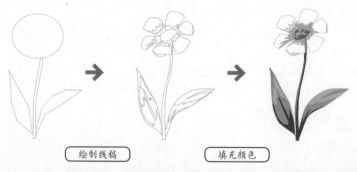

绘制线稿　　　填充颜色

图1-108　效果展示

案例技术要点

本实例中主要用到的功能及技术要点如下。

- 椭圆工具与铅笔工具：使用两种工具绘制基本轮廓。
- 钢笔工具：使用钢笔工具绘制花瓣与叶子上的细节。
- 颜料桶工具：使用颜料桶工具填充颜色。

案例制作步骤

源文件路径	源文件\第1章\实例022 花朵的绘制.fla		
视频路径	视频\第1章\实例022 花朵的绘制.mp4		
难易程度	★	学习时间	22分26秒

① 使用 （椭圆工具）和 （线条工具）大致勾勒花朵外形，如图1-109所示。

图1-109　绘制花朵外形

② 使用 （椭圆工具）与 （铅笔工具）绘制花瓣，如图1-110所示。

图1-110　绘制花瓣

③ 使用 （钢笔工具）和 （选择工具）对线条进行调整，如图1-111所示。

图1-111　描线

④ 选择所有图层上的内容，复制并粘贴到新图层上，删除多余线条，绘制阴影区域，如图1-112所示。

图1-112　绘制阴影

⑤ 使用 （颜料桶工具）填充颜色，效果如图1-113所示。

图1-113　填充颜色后的效果

第 ② 章　动画场景的绘制

动画场景指的是动画角色活动与表演的场合与环境。在动画片的创作中，动画场景通常是为动画角色的表演提供服务的，动画场景的设计要符合要求，展现故事发生的历史背景、文化风貌、地理环境和时代特征。要明确地表达故事发生的时间、地点，结合影片的总体风格进行设计，给动画角色的表演提供合适的场合。在动画片中，动画角色是演绎故事情节的主体，动画场景则要紧紧围绕角色的表演进行设计。

实例023　季节场景类——春景郊外绘制

无论是动画还是广告，都是在场景下活动的，因此场景的绘制十分重要。接下来要绘制的春景郊外，为表现春天的气息，通过明亮鲜艳的色调，制作生机勃勃、舒适怡人的春天郊外风光。

案例设计分析

设计思路

本实例绘制的春天郊外风光，首先将天空与草地分为两部分，使用渐变色填充蓝天后，使用绘图工具绘制云朵与阳光；为表现阳光的柔和性，使用线性渐变填充光线；花朵、草丛、河流都分层绘制及填充。

案例效果剖析

本实例绘制的春天郊外场景效果如图2-1所示。

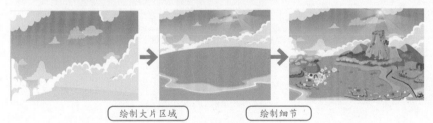

绘制大片区域　　绘制细节

图2-1　效果展示

案例技术要点

本实例中主要用到的功能及技术要点如下。

- 线性渐变：使用线性渐变填充绘制蓝天。
- 绘图工具：使用多种绘图工具绘制图形。

案例制作步骤

源文件路径	源文件\第2章\实例023 春景郊外绘制.fla		
视频路径	视频\第2章\实例023 春景郊外绘制. mp4		
难易程度	★★★	学习时间	22分23秒

❶ 使用 📄（矩形工具）绘制矩形并填充线性渐变，作为蓝天，如图2-2所示。

图2-2　绘制蓝天

❷ 新建一个图层，使用 🖊（铅笔工具）绘制云层，并为云层填充白色与蓝色，如图2-3所示。

图2-3　绘制白云

❸ 新建一个图层，使用 ⬭（椭圆工具）与 ＼（线条工具）绘制太阳与光线，为光线填充渐变色，如图2-4所示。

图2-4　绘制光线

❹ 新建一个图层，使用 🖋（钢笔工具）绘制草地等图形，如图2-5所示。

❺ 新建一个图层，使用 ⬭（椭圆工具）、🖊（铅笔工具）等多种绘图工具绘制草与花，如图2-6所示。

图2-5 绘制草地

图2-6 绘制草与花

⑥ 新建一个图层，使用相同的方法，绘制其他图形，完成春景郊外的绘制，最终效果如图2-7所示。

图2-7 最终效果

丰收的效果，通过绘制一片金黄色调的农场，体现出秋天的气息。

案例设计分析

◎ 设计思路

使用线性渐变填充天空的渐变，使用径向渐变填充夕阳。将夕阳转换为元件后添加发光、模糊滤镜，制作夕阳的朦胧效果。

◎ 案例效果剖析

本实例绘制的秋季农景效果如图2-9所示。

绘制天空、草地等

↓

绘制山峰、小路等

↓

图2-9 效果展示

案例技术要点

本实例中主要用到的功能及技术要点如下。

● 渐变填充：在"颜色"面板中可为图形填充线性渐变或径向渐变，并通过滑块修改不同的渐变色。

● 渐变变形工具：使用渐变变形工具调整渐变色。

● 发光滤镜：为夕阳添加发光滤镜。

● 模糊滤镜：为影片剪辑元件添加模糊滤镜，制作朦胧的效果。

● 色彩效果：添加元件的色彩效果，改变显示颜色与效果。

实例024　季节场景类——夏季海滩绘制

前面介绍了春景场景的绘制，接下来将介绍夏景场景的绘制。夏季天气炎热，很容易让人想到海滩，因此本实例通过绘制海滩来表现夏季的气息。沙滩上成排的椰子树及碧蓝的海水，将夏天表现得淋漓尽致。

案例设计分析

◎ 设计思路

本实例将画面分为天空、沙滩、海水3部分进行绘制。使用颜料桶工具为每个区域填充不同的颜色。天空的绘制关键在于云层与阳光。沙滩的绘制关键在于椰树，绘制一棵椰树后复制多个调整大小与位置。在海面上绘制白色的带状线，表现出海水的波光粼粼。

◎ 案例效果剖析

本实例绘制的夏季海滩场景效果如图2-8所示。

绘制天空与海岸　　　　绘制椰树白云

图2-8 效果展示

案例技术要点

本实例中主要用到的功能及技术要点如下。

● "颜色"面板：在填充线性渐变时会使用到"颜色"面板，调整色标值。

● 水平翻转：执行水平翻转命令将图形翻转。

源文件路径	源文件\第2章\实例024 夏季海滩绘制.fla		
视频路径	视频\第2章\实例024 夏季海滩绘制.mp4		
操作步骤路径	操作\实例024.pdf		
难易程度	★★	学习时间	10分12秒

实例025　季节场景类——秋季农景绘制

春夏秋冬四季交替是场景的整体区分，接下来将绘制秋季场景。为了表现

>> **案例制作步骤**

源文件路径	源文件\第2章\实例025 秋季农景绘制.fla	
视频路径	视频\第2章\实例025 秋季农景绘制.mp4	
难易程度	★★	学习时间	16分38秒

❶ 使用▢（矩形工具）绘制矩形，并使用"颜色"面板修改填充色为线性渐变，使用▣（渐变变形工具）调整渐变色，如图2-10所示。将图片转换为影片剪辑元件。

图2-10 绘制图形并调整颜色

❷ 新建"元件2"影片剪辑元件，使用◯（椭圆工具）的同时按住Shift键绘制正圆，并调整颜色，如图2-11所示。

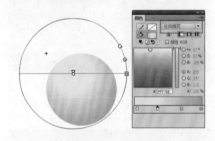

图2-11 绘制太阳

❸ 在主时间轴中新建一个图层，将元件拖入舞台中，并在"属性"面板中添加滤镜，如图2-12所示。

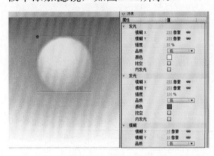

图2-12 添加滤镜

❹ 新建影片剪辑元件，绘制图形，并调整渐变色，如图2-13所示。

图2-13 绘制图形并调整渐变色

🏷 **提 示**

图形元件不可添加滤镜效果，因此需要创建影片剪辑元件。除此之外，还可以修改元件实例行为为"影片剪辑"。

❺ 将影片剪辑元件添加至主舞台中，在"属性"面板中设置色彩效果与滤镜，如图2-14所示。效果如图2-15所示。

图2-14 设置色彩效果和滤镜

图2-15 执行后的效果

❻ 新建一个图层，再次将元件拖入舞台中，设置色彩效果，如图2-16所示。

❼ 新建影片剪辑元件，绘制山峰，如图2-17所示。将元件添加至主舞

台中，添加模糊滤镜，效果如图2-18所示。

图2-16 设置色彩效果

图2-17 绘制山峰

图2-18 添加滤镜效果

❽ 新建影片剪辑元件，绘制草地，如图2-19所示。将元件添加至主舞台中，添加模糊滤镜。

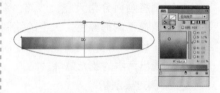

图2-19 绘制草地

❾ 使用相同的方法，新建其他元件，绘制图形并添加至主舞台中，完成最终效果，如图2-20所示。

图2-20 完成效果

▶ **实例026** 季节场景类——冬季街道雪景绘制

冬季在很多地区都意味着沉寂和冷清。生物在寒冷来袭的时候会减少生命活动，很多植物会落叶，动物会选择休眠（有的称做冬眠），候鸟会飞到较为温暖的地方越冬。接下来要绘制的冬季街道，为表现冬季的冰冷，绘制多处堆积的雪，使其呈现出冷色调，体现出冬天的气息。

>> **案例设计分析**

🅱 **设计思路**

本实例将街道原有建筑绘制后转换为元件，为元件设置色彩效果，形成一

种冬季的冷色调。在新建的图层上绘制白色的积雪，将冬季表现得淋漓尽致。

⑤ **案例效果剖析**

本实例绘制的冬季街道雪景效果如图2-21所示。

绘制街道　　　绘制积雪

图2-21　效果展示

>> **案例技术要点**

本实例中主要用到的功能及技术要点如下。

● 线性渐变：使用线性渐变填充作为蓝天效果。
● 色彩效果：通过调整元件的色彩效果，将建筑调整为蓝色调。

>> **案例制作步骤**

源文件路径	源文件\第2章\实例026 冬季街道雪景绘制.fla		
视频路径	视频\第2章\实例026 冬季街道雪景绘制.mp4		
难易程度	★	学习时间	10分07秒

① 新建一个图层，使用▢（矩形工具）绘制矩形，并填充渐变色，作为蓝天，如图2-22所示。

图2-22　绘制蓝天

② 新建一个图层，使用绘图工具绘制云朵，如图2-23所示。

图2-23　绘制云朵

③ 新建图形元件，使用▢（矩形工具）、✎（钢笔工具）等绘图工具绘制建筑，如图2-24所示。

图2-24　绘制建筑

④ 使用相同的方法，新建其他元件，绘制其他图形，如图2-25所示。

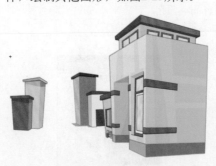

图2-25　绘制图形

⑤ 将多个元件添加至主舞台中，调整大小与位置，如图2-26所示。

图2-26　添加元件

⑥ 选择元件，在"属性"面板中设置色彩效果，如图2-27所示。

图2-27　设置色彩效果

⑦ 使用相同的方法，设置其他元件，效果如图2-28所示。

图2-28　设置元件

⑧ 新建一个图层，绘制积雪及其他建筑，完成最终效果，如图2-29所示。

图2-29　完成效果

实例027　自然场景类——海景绘制

大海、森林、郊外等这些非人为改变的场景就是自然场景。接下来要绘制的海景效果，海面远处有几艘帆船，海鸥在空中飞翔，海中央有一处小岛，体现出安静、祥和的感觉。

案例设计分析

设计思路

本实例绘制的海景，以线性渐变填充天空与海水，并使用渐变变形工具调整渐变色。分别新建图层，在天空绘制云朵与海鸥，在海面绘制帆船与小岛，并分别对其填充颜色。在绘制时需要调整图层的顺序。

案例效果剖析

本实例绘制的海景效果如图2-30所示。

绘制蓝天与海水

绘制海鸥、帆船

图2-30　效果展示

案例技术要点

本实例中主要用到的功能及技术要点如下。

- "颜色"面板：在"颜色"面板中设置线性渐变的颜色。
- 渐变变形工具：使用渐变变形工具调整渐变色。
- 选择工具：使用选择工具调整图形。

案例制作步骤

源文件路径	源文件\第2章\实例027 海景绘制.fla		
视频路径	视频\第2章\实例027 海景绘制.mp4		
难易程度	★	学习时间	11分40秒

❶ 首先修改"图层1"图层为"天空"图层，使用▢（矩形工具）绘制矩形，并在"颜色"面板中设置填充颜色为白色到蓝色的线性渐变，如图2-31所示。

❷ 使用▣（渐变变形工具）调整渐变色，效果如图2-32所示。

❸ 新建"海面"图层，继续绘制矩形，如图2-33所示。

图2-31　设置颜色

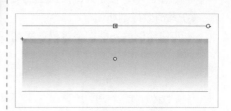

图2-32　调整渐变色

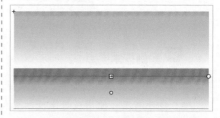

图2-33　绘制矩形

❹ 新建"云"图层，使用◯（椭圆工具）绘制云朵，并使用▸（选择工具）调整形状，如图2-34所示。

图2-34　绘制云朵

❺ 新建一个图层，使用◣（线条工具）绘制出云朵的阴影部分，并填充颜色，最后将线条删除，如图2-35所示。

图2-35　绘制阴影

❻ 使用相同的方法，绘制其他云朵，或直接复制图层，将图形调整大小与位置，如图2-36所示。

图2-36　复制云朵

❼ 新建一个图层，绘制椭圆并调整形状，设置填充颜色为线性渐变，

调整渐变色，如图2-37所示。

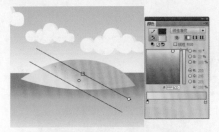

图2-37 绘制图形

⑧ 新建一个图层，并调整至下一层，绘制树木，如图2-38所示。

图2-38 绘制树木

⑨ 继续新建一个图层，并调整至上一层，绘制树木，如图2-39所示。

图2-39 绘制树木

⑩ 新建一个图层，绘制图形并填充渐变色，然后调整渐变色，如图2-40所示。复制图层并调整位置与大小，然后再修改颜色。

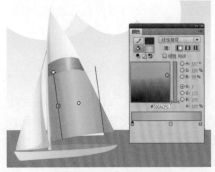

图2-40 绘制图形并调整颜色

⑪ 新建一个图层，绘制水纹，如图2-41所示。

图2-41 绘制水纹

⑫ 绘制海鸥并复制多个，调整位置与大小，如图2-42所示。

图2-42 绘制海鸥

⑬ 新建一个图层，并调整图层顺序，绘制陆地，如图2-43所示。

图2-43 绘制陆地

⑭ 至此，完成海景效果的绘制，如图2-44所示。

图2-44 最终效果

实例028 自然场景类——郊外风光绘制

郊外风格是以绿色为主，蓝天、白云、大树、小路是郊外风光的真实写照。绘制郊外风光时，将通过分层绘制不同的图形，使其体现出立体感。

案例设计分析

ⓑ 设计思路

本实例绘制的郊外风光，在绘制立体感强的场景时，按远景、中景、近景依次绘制相应的景色，并根据近实远虚的原理对图形进行细节处理。使用画笔工具对无需表现细节的色块进行涂抹是最快速的填色方法。

ⓑ 案例效果剖析

本实例绘制的郊外风光场景效果如图2-45所示。

涂抹色块　　　　刻画细节

图2-45 效果展示

案例技术要点

本实例中主要用到的功能及技术要点如下。

- 画笔工具：使用画笔工具绘制图形。
- "图层"面板：在"图层"面板中新建图层，在不同的图层中绘制图形。

源文件路径	源文件\第2章\实例028 郊外风光绘制.fla		
视频路径	视频\第2章\实例028 郊外风光绘制.mp4		
难易程度	★★	学习时间	3分22秒

实例029 建筑场景类——城市建筑绘制

建筑场景是指一切建筑，如房屋、桥梁、路灯等。城市建筑设计在注重建筑内部空间的同时，更要重视城市的外部空间。本实例将要绘制的城市建筑为对称型建筑，体现一点透视的原理。

案例设计分析

设计思路

本实例在绘制城市建筑时，将使用矩形工具与线条工具绘制建筑，使用选择工具调整线条的弧度，为建筑填充线性渐变。使用椭圆工具与矩形工具绘制路灯，并复制多个，根据近大远小的原理进行大小调整与摆放。

案例效果剖析

本实例绘制的城市建筑场景效果如图2-46所示。

图2-46 效果展示

案例技术要点

本实例中主要用到的功能及技术要点如下。

● 线条工具：使用线条工具勾勒建筑的大体轮廓。

● 绘图工具：使用其他绘图工具绘制建筑。

案例制作步骤

源文件路径	源文件\第2章\实例029 城市建筑绘制.fla		
视频路径	视频\第2章\实例029 城市建筑绘制.mp4		
难易程度	★	学习时间	25分03秒

❶ 使用▭（矩形工具）、◥（线条工具）将大致轮廓绘制出来，并使用▶（选择工具）调整图形，如图2-47所示。

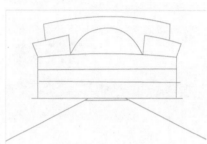

图2-47 绘制轮廓

❷ 新建一个图层，使用◈（钢笔工具）、◥（线条工具）绘制出建筑线稿，如图2-48所示。

图2-48 绘制线稿

❸ 复制图层，锁定线稿层，为最上层填充颜色，如图2-49所示。

❹ 新建一个图层，绘制路灯，并复制多个进行排列。将左侧的路灯复制到右侧，效果如图2-50所示。

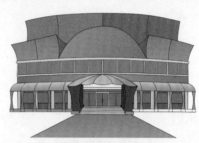

图2-49 填充颜色

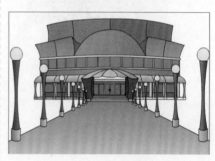

图2-50 绘制路灯

❺ 新建一个图层，移动图层至最底层，绘制草地与天空，完成效果如图2-51所示。

图2-51 完成效果

实例030 建筑场景类——卡通建筑绘制

卡通建筑比写实建筑更可爱，且可塑性强，设计师可发挥自己的创意绘制卡通建筑。

案例设计分析

设计思路

本实例绘制的卡通建筑，色彩鲜艳且造型不再局限于四四方方，柔和的线条与轮廓体现出卡通特色。在进行绘制时，不能被现代建筑所束缚，线条要自然，不能死板，这样才能表现出卡通的活泼气息。

案例效果剖析

本实例绘制的卡通建筑场景如图2-52所示。

绘制并填充基本色 → 填充明暗色

图2-52 效果展示

案例技术要点

本实例中主要用到的功能及技术要点如下。

- 线条工具：使用线条工具勾勒建筑的大体轮廓。
- 绘图工具：使用其他绘图工具绘制建筑。

源文件路径	源文件\第2章\实例030 卡通建筑绘制.fla	
视频路径	视频\第2章\实例030 卡通建筑绘制.mp4	
难易程度	★★	学习时间	15分57秒

实例031　室内场景类——儿童卧室绘制

室内场景是指室内的环境，重点在于室内的家具与陈设。儿童卧室的设计正受越来越多的家长重视，在儿童家具的选择上，十分斟酌，除了基本的功能性要求外，设计是否有利于儿童的成长、是否能有效激发孩子能动性等一系列要求，不断涌现，而科学家发现，通过形状、颜色等外界刺激，可推动孩子智力成长。

案例设计分析

设计思路

本实例绘制的儿童卧室场景，其中的双层床、书柜是卧室的重点。

案例效果剖析

本实例绘制的儿童卧室效果如图2-53所示。

绘制结构　　　　填充颜色

图2-53 效果展示

案例技术要点

本实例中主要用到的功能及技术要点如下。

- 线条工具：使用线条工具绘制房屋结构。
- 颜料桶工具：使用颜料桶工具填充颜色。

案例制作步骤

源文件路径	源文件\第2章\实例031 儿童卧室绘制.fla	
视频路径	视频\第2章\实例031 儿童卧室绘制.mp4	
难易程度	★★	学习时间	1分55秒

❶ 使用▨（线条工具）绘制房屋的结构，如图2-54所示。

❷ 使用▨（颜料桶工具）为墙壁及地板填充不同的颜色，如图2-55所示。

❸ 使用绘图工具将房间陈设的线稿绘制出来，如图2-56所示。

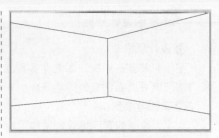

图2-54 绘制房屋结构

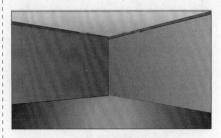

图2-55 填充颜色

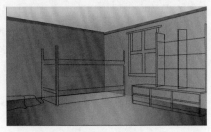

图2-56 绘制线稿

❹ 使用▨（颜料桶工具）填充颜色，完成儿童卧室的绘制，效果如图2-57所示。

图2-57 完成效果

实例032　室内场景类——客厅绘制

客厅，也叫起居室，是主人与客人会面的地方，也是房子的门面。客厅的摆设、颜色都能反映主人的性格、特点、眼光、个性等。客厅宜用浅色，让客人有耳目一新的感觉，使来宾消除一天奔波的疲劳。针对客厅的绘制，关键在沙发，本实例所绘制的场景中央正是一个沙发。

案例设计分析

设计思路

客厅的关键在沙发，因此本实例绘制的场景中央正是一个沙发。透过窗户和门的玻璃可以看到室外的场景。

案例效果剖析

本实例绘制的客厅场景效果如图2-58所示。

绘制门窗、沙发　　绘制其他细节

图2-58　效果展示

案例技术要点

本实例中主要用到的功能及技术要点如下。

- 线条工具：使用线条工具绘制大体结构。
- 颜料桶工具：使用颜料桶工具填充颜色。
- 明暗交界线：绘制明暗交界线，选择一种不同的颜色，双击即可全部选中，方便删除。
- Alpha值：设置玻璃的填充颜色Alpha值，制作半透明的效果。
- 调整图层：在"图层"面板中的图层顺序决定对象的上下顺序。

源文件路径	源文件\第2章\实例032 客厅绘制.fla		
视频路径	视频\第2章\实例032 客厅绘制.mp4		
操作步骤路径	操作\实例032.pdf		
难易程度	★	学习时间	23分15秒

实例033　室外场景类——街道1绘制

室外场景指的是街道、商场、公园等房屋外的景物，本实例将绘制街道。

案例设计分析

设计思路

与室内相反的就是室外，本实例绘制的室外场景取景为街道，马路一侧高楼林立，远处的建筑若隐若现，绘制时要注意透视关系。

案例效果剖析

本实例绘制的街道场景效果如图2-59所示。

绘制建筑与树木　　绘制马路、电线

图2-59　效果展示

案例技术要点

本实例中主要用到的功能及技术要点如下。

- 渐变填充：在"颜色"面板中可为图形填充线性渐变或径向渐变，并通过滑块修改不同的渐变色。

- 渐变变形工具：使用渐变变形工具调整渐变色。

案例制作步骤

源文件路径	源文件\第2章\实例033 街道1绘制.fla
视频路径	视频\第2章\实例033 街道1绘制.mp4
难易程度	★
学习时间	5分16秒

❶ 使用▭（矩形工具）绘制背景，并使用▦（渐变变形工具）调整渐变色，如图2-60所示。

图2-60　绘制并填充

❷ 新建图形元件，使用绘图工具绘制云朵，如图2-61所示。

图2-61　绘制云朵

❸ 将元件添加至主舞台中多次，并调整各自的大小与位置，如图2-62所示。

图2-62　拖入多次

❹ 新建一个图层，使用▭（矩形工具）和▨（选择工具）绘制远处建筑的剪影，如图2-63所示。

图2-63　绘制剪影

❺ 使用▭（矩形工具）和▨（选择工具）绘制建筑，如图2-64所示。

图2-64 绘制建筑

❻ 新建一个图层，绘制草丛与树木，如图2-65所示。

图2-65 绘制草丛与树木

❼ 新建一个图层，绘制地面，如图2-66所示。

图2-66 绘制地面

❽ 继续新建一个图层，绘制围墙与电线杆，如图2-67所示。

图2-67 绘制围墙与电线杆

❾ 新建一个图层，调整图层顺序，绘制草丛。至此，完成街道的绘制，效果如图2-68所示。

图2-68 最终效果

实例034 室外场景类——街道2绘制

与上一个实例一样，本实例仍然进行街道的绘制，不同的是绘制的角度发生了变化。

案例设计分析

设计思路

本实例通过一点透视的原理绘制街道，首先绘制马路，然后绘制两旁的建筑，这样绘制的场景给人一种没有尽头的感觉。

案例效果剖析

本实例绘制的街道场景效果如图2-69所示。

绘制两旁建筑

绘制街道

图2-69 效果展示

案例技术要点

本实例中主要用到的功能及技术要点如下。

● 渐变填充：在"颜色"面板中可为图形填充线性渐变或径向渐变，并通过滑块修改不同的渐变色。
● 渐变变形工具：使用渐变变形工具调整渐变色。

源文件路径	源文件\第2章\实例034 街道2绘制.fla		
视频路径	视频\第2章\实例034 街道2绘制.mp4		
难易程度	★	学习时间	1分49秒

实例035 室外场景类——公园一角绘制

公园是室外场景中出镜频率较高的场景，公园的绘制要涉及公共设施、植物等，本实例将介绍公园一角的绘制。

案例设计分析

设计思路

为了表现出场景的立体感，公园一角通过远景、中景及近景3处不同的建筑绘制，每处的透视关系又有不同，远处建筑可以是两点透视，近景则是一点透视。

案例效果剖析

本实例绘制的公园场景效果如图2-70所示。

绘制远景与中景

绘制近景

图2-70　效果展示

案例技术要点

本实例中主要用到的功能及技术要点如下。

● 新建图层：新建不同的图层，依次绘制远景、中景和近景。

● 不透明度：设置元件的Alpha值，调整不透明度。

源文件路径	源文件\第2章\实例035 公园一角绘制.fla		
视频路径	视频\第2章\实例035 公园一角绘制.mp4		
操作步骤路径	操作\实例035.pdf		
难易程度	★	学习时间	8分05秒

第 **3** 章 其他常见动画绘制

使用Flash，除了可以绘制动画角色与动画场景外，还可以绘制其他网络上常见的动画，如壁纸、漫画、头像、按钮、聊天界面等。

   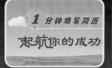 

实例036 卡通类——卡通桌面壁纸绘制

为了使自己的电脑桌面更加美观，壁纸就开始流行起来，风格有游戏、动画、汽车、风景等。同样，我们也可以亲手制作自己的专属壁纸，本实例将绘制卡通桌面壁纸。

案例设计分析

设计思路

本实例为了表达圣诞节的主题，通过绘制雪花、圣诞帽等圣诞常见事物制作圣诞卡通桌面壁纸。使用绘图工具绘制一只带着圣诞帽的猫，使用椭圆工具与线条工具绘制雪花，复制多个雪花并随机调整其大小与位置，达到雪花满天飞的效果。最后使用文本工具输入文字，体现主题。

案例效果剖析

本实例绘制的卡通桌面壁纸效果如图3-1所示。

图3-1 效果展示

案例技术要点

本实例中主要用到的功能及技术要点如下。

● 颜色填充：以圣诞节为主题设计的卡通桌面壁纸，为保证壁纸能正常显示，尺寸的设置十分重要。
● 铅笔工具：使用铅笔工具绘制线稿。

案例制作步骤

源文件路径	源文件\第3章\实例036卡通桌面壁纸绘制		
视频路径	视频\第3章\实例036卡通桌面壁纸绘制.mp4		
难易程度	★	学习时间	17分25秒

① 新建一个Flash文件，在"属性"面板中单击"编辑"按钮，如图3-2所示。

图3-2 单击"编辑"按钮

② 在打开的"文档设置"对话框中，设置尺寸的宽度为1920像素，高度为1080像素，单击"背景颜色"后面的色块，在弹出的拾色面板中输入"#8C9371"，如图3-3所示。

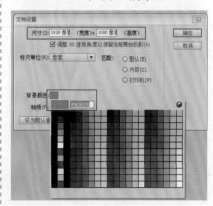

图3-3 文档设置

❸ 使用绘图工具绘制猫咪线稿图，如图3-4所示。

图3-4　绘制线稿

❹ 使用 (颜料桶工具)填充不同区域的颜色，如图3-5所示。

图3-5　填充颜色

提　示

绘制图形时需要闭合线稿，才能将颜色填充到闭合的区域中。

❺ 绘制高光与阴影，使用 (选择工具)将多余的线条选中删除，并修改不同线条的笔触颜色，猫咪完成效果如图3-6所示。

图3-6　猫咪效果

❻ 在"图层"面板中新建"图层2"图层，使用 (椭圆工具)和

(线条工具)绘制雪花效果，如图3-7所示。

图3-7　绘制雪花

提　示

在绘制雪花时，可以先绘制出一组雪花，并按Ctrl+G组合键将其组合，然后复制多个即可。

❼ 新建"图层3"图层，使用 (文本工具)输入文字Merry Christmas，如图3-8所示。

图3-8　输入文字

❽ 执行"文件"|"导出"|"导出图像"命令，如图3-9所示。

图3-9　执行"导出图像"命令

❾ 打开"导出图像"对话框，选择存储位置，输入文件名，并选择保存类型为"JPEG图像"格式，如图3-10所示。

图3-10　设置保存类型

❿ 单击"保存"按钮。在导出的图像上单击鼠标右键，执行快捷菜单中的"设置为桌面背景"命令，如图3-11所示。

图3-11　执行"设置为桌面背景"命令

⓫ 设置桌面的效果如图3-12所示。

图3-12　设置桌面效果

实例037　漫画类——病房漫画场景绘制

当对某个现象进行记录时，我们常常会将它们进行一定的夸张，达到看似滑稽实际引人发思的效果。这种表达形式叫做漫画。

案例设计分析

设计思路

本实例为了表现出漫画的寓意，通过绘制一幅单帧漫画，讲述一个完整的故事。通过夸张变形的人物表情及对话来影射出现实的问题。

案例效果剖析

本实例绘制的漫画效果如图3-13所示。

绘制图形　　　　添加文字

图3-13　效果展示

>> **案例技术要点**

本实例中主要用到的功能及技术要点如下。

- "颜色"面板：使用"颜色"面板可为图形填充渐变色，通过修改色标值可设置不同的渐变色。
- 渐变变形工具：填充渐变色后，使用渐变变形工具可以调整渐变。
- 刷子模式：修改刷子工具的不同刷子模式，可以完成不同的绘制效果。

源文件路径	源文件\第3章\实例037 病房漫画场景绘制		
视频路径	视频\第3章\实例037 病房漫画场景绘制.mp4		
操作步骤路径	操作\实例037.pdf		
难易程度	★★	学习时间	17分55秒

➡ **实例038**　**卡通类——卡通头像绘制**

在网络世界中，无论是交友聊天，还是游戏娱乐，用户头像都是最常见的。这个头像代表这个虚拟世界的你，怎么样才能使自己的头像独一无二呢？本实例将介绍卡通头像的绘制。

>> **案例设计分析**

⊙ **设计思路**

为了使绘制的头像适用于大部分的网站，通过设置属性来调整合适的尺寸。在绘制时，先确定自己想要的风格，是可爱的还是搞怪的，这里绘制的是可爱头像。

⊙ **案例效果剖析**

本实例绘制的卡通头像效果如图3-14所示。

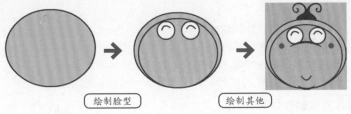

绘制脸型　　　　绘制其他

图3-14　效果展示

>> **案例技术要点**

本实例中主要用到的功能及技术要点如下。

- 选择工具：使用选择工具可以对绘制的图形或线条进行调整变形。
- 匹配内容：在舞台中绘制完图形后，使用"匹配内容"功能可将舞台调整至绘制内容的大小。

>> **案例制作步骤**

源文件路径	源文件\第3章\实例038 卡通头像绘制.fla		
视频路径	视频\第3章\实例038卡通头像绘制.mp4		
难易程度	★	学习时间	13分07秒

① 首先设置填充颜色为黄色（#FAD805），笔触颜色为褐色（#A02900），使用 ◎（椭圆工具）绘制椭圆作为脸部，如图3-15所示。

图3-15　绘制椭圆

② 选择椭圆的边缘线，按住Ctrl键拖动复制，并按Q键将其缩小变形，如图3-16所示。

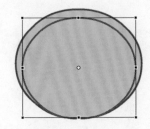

图3-16　复制并缩小

③ 使用 ◎（颜料桶工具）为中间的圆填充颜色（#FFCAAE），如图3-17所示。

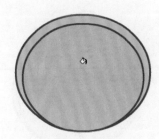

图3-17　填充颜色

④ 新建"图层2"图层，设置填充颜色为白色，使用 ◎（椭圆工具）绘制正圆，使用 ◎（钢笔工具）绘制正圆中间的弧线，作为左眼睛。选择左眼睛，按住Ctrl键进行移动复制，作为右眼睛，如图3-18所示。

图3-18　绘制眼睛

⑤ 新建"图层3"图层，使用绘图工具绘制弧线，使用◯（椭圆工具）绘制两个椭圆，如图3-19所示。

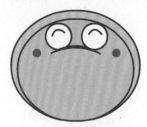

图3-19　绘制图形

⑥ 使用◥（线条工具）绘制嘴巴与下巴，使用◪（颜料桶工具）填充颜色，使用▶（选择工具）调整图形，如图3-20所示。

图3-20　绘制嘴巴和下巴

⑦ 新建"图层4"图层，并调整图层到最底层，继续使用绘图工具绘制图形，完成绘制，效果如图3-21所示。

图3-21　完成绘制

⑧ 在"属性"面板中单击"编辑"按钮，如图3-22所示。

图3-22　单击"编辑"按钮

⑨ 在打开的对话框中修改一个合

适的背景色，然后单击"匹配"栏的"内容"单选按钮，如图3-23所示。

图3-23　单击"内容"单选按钮

⑩ 单击"确定"按钮，舞台则调整到与内容匹配的大小，如图3-24所示。最后保存为JPG文件格式。

图3-24　舞台大小调整

🏷 **提 示**

"属性"面板是随选择的对象改变的，选择形状时会显示形状的属性。在舞台的空白区域单击鼠标，"属性"面板中才会显示出文档的属性。

🔶 实例039　图标类——按钮绘制

网页中的按钮虽小，但细节往往决定一个网站的成败。按钮绘制通常需要绘制3个状态，即正常状态、按下状态、释放状态。绘制按钮时，文字与图标可以最后添加，主要设计关键还是在按钮的外观上。

▶▶ 案例设计分析

⊙ 设计思路

本实例为了表现出按钮的立体感，首先绘制多个不同大小的矩形，然后设置矩形的阴影、颜色来制作。

⊙ 案例效果剖析

本实例绘制的按钮效果如图3-25所示。

图3-25　效果展示

▶▶ 案例技术要点

本实例中主要用到的功能及技术要点如下。

● 转换为元件：执行"转换为元件"命令可以将图形转换为元件。

● 元件投影：影片剪辑元件可以添加"投影"滤镜效果。

● 分离元件：分离元件后，元件为图形，不再具有元件的功能。

▶▶ 案例制作步骤

源文件路径	源文件\第3章\实例039 按钮绘制		
视频路径	视频\第3章\实例039 按钮绘制.mp4		
难易程度	★	学习时间	22分21秒

① 使用▢（基本矩形工具）绘制矩形，使用▶（选择工具）调整边角半径，如图3-26所示。

图3-26　绘制矩形并调整边角

② 在绘制的矩形上单击鼠标右键，执行快捷菜单中的"转换为元件"命令，如图3-27所示。

③ 在弹出的"转换为元件"对话框设置"类型"为"影片剪辑"，单击"确定"按钮，如图3-28所示。

图3-27 执行"转换为元件"命令

图3-28 单击"确定"按钮

❹ 在"属性"面板的"滤镜"下单击"添加滤镜"按钮，在弹出的下拉菜单中选择"投影"命令，如图3-29所示。

图3-29 添加滤镜

❺ 修改投影的参数，如图3-30所示。效果如图3-31所示。

图3-30 投影参数

图3-31 投影效果

❻ 复制一个矩形，按Ctrl+B组合键分离元件，在"属性"面板中修改颜色为浅灰色，并调整大小与位置，如图3-32所示。

图3-32 复制矩形

❼ 按Ctrl+G组合键进行组合。新建一个图层，使用相同的方法，绘制矩形，如图3-33所示。

图3-33 绘制矩形

❽ 新建一个图层，复制最上方的矩形到新建的图层中，按Ctrl+B组合键分离图形，使用（线条工具）绘制直线，将矩形分为两部分，如图3-34所示。

图3-34 将矩形分为两部分

❾ 选择上半部分，在"颜色"面板中修改颜色为浅蓝到中蓝的线性渐变，在下方的渐变条上修改滑块颜色，并在中间添加一个滑块，设置颜色与最右端的滑块颜色相同，如图3-35所示。

图3-35 设置颜色与最右端的滑块颜色相同

❿ 选择下半部分，修改颜色为蓝到浅蓝的线性渐变，如图3-36所示。

图3-36 修改颜色

⓫ 修改颜色后，使用（渐变变形工具）调整渐变效果，如图3-37所示。

图3-37 调整渐变效果

⓬ 新建一个图层，绘制浅蓝和深蓝两条线段，如图3-38所示。

图3-38 绘制线段

⓭ 新建一个图层，使用（线条工具）绘制直线，在"颜色"面板中修改线条颜色为"线性渐变"，渐变色为透明到白色再到透明，如图3-39所示。效果如图3-40所示。

图3-39 设置渐变色

图3-40 渐变效果

⑭ 设置笔触颜色为浅蓝色,填充颜色为深蓝色,绘制图形,将左侧和顶端的线条删除,如图3-41所示。

图3-41 删除线条

⑮ 使用 T (文本工具)输入文字,在"属性"面板中添加"投影"滤镜,如图3-42所示。

图3-42 添加"投影"滤镜

⑯ 新建元件,将主场景舞台中的图片依次选中,按Ctrl+C组合键复制。到新建的元件中单击鼠标右键,执行快捷菜单中的"粘贴到当前位置"命令,将图形依次粘贴,并使用 图 (任意变形工具)调整,完成按下状态的绘制,效果如图3-43所示。

图3-43 最终效果

实例040 图标类——软件图标绘制

图标是辨识软件或者程序的标志,有些是通用的,就好像是公路上的路标指示;有些则是独一无二的,比如商标。本实例将为Flash设计一个专用图标。

案例设计分析

设计思路

本实例参考Flash软件图标,以红色为背景,绘制软件图标。为了突出主题,在绘制软件图标时,通过改变Fl的文字形态,制作出闪电的效果,表达闪客的理念。

案例效果剖析

本实例绘制的软件图标效果如图3-44所示。

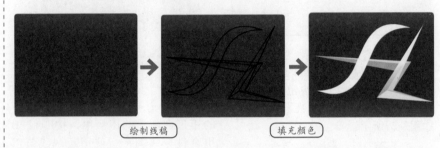

绘制线稿 填充颜色

图3-44 效果展示

案例技术要点

本实例中主要用到的功能及技术要点如下。

● "颜色"面板:在"颜色"面板中可以调整渐变色。

● 绘图工具:使用多种绘图工具绘制图形。

源文件路径	源文件\第3章\实例040 软件图标绘制.fla	
视频路径	视频\第3章\实例040 软件图标绘制.mp4	
操作步骤路径	操作\实例040.pdf	
难易程度	★★	学习时间	11分14秒

实例041 图标类——公司LOGO绘制

LOGO是徽标或者商标的外语缩写,起到对商标拥有公司的识别和推广的作用。通过形象的徽标,可以让消费者记住公司主体和品牌文化。网络中的商标主要是各个网站用来与其他网站链接的图形标志,代表一个网站或网站的一个板块。

案例设计分析

设计思路

每个商标都有自己独立的含义。本实例为了表现公司五光十色地展现在世界面前的美好愿望,绘制了七彩光柱,并将其扇形分布,在图标下添加公司名称,制作公司LOGO。

案例效果剖析

本实例制作的公司LOGO效果如图3-45所示。

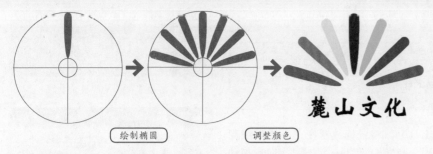

绘制椭圆　调整颜色

图3-45　效果展示

案例技术要点

本实例中主要用到的功能及技术要点如下。
- 椭圆工具：使用椭圆工具绘制同心圆。
- 任意变形工具：使用任意变形工具调整图形的形状。

案例制作步骤

源文件路径	源文件\第3章\实例041 公司LOGO.fla		
视频路径	视频\第3章\实例041 公司LOGO .mp4		
难易程度	★	学习时间	6分16秒

① 新建一个空白文档，选择（椭圆工具），设置笔触颜色为红色，填充颜色为无，绘制两个同心圆，如图3-46所示。

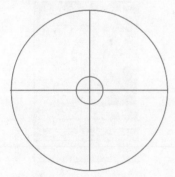

图3-46　绘制两个同心圆

② 新建一个图层，设置笔触颜色为无，填充颜色为红色，绘制一个小正圆，使用（任意变形工具）选中小圆的半径，拖动将其拉长，如图3-47所示。

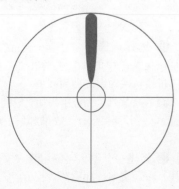

图3-47　拉长小圆

③ 选择该图形，按Ctrl+D组合键直接复制该图形多次，并调整它们之间的位置，如图3-48所示。

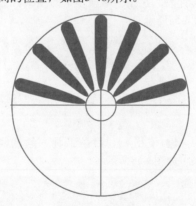

图3-48　复制图形

④ 依次为复制的图形填充不同的颜色。然后使用（文本工具）输入文字"麓山文化"，效果如图3-49所示。

图3-49　最终效果

实例042　网站类
——静态banner绘制

banner可以作为网站页面的横幅广告，也可以作为游行活动时用的旗帜，还可以是报纸杂志上的大标题。

案例设计分析

设计思路

本实例制作的banner为招聘网填写简历，为了体现中心意旨，通过鲜明对比的背景与文字体现。形变文字与背景图像相呼应，体现扬帆起航的形象，鲜明表达宣传中心。

案例效果剖析

本实例制作的静态banner效果如图3-50所示。

制作背景、文字

文字变形

图3-50　效果展示

案例技术要点

本实例中主要用到的功能及技术要点如下。
- 渐变变形工具：使用渐变变形工具调整渐变色作为背景。
- 任意变形工具快捷键：Q键为任意变形工具快捷键。
- 分离文本：将文本分离为位图，便于调整文本形状。

>> **案例制作步骤**

源文件路径	源文件\第3章\实例042 静态banner.fla		
素材路径	素材\第3章\实例042\船.jpg		
视频路径	视频\第3章\实例042 静态banner .mp4		
难易程度	★	学习时间	30分01秒

❶ 首先使用▣（基本矩形工具）绘制一个矩形，在"颜色"面板中修改颜色为浅蓝到蓝色的线性渐变，并使用▣（渐变变形工具）调整渐变色，如图3-51所示。

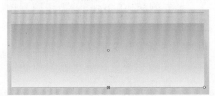

图3-51 渐变效果

❷ 将"船.jpg"素材导入到舞台中，按Q键调整素材的大小，如图3-52所示。

图3-52 调整素材的大小

❸ 使用▣（钢笔工具）在图像的周围绘制路径。路径绘制完成后，图像被分割开，将多余的图像删除，如图3-53所示。

图3-53 将多余的图像删除

❹ 新建一个图层，使用▣（刷子工具）修改填充颜色，绘制海水，如图3-54所示。

图3-54 绘制海水

❺ 使用▣（椭圆工具）绘制椭圆，使用▣（基本矩形工具）绘制圆角矩形，如图3-55所示。

❻ 选择矩形，单击▣（任意变形

工具），将鼠标放置在上下边框线周围，当光标变为↔状态时，向右拖动鼠标，结果如图3-56所示。

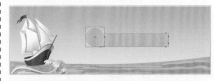

图3-55 绘制圆角矩形

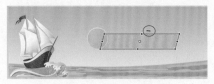

图3-56 向右拖动鼠标

❼ 按Ctrl+B组合键将圆形和椭圆形打散，并删除中间多余的线条，如图3-57所示。

图3-57 删除中间多余的线条

❽ 使用▣（线条工具）绘制线条，如图3-58所示。

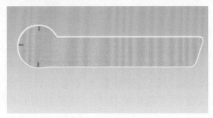

图3-58 绘制线条

❾ 使用▣（文本工具）输入两组文字，如图3-59所示。

图3-59 输入两组文字

❿ 选择文字，执行"文本"|"样式"|"仿斜体"菜单命令，文字效果如图3-60所示。

图3-60 文字效果

🏷 **提 示**

执行命令时，需要单独选择一个文本。当选择多个文本时，该命令呈灰度显示。

⓫ 新建一个图层，绘制云朵，并将其复制到其他的图层，调整图层顺序，效果如图3-61所示。

图3-61 绘制云朵

⓬ 新建一个图层，使用▣（椭圆工具）绘制椭圆，并在"颜色"面板中修改颜色为径向渐变，如图3-62所示。效果如图3-63所示。

图3-62 径向渐变参数

图3-63 径向渐变效果

⓭ 选择椭圆，单击鼠标右键，执行快捷菜单中的"转换为元件"命令，将其转换为影片剪辑元件。

⓮ 在"属性"面板中添加"模糊"滤镜，如图3-64所示。效果如图3-65所示。

⓯ 新建一个图层，使用▣（文本工具）输入文字，如图3-66所示。

⓰ 按两次Ctrl+B组合键将文字分

离为图形。使用 ▶（选择工具）调整，效果如图3-67所示。

图3-64 添加"模糊"滤镜

图3-65 滤镜效果

源文件路径	源文件\第3章\实例043 聊天界面绘制.fla
素材路径	素材\第3章\实例043\头像.jpg
视频路径	视频\第3章\实例043 聊天界面绘制.mp4
操作步骤路径	操作\实例043.pdf
难易程度	★
学习时间	12分29秒

图3-66 输入文本

图3-67 调整后的效果

实例043 界面类——聊天界面绘制

网络聊天已成为一种生活习惯，人们几乎随时随地都会接触到。聊天界面也是各式各样，本实例将制作游戏聊天界面。

案例设计分析

设计思路

本实例绘制的游戏聊天界面，以蓝色为主色调，根据常见的聊天界面绘制，左侧为聊天窗口，右侧显示个人信息。

案例效果剖析

本实例绘制的游戏聊天界面效果如图3-68所示。

绘制结构图　　　　绘制其他

图3-68 效果展示

案例技术要点

本实例中主要用到的功能及技术要点如下。

- 矩形工具属性：在"属性"面板中设置参数后可以绘制圆角矩形。
- 锁定图层：为方便操作，将其他图层锁定，锁定图层中的内容不可编辑。

实例044 图标类——对话框绘制

利用聊天工具聊天时，会看到无论是自己的言论还是对方的言论，都会有个明显的范围进行区分，这个范围就是对话框。拿QQ来说，再也不仅仅是局限于头像的独立，而是连对话框都可以自己专有。

案例设计分析

设计思路

对话框的作用在于区分背景和对方发表的言论，本实例为了表现对话框的简洁与美观，将简单的几何形体组合，在图形上添加投影与斜角，使其更立体，在实际应用中能区分背景，给人清晰明了的感觉。

案例效果剖析

本实例绘制的对话框效果如图3-69所示。

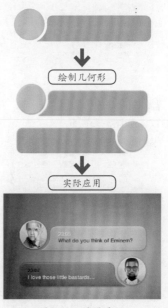

绘制几何形
↓
实际应用

图3-69 效果展示

案例技术要点

本实例中主要用到的功能及技术要点如下。

- 基本矩形工具：使用基本矩形工具绘制圆角矩形。
- 滤镜：为元件添加"投影"、"斜角"等多个滤镜。
- 复制粘贴滤镜：复制元件滤镜后，可以粘贴到其他元件上。

案例制作步骤

源文件路径	源文件\第3章\实例044 对话框绘制.fla		
视频路径	视频\第3章\实例044 对话框绘制.mp4		
难易程度	★	学习时间	7分29秒

❶ 使用▣（基本矩形工具）和▣（椭圆工具）绘制图形，如图3-70所示。

图3-70 绘制图形

❷ 使用▣（钢笔工具）绘制图形并填充颜色，效果如图3-71所示。

图3-71 填充颜色

❸ 将两个图形分别转换为影片剪辑元件。选择一个元件，在"属性"面板中添加投影效果，如图3-72所示。

图3-72 添加投影效果

❹ 然后添加"斜角"滤镜，并调整参数，如图3-73所示。

图3-73 调整参数

❺ 选择两个滤镜，在下方单击"剪贴板"按钮▣，在展开的下拉

菜单中选择"复制所选"命令，如图3-74所示。

图3-74 选择"复制所选"命令

❻ 选择另一个元件，在"属性"面板中单击"剪贴板"按钮▣，在展开的下拉菜单中选择"粘贴"命令，如图3-75所示。

图3-75 选择"粘贴"命令

❼ 此时的图像效果如图3-76所示。

图3-76 图像效果

❽ 复制元件，并执行"修改"|"变形"|"水平翻转"命令，修改颜色，效果如图3-77所示。

图3-77 水平翻转后的效果

❾ 添加头像与文本后的效果如图3-78所示。

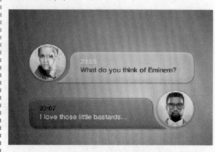

图3-78 实际应用效果

实例045　图标类——手机UI图标绘制

手机界面中有各种各样的小图标，每个图标都有自己的功能，而这些图标样式都是根据它所对应的功能进行设计的。

案例设计分析

◎ 设计思路

为了表现图标所对应的功能，在制作时可以根据实际来绘制。比如绘制照相机图标时，可以根据其照相的功能绘制照相机的正面外观。为了手机用户的快捷识别及记忆，手机UI图标的绘制关键在于简洁明了。

◎ 案例效果剖析

本实例绘制的手机UI图标效果如图3-79所示。

绘制图标并逐一填充颜色　　其他图标

图3-79 效果展示

案例技术要点

本实例中主要用到的功能及技术要点如下。

- 矩形工具属性：在"属性"面板中设置矩形属性后再绘制矩形。
- 图层顺序：调整图层顺序，显示不同的效果。
- "颜色"面板：在"颜色"面板中设置渐变色。

案例制作步骤

源文件路径	源文件\第3章\实例045 手机UI图标绘制.fla
视频路径	视频\第3章\实例045 手机UI图标绘制.mp4
难易程度	★
学习时间	18分53秒

❶ 新建一个空白文档，选择□（矩形工具），在"属性"面板中设置矩形的属性参数，如图3-80所示。

图3-80　设置矩形的属性参数

❷ 在舞台中绘制圆角矩形，并用□（线条工具）绘制大致形状，如图3-81所示。

图3-81　绘制大致形状

❸ 按相机图标上图形叠加的顺序，由下至上分层绘制，如图3-82所示。

图3-82　舞台效果

❹ 选择 （颜料桶工具），设置不同渐变色，相机镜头上的渐变属性如图3-83所示。依次为图标各图层上的图形填充。

图3-83　设置渐变色属性

❺ 填充完成后，选择所有线条，设置大小为0.5，颜色为白色。

❻ 至此，完成相机图标的制作，使用相同的方法绘制日历图标。舞台最终效果如图3-84所示。

图3-84　最终效果

实例046　界面类——APP界面绘制

APP界面是手机软件的界面。目前，苹果手机APP界面设计与安卓手机APP界面设计的风格各有不同，APP界面设计的创新和美观是每个手机APP开发公司所追求的。因为现在有太多相似和相同的APP界面图，所以手机APP界面设计公司目前的唯一出路是"创意"，用户要的是独特风格的APP设计软件。

案例设计分析

设计思路

为了使APP界面简单明了，本实例在绘制时将底图设置为粉色，图标设置为白色，对图形进行简化，使其指意明确。对多个类似的图标进行复制，使其统一排列。

案例效果剖析

本实例绘制的APP界面效果如图3-85所示。

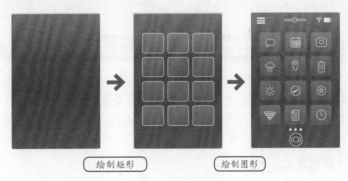

绘制矩形　　　绘制图形

图3-85　效果展示

案例技术要点

本实例中主要用到的功能及技术要点如下。

- "颜色"面板：在"颜色"面板中设置渐变色。
- 矩形工具：使用矩形工具绘制圆角矩形。

源文件路径	源文件\第3章\实例046 APP界面绘制.fla		
视频路径	视频\第3章\实例046 APP界面绘制.mp4		
操作步骤路径	操作\实例046.pdf		
难易程度	★	学习时间	30分22秒

实例047 其他常见动画——网页ICON图标绘制

图标在网页设计中用途广泛，几乎每个网站中都存在着图标。通过这些小小的图标，可为标题添加视觉引导、用做按钮、用来分隔页面、做整体修饰、使网站更显专业、增强网站交互性，等等。

案例设计分析

设计思路

本实例以简单的线条表现图标，以橙色为底色，中间白色的图形简单明了。通过同系列的图标绘制，保持视觉的一致性，同时也能够和整个网站风格相契合。

案例效果剖析

本实例绘制的网页ICON图标效果如图3-86所示。

图3-86 效果展示

案例技术要点

本实例中主要用到的功能及技术要点如下。

- 椭圆工具与线条工具：使用椭圆工具与线条工具绘制线稿。
- 选择工具：使用选择工具调整线条的弧度。

源文件路径	源文件\第3章\实例047 网页ICON图标绘制.fla		
视频路径	视频\第3章\实例047 网页ICON图标绘制.mp4		
难易程度	★	学习时间	5分30秒

实例048 其他常见动画——企业标识绘制

企业标识是视觉形象的核心，它构成企业形象的基本特征，体现企业内在素质。企业标识不仅是调动所有视觉要素的主导力量，也是整合所有视觉要素的中心，更是社会大众认同企业品牌的代表。因此，企业标识设计在整个视觉识别系统设计中具有重要的意义。

案例设计分析

设计思路

本实例通过简单造型的企业标识绘制，表达企业的文化与特色。鲜明的颜色能加深记忆，将标识更快地传递给社会公众，使大家熟识。

案例4效果剖析

本实例绘制的企业标识效果展示如图3-87所示。

图3-87 效果展示

案例技术要点

本实例中主要用到的功能及技术要点如下。

- 基本椭圆工具：使用基本椭圆工具绘制外形。
- 分离图形：将图形分离并使用选择工具调整。
- 钢笔工具：使用钢笔工具绘制圆滑的图形。

源文件路径	源文件\第3章\实例048 企业标识绘制.fla
视频路径	视频\第3章\实例048 企业标识绘制.mp4
难易程度	★
学习时间	4分18秒

第 **4** 章　网页按钮的制作

在网页中，大部分的交互动作都是通过按钮和鼠标的操作来实现的。在一个网页中，按钮虽小，但却起到了非常重要的作用。通过按钮来触发事件，或使用按钮来跳转链接是最常见的。当然，通过按钮的设计来获得点击率才是网页按钮设计的最终目的。因此，按钮的设计与制作不仅需要实现其功能，还需要把握其特色性、美观性。

实例049　手机按钮——制作质感按钮

智能手机上的按钮都有4个状态，即弹起、指针、按下、点击。除了最后一个状态不可显示，仅表现了按钮的可触发范围外，前3个状态都是触发按钮后显示的可见效果。本案例制作的质感按钮就是通过前3个不同的状态来展示按钮的特性，从而获得不同视觉印象。

案例设计分析

设计思路

本案例在制作质感按钮时，默认为弹起状态，将光标移至按钮上时，按钮中间蓝色的光逐渐放大至按钮大小，按钮层以蓝色显示；按下按钮时，蓝色的光逐渐缩小至消失，按钮层以黑色显示。

案例效果剖析

本实例制作的质感按钮效果如图4-1所示。

指针移动　　　　　单击按钮

图4-1　效果展示

案例技术要点

本实例中主要用到的功能及技术要点如下。

- 遮罩层：使用遮罩层，显现需要的部分。
- Alpha值：通过修改元件Alpha值，实现图形的融合。

- 停止脚本：通过在"动作"面板中输入"stop();"脚本，实现停止动作。
- 超链接脚本：使用"getURL();"脚本实现按钮的跳转链接。
- 直接复制元件：对于效果相同或类似的元件，可以使用"直接复制"命令直接复制元件，然后根据实际情况修改元件副本。

案例制作步骤

源文件路径	源文件\第4章\实例049 智能手机按钮.fla
素材路径	素材\第4章\实例049\背景.jpg
视频路径	视频\第4章\实例049 智能手机.mp4
难易程度	★★
学习时间	2分50秒

❶ 执行"插入"|"新建元件"命令，在打开的"创建新元件"对话框中单击"类型"后面的倒三角按钮，在展开的列表中选择"图形"选项，如图4-2所示。

图4-2　新建元件

❷ 使用▢（基本矩形工具）绘制矩形，并在"属性"面板中设置填充

颜色颜色为黑色，Alpha值为29%，矩形的边角半径参数为3.25，如图4-3所示。

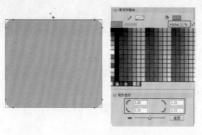

图4-3 绘制矩形并设置边角

❸ 复制矩形，新建"图层2"图层，单击鼠标右键，执行快捷菜单中的"粘贴到当前位置"命令，然后在"颜色"面板中修改填充颜色为径向渐变，使用 （渐变变形工具）调整渐变效果，如图4-4所示。

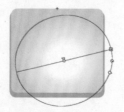

图4-4 调整复制粘贴后的矩形

❀ 提 示

使用"粘贴到当前位置"命令可以将复制的图形粘贴到原位置。

❹ 新建"矩形2"影片剪辑元件，粘贴矩形，并在"颜色"面板中修改渐变色，使用 （渐变变形工具）调整渐变效果，如图4-5所示。

图4-5 修改渐变色

❺ 新建"矩形3"影片剪辑元件，将"矩形"元件拖入舞台中，在第9帧处插入关键帧。

❻ 新建"图层2"图层，在第2帧处将"矩形2"影片剪辑元件拖入舞台中，并与"图层1"图层中的矩形对齐。在第8帧处插入关键帧，将元件缩小，并修改Alpha值，如图4-6所示。

图4-6 修改Alpha值

❼ 删除第9帧，在第2帧与第8帧之间单击鼠标右键，执行快捷菜单中的"创建传统补间"命令，如图4-7所示。

图4-7 执行"创建传统补间"命令

❽ 新建"图层3"图层，在第9帧处插入关键帧，打开"动作"面板，输入停止脚本，如图4-8所示。

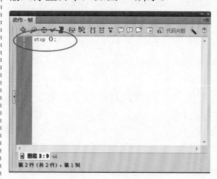

图4-8 输入脚本

❾ 在"库"面板中选择"矩形3"影片剪辑元件，单击鼠标右键，执行快捷菜单中的"直接复制"命令，如图4-9所示。

图4-9 执行"直接复制"命令

❀ 提 示

在"动作"面板中输入脚本需要切换至英文输入法，否则会出现错误。

❿ 在打开的"直接复制元件"对话框中修改名称为"矩形4"，如图4-10所示。

图4-10 修改名称

⓫ 单击"确定"按钮。在"库"面板中选择"矩形4"元件，双击进入元件编辑界面。

⓬ 选择"图层2"图层中的所有帧，单击鼠标右键，执行快捷菜单中的"翻转帧"命令，如图4-11所示。

图4-11 执行"翻转帧"命令

❀ 提 示

"翻转帧"命令可以将所选的帧全部翻转，即第1帧与最后一帧位置进行调换。

⓭ 使用相同的方法，直接复制元件，得到"矩形5"影片剪辑元件。进入元件中，将偏上一些的矩形修改为黑色，并转换为"黑"图形元件，如图4-12所示。

图4-12 修改元件

⓮ 新建"图形1"图形元件，使用绘图工具绘制图形，如图4-13所示。

图4-13 绘制图形

⑮ 新建"按钮1"按钮元件,如图4-14所示。

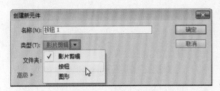

图4-14 新建元件

⑯ 在第1帧~第3帧处分别将"矩形3"、"矩形4"、"矩形5"元件拖入舞台中,并对齐元件,"时间轴"面板如图4-15所示。

图4-15 "时间轴"面板

🏷 提 示

在Flash中,按钮元件的时间轴不同于其他元件,其包括弹起、指针、按下和点击4个状态的帧。

⑰ 新建"图层2"图层,将"图形1"图形元件拖入舞台中,如图4-16所示。

图4-16 拖入元件

⑱ 新建"高光"图形元件,使用绘图工具绘制图形,并修改颜色,如图4-17所示。

图4-17 绘制图形并修改颜色

⑲ 返回"按钮1"按钮元件中,新建"图层3"图层,将"高光"元件拖入到舞台中,对齐其他元件,效果如图4-18所示。

图4-18 添加元件

⑳ 新建"图层4"图层,在第4帧处插入空白关键帧,将"黑"图形元件拖入舞台中,如图4-19所示。

图4-19 拖入图形元件

㉑ 新建"图层5"图层,在第4帧处插入空白关键帧,将"矩形2"图形元件拖入舞台中,如图4-20所示。此时的"时间轴"面板如图4-21所示。

图4-20 拖入图形元件

图4-21 "时间轴"面板

㉒ 返回"场景1",导入图片到舞台中。新建"图层2"图层,将"按钮1"按钮元件拖入到合适的位置,效果如图4-22所示。

图4-22 拖入元件

㉓ 至此,完成质感按钮的绘制,按Ctrl+Enter组合键测试影片,如图4-23所示。

图4-23 测试影片

实例050　　导航按钮——制作拉绳式按钮

众所周知，导航是由多个按钮组成的。本案例为了模拟拉绳式的开关效果，通过制作按钮的多个效果来完成。

案例设计分析

设计思路

在默认状态下，按钮旁的绳索为左右摇摆。当光标移至按钮上时，按钮上会出现移动的光线；单击按钮时绳索下拉，然后收缩并带着按钮往上移动，效果丰富且吸引眼球。

案例效果剖析

本实例制作的拉绳式按钮包含3种状态，效果展示如图4-24所示。

光标移至按钮上　　单击按钮

图4-24　效果展示

案例技术要点

本实例中主要用到的功能及技术要点如下。

- 渐变变形工具：使用渐变变形工具调整渐变色。
- Alpha值：通过颜色的Alpha值，实现颜色的渐变过渡效果。
- 调转脚本：通过在"动作"面板中输入"gotoAndPlay();"脚本实现动画的跳转，在括号内输入相应的数值，则跳转至相应的关键帧或元件、场景等。
- 遮罩动画：使用遮罩动画实现光线上下移动的效果。
- 直接复制件：使用"直接复制"命令直接复制元件，将元件修改颜色得到多个不同颜色但效果相同的元件。

案例制作步骤

源文件路径	源文件\第4章\实例050 制作拉绳式按钮.fla	
素材路径	素材\第4章\实例050\背景.jpg	
视频路径	视频\第4章\实例050 制作拉绳式按钮.mp4	
难易程度	★★★	学习时间	33分15秒

❶ 首先新建"矩形1"图形元件，打开"颜色"面板，设置填充颜色为径向渐变，如图4-25所示。

图4-25　设置填充颜色

❷ 使用▣（基本矩形工具）绘制矩形，并使用▣（渐变变形工具）调整渐变色，如图4-26所示。

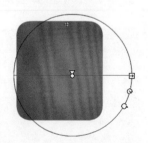

图4-26　绘制矩形并调整颜色

❸ 新建"图层2"图层，使用◯（椭圆工具）绘制填充颜色为白色的

椭圆。新建"图层3"图层，绘制颜色为黑色的椭圆，如图4-27所示。

图4-27　绘制图形

❹ 新建"图层4"图层，将"图层1"图层中的椭圆复制到"图层4"图层中的当前位置。打开"颜色"面板，修改填充色为线性渐变，并使用▣（渐变变形工具）调整渐变效果，如图4-28所示。

图4-28　调整颜色

❺ 新建"图层5"图层，粘贴矩形，并在"颜色"面板中修改填充色，并使用▣（渐变变形工具）调整渐变色，如图4-29所示。

图4-29　调整颜色

❻ 新建"图层6"图层，粘贴矩形，并在"颜色"面板中修改填充色，并使用▣（渐变变形工具）调整渐变色，如图4-30所示。

图4-30　调整颜色

⑦ 新建"红绳"图形元件，使用绘图工具绘制图形，如图4-31所示。

图4-31 绘制图形

⑧ 新建"图层2"图层，绘制图形，并调整颜色为线性渐变，使用（渐变变形工具）调整渐变效果，如图4-32所示。

 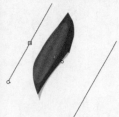

图4-32 调整渐变效果

⑨ 新建"红色"影片剪辑元件，将"矩形1"图形元件拖入舞台中。新建"图层2"图层，将"红绳"图形元件拖入舞台中。新建"图层3"图层，再次将"红绳"图形元件拖入舞台中。多次新建图层，并将"红绳"图形元件拖入舞台中调整位置，如图4-33所示。

图4-33 添加元件

⑩ 新建"红拉绳"影片剪辑元件，新建一个图层，将"红绳"影片剪辑元件拖入舞台中多次，并绘制图形，如图4-34所示。

图4-34 绘制图形

⑪ 新建"绳阴影"图形元件，绘制图形。回到"红拉绳"影片剪辑元件中，将"绳阴影"图形元件拖入舞台中，如图4-35所示。

图4-35 添加元件

⑫ 新建"红绳动"影片剪辑元件，将"红拉绳"元件拖入舞台中，并在第2～18帧插入关键帧，向左或向右微移元件，制作绳摆动的效果。新建"图层2"图层，在第17帧处插入空白关键帧，打开"动作"面板，输入脚本，如图4-36所示。

图4-36 输入脚本

⑬ 新建"1"影片剪辑元件，将"红色"影片剪辑元件拖入舞台中，

在第32帧处插入关键帧。在第15帧处插入关键帧，将元件向下移动，在第26帧处插入关键帧。在第21帧处插入关键帧，将元件向上移动几个像素。在帧与帧之间创建传统补间。新建"图层2"图层，在第7帧处插入关键帧，将"红绳绳"影片剪辑元件拖入舞台中，如图4-37所示。在第27帧处插入关键帧。

图4-37 添加元件

⑭ 在第15帧处插入关键帧，将元件向下移动，如图4-38所示。在第16帧处插入空白关键帧，将"红绳动"影片剪辑元件拖入舞台中与"红拉绳"影片剪辑元件对齐。复制第15～17帧，并向上移动1个像素。在第19帧处插入关键帧，将元件向下移动9个像素。在第20帧、第21帧分别插入关键帧，将元件微微向上，然后向下移动。

图4-38 向下移动

⑮ 在第26帧处插入关键帧，将元件向上移动，如图4-39所示。在所有关键帧之间创建传统补间，制作红色拉动的效果。

图4-39　向上移动

⑯ 新建"图层3"图层，在第16帧处插入关键帧，绘制图形，如图4-40所示。选择图形，将其转换为"按钮图形"图形元件。删除舞台中的"按钮图形"图形元件。

图4-40　绘制图形

⑰ 新建"按钮"按钮元件，在第4帧处插入关键帧，将"按钮图形"图形元件拖入舞台中。新建"光"影片剪辑元件，绘制矩形，并设置填充颜色为透明到白色再到透明的线性渐变，如图4-41所示。

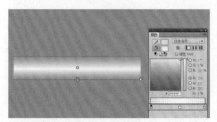

图4-41　绘制矩形并填充渐变色

⑱ 新建"光动"影片剪辑元件，将"光"影片剪辑元件拖入舞台中，并在"属性"面板中修改Alpha值为80%，在第31帧处插入关键帧。新建"图层2"图层，绘制矩形并将其旋转，如图4-42所示。

图4-42　绘制矩形并旋转

⑲ 选择"图层1"图层，在第17帧处插入关键帧，将"光"影片剪辑元件向左下方移动，并在"属性"面板中修改Alpha值为56%，效果如图4-43所示。

图4-43　修改Alpha值

⑳ 在第19帧处插入关键帧，将元件向左上方微移，并修改Alpha值为60%，效果如图4-44所示。在关键帧之间创建传统补间。

图4-44　移动元件

㉑ 选择"图层2"图层，单击鼠标右键，执行快捷菜单中的"遮罩层"命令，如图4-45所示。

㉒ 回到"按钮"按钮元件中，在第2帧处插入关键帧，打开绘图纸外观轮廓，将"光动"影片剪辑元件拖入

到合适的位置，如图4-46所示。

图4-45　执行"遮罩层"命令

图4-46　拖入元件

㉓ 回到"1"影片剪辑元件中，在"图层3"图层的第15帧处，将"按钮"按钮元件拖入舞台中，如图4-47所示。

图4-47　拖入元件

㉔ 在按钮上单击鼠标右键，执行快捷菜单中的"动作"命令，在打开的"动作"面板中输入脚本，如图4-48所示。

图4-48　输入脚本

㉕ 新建"图层4"图层，在第17帧处插入关键帧，在"属性"面板中设置标签名称，如图4-49所示。

图4-49　设置帧标签

㉖ 新建"图层5"图层，在第16帧处插入关键帧，打开"动作"面板，输入脚本"stop();"。在第33帧处插入关键帧，在"动作"面板中输入脚本"gotoAndPlay(1);"。

㉗ 使用相同的方法，创建"2"～"4"3个影片剪辑元件，或者在"库"面板中直接复制元件，并修改元件颜色。进入"场景1"，将库中的"1"～"4"4个影片剪辑元件全部拖入舞台中并调整到合适的位置，如图4-50所示。

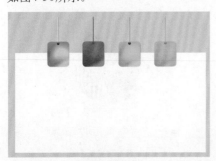

图4-50　拖入元件

㉘ 新建一个图层，并调整至最底层，将背景图拖入到舞台中且调整大小，并按Ctrl+B组合键分离位图。使用 选择工具）将多余的图像删除，效果如图4-51所示。

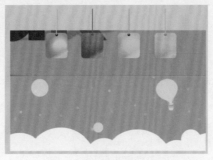

图4-51　添加背景图片

提　示

选择元件，在"属性"面板中可以通过修改"色调"参数修改元件颜色。

㉙ 保存并测试影片，当将光标放置在按钮上时，按钮闪动白光；当单击按钮时，绳子向上拉动，如图4-52所示。

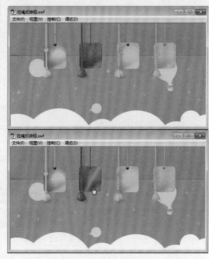

图4-52　测试影片

实例051　网页按钮——制作发光按钮

本案例将制作发光按钮，使文字从左至右逐渐变亮。

案例设计分析

设计思路

根据日常灯泡的发光效果设计制作发光按钮，当光标移至文字按钮上时，左侧的灯泡发出蓝色的光，发光区域从左侧扩散至右侧，至整个文字均为蓝色的发光效果；当光标移开时，则按钮逐渐恢复至默认状态。

案例效果剖析

本实例制作的发光按钮效果如图4-53所示。

光标经过　　　　逐渐发光

图4-53　效果展示

案例技术要点

本实例中主要用到的功能及技术要点如下。

● 传统补间：使用传统补间实现按钮的逐渐发光的效果。

● 帧标签：通过设置帧标签实现脚本的控制。

● 遮罩层：通过遮罩层实现文字的从右至左发光效果。

源文件路径	源文件\第4章\实例05 发光按钮.fla		
素材路径	素材\第4章\实例051\背景.jpg		
视频路径	视频\第4章\实例051 发光按钮.mp4		
难易程度	★★	学习时间	10分50秒

实例052　网页按钮——制作水平移动滑块按钮

滑块按钮是在浏览网页时遇到的最多的按钮之一，在浏览器的右侧与底部均有移动的滑块，拖动滑块，可实现页面的滑动，停止滑块到相应的位置时，界面中显示相应的内容。本案例将制作水平移动滑块按钮,通过滑块来控制显示的区域。

案例设计分析

设计思路

本案例根据常见网页滑块,制作水平移动的滑块,向左或向右移动滑块时,界面显示的内容也随之左右移动。或单击相应的文字,滑块移动,页面也进行相应的跳转。

案例效果剖析

本实例制作的滑块效果可以水平移动,效果展示如图4-54所示。

图4-54 效果展示

案例技术要点

本实例中主要用到的功能及技术要点如下。

- 渐变变形工具:使用渐变变形工具调整渐变色。
- Alpha值:通过修改元件Alpha值,实现图形的融合。
- 停止脚本:通过在"动作"面板中输入"stop();"脚本实现停止动作。
- 超链接脚本:使用"getURL();"脚本实现按钮的跳转链接。
- 直接复制元件:对于效果相同或类似的元件,可以使用"直接复制"命令直接复制元件,然后根据实际情况修改元件副本。

案例制作步骤

源文件路径	源文件\第4章\实例052 制作水平移动滑块按钮.fla		
素材路径	素材\第4章\实例052\图1.jpg、图2.jpg等		
视频路径	视频\第4章\实例052 制作水平移动滑块按钮.mp4		
难易程度	★★★★	学习时间	20分46秒

❶ 新建"场景1"影片剪辑元件,绘制白色的矩形作为背景。新建一个图层,绘制其他图形并添加"图1.jpg"片素材,如图4-55所示。

图4-55 绘制图形并添加素材

❷ 新建"方形按钮1"按钮元件,将"照片1.jpg"素材图片拖入舞台中,如图4-56所示。

图4-56 插入图片

❸ 在第4帧处插入关键帧。新建"图层2"图层,在第2帧处插入空白关键帧,设置填充颜色为白色,Alpha值为20%,绘制矩形,如图4-57所示。

图4-57 绘制矩形

❹ 复制该元件,得到"方形按钮2"～"方形按钮6"5个按钮元件,并依次修改元件中的图片。接着新建"场景2"影片剪辑元件,绘制背景及其他图形,如图4-58所示。

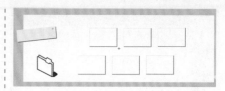

图4-58 绘制背景及其他图形

❺ 新建一个图层,将多个按钮元件拖入舞台中,如图4-59所示。

图4-59 拖入多个元件

提示

在按钮上打开"动作"面板,输入脚本"on (release) {getURL("#");}",修改"#"为相应的网络地址或本地路径,单击按钮可以实现跳转链接。

❻ 新建一个图层,绘制图形并输入文字,如图4-60所示。

图4-60 绘制图形并输入文字

❼ 新建"圆按钮"按钮元件,在第4帧处插入关键帧,在舞台中按住Shift键绘制正圆。新建"圆1"影片剪辑元件,将图片拖入舞台中。新建"图层2"图层,绘制一个黄环,如图4-61所示。新建"图层3"图层,将"圆按钮"按钮元件拖入舞台中,如图4-62所示。

图4-61 添加图片并绘制图形

图4-62 添加按钮元件

⑧ 使用相同的方法,直接复制元件,并修改图片。新建"场景3"影片剪辑元件,绘制图形,如图4-63所示。

图4-63 绘制图形

⑨ 新建"图层2"图层,将3个元件拖入舞台中,如图4-64所示。分别选择3个元件,打开"动作"面板,输入脚本,如图4-65所示。

图4-64 拖入元件

图4-65 输入脚本

⑩ 新建一个图层,输入文字并绘制图形,如图4-66所示。

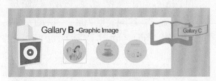

图4-66 绘制图形

⑪ 使用相同的方法,新建"方1"~"方3"3个影片剪辑元件。新建"场景4"影片剪辑元件,绘制图形并将元件拖入舞台中,如图4-67所示。

图4-67 添加元件

⑫ 选择"场景4"影片剪辑元件,打开"动作"面板,输入脚本,如图4-68所示。

⑬ 新建"场景合并"影片剪辑元件,将"场景1"~"场景3"3个影片剪辑元件拖入舞台中,如图4-69所示。

图4-68 输入脚本

图4-69 添加元件

⑭ 新建"滑轨"影片剪辑元件,绘制图形,如图4-70所示。

图4-70 绘制图形

⑮ 新建"按钮"按钮元件,在第4帧处插入空白关键帧,绘制矩形。新建"滑块"影片剪辑元件,在舞台中绘制图形,如图4-71所示。新建"图层2"图层,将"按钮"按钮元件拖入舞台中,如图4-72所示。

图4-71 绘制图形

图4-72 添加按钮元件

⑯ 选择按钮,在"动作"面板中输入脚本,如图4-73所示。新建"图层3"图层,在第1帧上打开"动作"面板,输入脚本"stop();"。

⑰ 新建"主页"按钮元件,在舞台中输入文字"主页",设置颜色为白色。在第2帧处插入关键帧,将文字颜色修改为黑色。在第4帧处插入关键帧,绘制和文字相同大小的矩形。使用相同的方法,新建"页面A"~"页面C"3个按钮元件。

图4-73 输入脚本

⑱ 新建"合并"影片剪辑元件,将"场景合并"影片剪辑元件拖入舞台中。在元件上打开"动作"面板,输入脚本,如图4-74所示。在第33帧处插入关键帧。

图4-74 输入脚本

⑲ 新建"图层2"图层,将"滑轨"影片剪辑元件拖入舞台中,在第16帧处插入关键帧,将元件向右移动8个像素。选择第1帧的元件,在"属性"面板中修改Alpha值为0%,在两个关键帧之间创建传统补间。新建"图层3"图层,在第10帧处插入关键帧,将"滑块"元件拖入舞台中,如图4-75所示。

图4-75 添加元件

⑳ 选择"滑块"元件,设置实例名称为scrollBar。打开"动作"面板,输入脚本,如图4-76所示。

图4-76 输入脚本

㉑ 在第21帧处插入关键帧,将元件向左移动10个像素。选择第10帧,设置元件的Alpha值为0%。在两个关键帧之间创建传统补间。

㉒ 新建"图层4"图层,在第13帧处插入关键帧,将"主页"按钮元件拖入舞台中。在按钮上打开"动作"面板,输入脚本,如图4-77所示。

图4-77 添加脚本

㉓ 在第23帧处插入关键帧,将元件向左移动10个像素。选择第13帧的元件,将Alpha值修改为0%。在两个关键帧之间创建传统补间。

㉔ 使用相同的方法,依次新建3个图层,并选择不同的图层,分别将"页面A"～"页面C"3个按钮元件拖入舞台中,如图4-78所示。

图4-78 添加按钮

㉕ 分别为"页面A"～"页面C"3个按钮元件添加脚本,如图4-79所示。

图4-79 添加脚本

㉖ 然后分别设置Alpha值、移动元件并传统补间动画,时间轴如图4-80所示。新建"图层8"图层,在第33帧处插入关键帧,打开"动作"面板,输入脚本"stop();"。

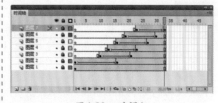

图4-80 时间轴

㉗ 进入"场景1",将背景图片拖入舞台中。在第21帧处插入关键帧。新建"图层2"图层,将"合并"影片剪辑元件拖入舞台中合适的位置,如图4-81所示。

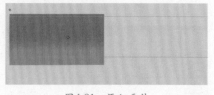

图4-81 添加元件

㉘ 新建"图层3"图层,在第21帧处插入关键帧,打开"动作"面板,输入脚本"stop();"。

㉙ 至此,完成水平移动滑块按钮的制作,保存并测试影片。当光标移至按钮上时,按钮变成黑色;单击不同的按钮,滑块移动到按钮对应的位置,显示不同的页面;拖动滑块则可实现页面之间的移动,如图4-82所示。

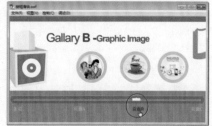

图4-82 测试影片

实例053 网页按钮——制作前浮式按钮

在网页主页或欢迎页面中，通过几个较大的按钮来帮助用户实现页面的跳转是常见手法。本案例将制作前浮式按钮。

案例设计分析

设计思路

本案例为了便于用户选择，通过制作几个较大的按钮并列展示在网页中，将光标移至按钮上时，按钮向前浮出。

案例效果剖析

本实例制作的前浮式按钮效果如图4-83所示。

图4-83 效果展示

案例技术要点

本实例中主要用到的功能及技术要点如下。

- 色调：在"属性"面板中修改元件的色彩样式为色调，修改色调参数可改变元件的实例效果。
- 匹配内容：对文档进行内容匹配，可快速将文档调至背景大小。
- 对齐面板：选择多个对象，在"对齐"面板中可设置其对齐与分布的效果。
- 实例名称：通过设置实例名称，在脚本中添加相应的脚本控制实例的效果。

案例制作步骤

源文件路径	源文件\第4章\实例053 制作前浮式按钮.fla	
素材路径	素材\第4章\实例053\背景.jpg	
视频路径	视频\第4章\实例053 制作前浮式按钮.mp4	
难易程度	★★★	学习时间	16分03秒

① 新建"椭圆"图形元件，选择 （椭圆工具），按住Shift键绘制一个填充颜色为白色的正圆。新建"图层2"图层，绘制一个稍大于"图层1"图层中的圆，并在"属性"面板中修改Alpha值为26%。新建"图层3"图层，继续绘制椭圆，并略大于"图层2"图层中的圆，设置Alpha值为10%，如图4-84所示。

② 新建"图1"影片剪辑元件，将"椭圆"图形元件拖入舞台中，并在"属性"面板中设置样式为"色调"，再修改色调参数，如图4-85所示。

图4-84 绘制圆

图4-85 修改色调

③ 使用绘图工具绘制图形，并使用 T （文本工具）输入文字，如图4-86所示。

图4-86 输入文字

④ 新建一个图层，绘制矩形，并将矩形转换为按钮元件，如图4-87所示。

图4-87 绘制按钮

⑤ 选择按钮，打开"动作"面板，输入脚本，如图4-88所示。

图4-88 输入脚本

⑥ 在"动作"面板中选择"图1"元件，单击鼠标右键，执行快捷菜单中的"直接复制"命令，如图4-89所示。

图4-89 执行"直接复制"命令

❼ 在打开的"直接复制元件"对话框中修改名称为"图2",单击"确定"按钮,如图4-90所示。

图4-90 修改名称

❽ 在"库"面板中双击"图2"元件,进入元件编辑界面中。在"属性"面板中修改椭圆的色调,如图4-91所示。然后修改图形与文字,如图4-92所示。

图4-91 修改椭圆的色调

图4-92 修改图形与文字

❾ 使用相同的方法,直接复制元件,得到"图3"～"图5"3个影片剪辑元件,并分别修改相应的色调与图形、文字等。进入"场景1",将"背景.jpg"素材图片导入到舞台中,如图4-93所示。

图4-93 导入图片

❿ 单击舞台外,在"属性"面板中单击"编辑文档属性"按钮🔧,在打开的"文档设置"对话框中单击"内容"单选按钮,如图4-94所示。

图4-94 单击"内容"单选按钮

⓫ 在第6帧处按F5键插入帧。新建"图层2"图层,将"图1"～"图3"影片剪辑元件拖入舞台中,如图4-95所示。

图4-95 添加元件

⓬ 选择"图1"～"图3"影片剪辑元件,打开"对齐"面板,单击"顶对齐"按钮和"水平居中分布"按钮,如图4-96所示。

图4-96 单击按钮

⓭ 分别选择元件,在"属性"面板中修改实例名称为M1、M2、M3、M4、M5。将"图层2"图层中的第2～6帧选中,单击鼠标右键,执行快捷菜单中的"删除帧"命令,如图4-97所示。

图4-97 执行"删除帧"命令

⓮ 新建"图层3"图层,在第1帧,处打开"动作"面板,输入脚本,如图4-98所示。

图4-98 输入脚本

⓯ 在第6帧处插入空白关键帧,打开"动作"面板,输入脚本"stop();"。新建"代码"影片剪辑元件,在第4帧处插入空白关键帧,在"动作"面板中输入脚本,如图4-99所示。

图4-99 输入脚本

⓰ 在第5帧处插入空白关键帧,在"动作"面板中输入脚本"gotoAndPlay("uno");"。在第8帧处插入空白关键帧,在"属性"面板中设置标签名称,如图4-100所示。打开"动作"面板,输入脚本,如图4-101所示。

图4-100 设置标签名称

图4-101 输入脚本

⑰ 在第18帧处插入空白关键帧，打开"动作"面板，输入脚本，如图4-102所示。

图4-102 输入脚本

⑱ 返回"场景1"，新建"图层4"图层，将"代码"影片剪辑元件拖到舞台外，并在"属性"面板中修改实例名称，如图4-103所示。

图4-103 修改实例名称

⑲ 至此，完成前浮式按钮的制作。按Ctrl+Enter组合键测试影片，如图4-104所示。

图4-104 测试影片

实例054　网页按钮——制作放大变色按钮

为了方便用户查看目前选择的按钮选项，从而区别于其他按钮效果，本案例制作效果简单但实用性很强的一款放大变色按钮，鼠标事件为放大、变色。

案例设计分析

设计思路

默认状态下，网页中的3个图标边框逐渐放大，如同水波的效果；将光标移至按钮上时，按钮逐渐放大，且颜色发生变化，放大后的按钮中的图形变成文字；将光标移出按钮外，按钮逐渐缩小，恢复原有的颜色与形状。

案例效果剖析

本实例制作的放大变色按钮效果如图4-105所示。

图4-105 效果展示

案例技术要点

本实例中主要用到的功能及技术要点如下。

- 传统补间：为元件的关键帧之间创建传统补间，实现逐渐放大缩小、从右至左变色的效果。
- 遮罩层：使用遮罩层实现下层动画的部分显示。
- 复制元件：在"库"面板中直接复制元件，将复制的副本元件进行修改，实现类似元件的快速制作。
- 按钮脚本：为按钮元件添加脚本，实现按钮滑过、滑出不同效果。
- 色彩效果：选择元件，在"属性"面板中选择色彩效果的样式为"色调"，可修改元件的颜色。

源文件路径	源文件\第4章\实例054 放大变色按钮.fla	
素材路径	素材\第4章\实例054\图1.jpg、图2.jpg等	
视频路径	视频\第4章\实例054 放大变色按钮.mp4	
难易程度	★★	学习时间　23分40秒

实例055　网页按钮——制作弹出式按钮

一般情况下，除了直接新建按钮元件外，还可以通过制作影片剪辑元件，在"动作"面板中添加脚本，从而实现弹出式按钮就像种子从土壤中蹦出来的效果。

案例设计分析

设计思路

本案例是使用影片剪辑完成的弹出式按钮，默认状态下按钮底部被遮盖，无法查看具体的按钮；当光标移至按钮上时，按钮上显示出相应的文字内容；

单击按钮时，按钮则跳出遮盖区域，完全显现。

◎ 案例效果剖析

本实例制作的弹出式按钮效果如图4-106所示。

图4-106　效果展示

案例技术要点

本实例主要用到的功能及技术要点如下。

- "颜色"面板：在"颜色"面板中为图形填充线性渐变效果。
- 基本矩形工具：通过修改基本矩形工具的属性，如端点、边界半径等参数，绘制非常规格的圆角矩形。
- 渐变变形工具：使用渐变变形工具调整渐变色的效果。
- 元件滤镜：为影片剪辑元件添加滤镜效果，实现模糊、投影等效果。
- 交换元件：使用交换元件功能交换不同的元件，但保留原元件实例的效果。

源文件路径	源文件\第4章\实例055 制作弹出式按钮.fla		
素材路径	素材\第4章\实例055\图片1.jpg、图片2.jpg等		
视频路径	视频\第4章\实例055 制作弹出式按钮.mp4		
操作步骤路径	操作\实例055.pdf		
难易程度	★★	学习时间	58分50秒

实例056　网页按钮——制作边缘发光按钮

在网页中，边缘发光的按钮还是很常见的，本案例将制作此效果按钮，使其能够突出显示。

案例设计分析

◎ 设计思路

在本案例的制作过程中，光标移至按钮上时按钮边缘发出绿色的光芒效果，是通过为元件添加"发光"滤镜来实现，从而区分选择其他按钮。

◎ 案例效果剖析

本实例制作的边缘发光按钮效果如图4-107所示。

光标经过时发生变化

图4-107　效果展示

案例技术要点

本实例中主要用到的功能及技术要点如下。

- 滤镜效果：为元件添加滤镜实现发光的效果。
- 按钮元件：在按钮元件的4个状态帧中设置不同的效果，以实现按钮的4个状态。

源文件路径	源文件\第4章\实例056 制作边缘发光按钮.fla		
视频路径	视频\第4章\实例056 制作边缘发光按钮.mp4		
难易程度	★★	学习时间	18分22秒

实例057　网页按钮——制作指针按钮

默认状态下，指针进行顺时针旋转，当指针指向按钮时，该按钮边框则扩大收缩展示；当光标移至某一按钮时，指针则指向光标所在的按钮。本案例将制作指针按钮，指针总是指示鼠标单击的那个按钮。

案例设计分析

◎ 设计思路

本案例模拟时钟指针旋转的效果，制作多个按钮组成圆盘形，指针顺时针进行旋转，当旋转至相应的按钮上时，该按钮边缘出现扩展收缩的效果，将光标移至按钮上时，指针也会旋转至该按钮上。

◎ 案例效果剖析

本案例制作的指针按钮效果如图4-108所示。

指针指向光标位置

图4-108　效果展示

案例技术要点

本实例中主要用到的功能及技术要点如下。

- "颜色"对话框：打开"颜色"对话框，可以选择更丰富的颜色。
- 复制粘贴帧：通过复制粘贴

帧，可快速在其他帧中添加素材。

● 补间形状动画：为不同形状之间添加动画，实现形状的变化。

案例制作步骤

源文件路径	源文件\第4章\实例057 制作指针按钮.fla		
素材路径	素材\第4章\实例057\背景.jpg、小图1.jpg等		
视频路径	视频\第4章\实例057 制作指针按钮.mp4		
难易程度	★★★★	学习时间	18分49秒

❶ 首先将"背景.jpg"、"小图1.jpg"等所有图片素材导入到"库"面板中。新建"图1"影片剪辑元件，将背景颜色临时修改为蓝色，使用❷（椭圆工具）绘制填充颜色为白色的椭圆，如图4-109所示。

图4-109 绘制椭圆

❷ 在第40帧处插入关键帧。新建"图层2"图层，将"小图1.jpg"素材图片拖入舞台中并调整到合适的大小与位置，如图4-110所示。

图4-110 添加素材图片

❸ 新建"图层3"图层，使用❷（椭圆工具）绘制椭圆，如图4-111所示。

图4-111 绘制椭圆

❹ 在工具箱中单击填充颜色图标，在打开的列表中单击如图4-112所示的按钮。

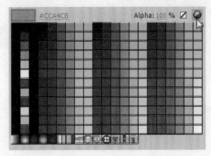

图4-112 单击按钮

❺ 在打开的"颜色"对话框中拖动右侧的滑块，选取较浅的紫色，如图4-113所示，单击"确定"按钮。

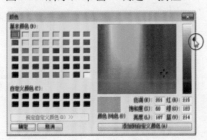

图4-113 选取颜色

❻ 选择第1帧，单击鼠标右键，执行快捷菜单中的"复制帧"命令，如图4-114所示。在第40帧处单击鼠标右键，执行快捷菜单中的"粘贴帧"命令，如图4-115所示。

图4-114 复制帧

图4-115 粘贴帧

❼ 在第20帧处新建关键帧，并将椭圆放大，修改颜色的Alpha值为30%，如图4-116所示。

图4-116 放大并修改Alpha值

❽ 在第1～20帧、第20～40帧之间创建补间形状，如图4-117所示。

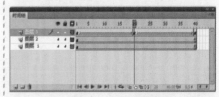

图4-117 创建补间形状

❾ 在"库"面板中直接复制元件，得到另外的5个元件，并分别修改元件内容，如图4-118所示。

图4-118 直接复制元件

⑩ 新建"指针"影片剪辑元件，使用绘图工具绘制图形，如图4-119所示。返回"场景1"，将"背景.jpg"素材拖入舞台中，如图4-120所示。

图4-119　绘制图形

图4-120　拖入背景素材

⑪ 使用 ◯（椭圆工具），设置填充颜色为无，笔触颜色为白色，绘制圆圈。新建"图层2"图层，依次将库中的元件拖入到圆圈上，如图4-121所示。并分别在"属性"面板中修改元件的实例名称为m1~m6。

图4-121　绘制图形并添加元件

⑫ 新建"图层3"图层，将"指针"元件拖入舞台中，如图4-122所示，并设置实例名称为pin。

图4-122　添加元件

⑬ 新建"图层4"图层，打开"动作"面板输入脚本，如图4-123所示。

图4-123　输入脚本

⑭ 保存文档，按Ctrl+Enter组合键测试影片，如图4-124所示。

图4-124　测试影片

实例058　网页按钮——制作弹性按钮

本实例制作的是弹性网页按钮，通过按钮的交互，带来不一样的体验。

案例设计分析

设计思路

弹性按钮在默认状态下为缓慢抖动的圆点，将光标移至按钮上时，显示相应的内容；将按钮拖动到一定距离，释放鼠标时，按钮迅速向原处弹回，表现极强的趣味性。

案例效果剖析

本实例制作的弹性按钮效果如图4-125所示。

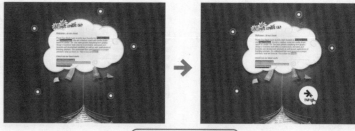

光标经过时发生变化

图4-125　效果展示

案例技术要点

本实例中主要用到的功能及技术要点如下。

- 色彩效果：使用高级色彩效果实现元件的颜色设置。
- 实例名称：为元件设置实例名称，以脚本控制。

源文件路径	源文件\第4章\实例058 制作弹性按钮.fla		
素材路径	素材\第4章\实例058\背景.jpg		
视频路径	视频\第4章\实例058 制作弹性按钮.mp4		
难易程度	★★★★	学习时间	21分54秒

实例059　照片查看器——制作按钮缩览图

本实例制作的是照片查看器中的缩览图按钮，点击缩略图则显示相应的大图。

案例设计分析

设计思路

在查看相册时，底部显示出所有图片的缩略图，当单击相应的缩览图时，画面则显示出相应的大图效果。本实例根据这一效果制作出类似的按钮缩略图效果。

🔴 案例效果剖析

本实例制作的按钮缩略图效果如图4-126所示。

单击缩略图切换

图4-126　效果展示

≫ 案例技术要点

本实例中主要用到的功能及技术要点如下。

- 文档设置：在"文档设置"对话框中对文档的各属性进行设置。
- 空白关键帧：空白关键帧与关键帧不同，在空白关键帧的舞台中是无任何内容的。
- "停止"脚本：通过在"动作"面板中输入"stop();"脚本实现停止动作。

≫ 案例制作步骤

源文件路径	源文件\第4章\实例059 照片查看器.fla	
素材路径	素材\第4章\实例059\图1.jpg、图2.jpg等	
视频路径	视频\第4章\实例059 照片查看器.mp4	
难易程度	★★★　　学习时间	33分46秒

❶ 将所有素材图像导入至"库"面板，设置文档尺寸的宽度为700像素，高度为500像素，设置背景颜色为#333333，如图4-127所示。

图4-127　设置文档尺寸

❷ 新建"按钮"按钮元件，在第2帧处插入关键帧，在舞台中绘制一个灰色矩形。在"颜色"面板中设置不透明度为30%，将笔触线调大，效果如图4-128所示。

❸ 在第3帧处插入关键帧，修改图形，如图4-129所示。

图4-128　绘制矩形

图4-129　修改图形

❹ 返回至"场景1"中，将"图

层1"图层重命名为"大图"图层，在"库"面板中将"图1.jpg"素材拖至舞台中合适的位置，如图4-130所示。

图4-130　添加素材图片

❺ 在第2～7帧的每一帧处插入空白关键帧。依次将其他素材图片拖入舞台中，效果如图4-131所示。

图4-131　添加其他素材图片

❻ 新建"小图"图层，使用▢（矩形工具）绘制一个无填充颜色的矩形框，将素材图片按"图层1"图层中的顺序拖至舞台中合适的位置，并依次打散并调整大小，如图4-132所示。

图4-132　添加素材图片

❼ 新建"边框"图层，将"按钮"按钮元件中的图形复制粘贴到"边框"图层的舞台中，并调整到合适的大小，如图4-133所示。

❽ 选择第2～7帧，按F6键创建关键帧。依次调整每一帧的图形位置，即第2帧则对应第2张小图，第3帧对应第3张

小图，依此类推，如图4-134所示。

图4-133 粘贴图形

图4-134 调整图形位置

⑨ 新建"按钮"图层，将"库"面板中的"按钮"按钮元件拖入舞台中7次，并放置在合适的位置，如图4-135所示。

图4-135 添加按钮元件

⑩ 选择第一个按钮元件，按F9键打开"动作"面板，输入脚本，如图4-136所示。

图4-136 输入脚本

⑪ 复制脚本，依次选择第2～7个

按钮元件，在"动作"面板中粘贴脚本，并依次修改"gotoAndStop(1)"中的数字为2～7。

⑫ 新建"图层5"图层，按F9键打开"动作"面板，输入脚本"stop();"。

⑬ 至此，完成按钮缩览图的制作。按Ctrl+Enter组合键进行影片测试，单击缩览图则跳转至相应的大图，如图4-137所示。

图4-137 测试影片

实例060 音乐播放器——制作播放/暂停按钮

在一个播放器中，最常用的按钮就是播放/暂停按钮，通过同一处按钮实现播放对象的播放与暂停。

案例设计分析

设计思路
本实例根据常见的播放按钮制作音乐播放器按钮，通过单击按钮实现音乐的播放与暂停。

案例效果剖析
本实例制作的播放器播放/暂停按钮效果如图4-138所示。

图4-138 效果展示

案例技术要点
本实例中主要用到的功能及技术要点如下。

- 设置声音：在"属性"面板中可以选择需要设置的声音名称。
- 按钮控制声音：通过脚本控制声音的播放与暂停。

案例制作步骤

源文件路径	源文件\第4章\实例060 音乐播放器.fla	
素材路径	素材\第4章\实例060\界面.jpg	
视频路径	视频\第4章\实例060 音乐播放器.mp4	
难易程度	★★★★	学习时间 11分06秒

① 新建一个ActionScript 2.0文档。将"界面.jpg"素材导入到"库"面板中，设置舞台大小为400像素×300像素，如图4-139所示。

② 新建"声音"影片剪辑元件，在第1帧处打开"属性"面板，设置声音，如图4-140所示。

图4-139　设置舞台

图4-140　设置声音

③ 新建"圆"影片剪辑元件，使用 ◎（椭圆工具）绘制椭圆，并设置颜色为径向渐变，如图4-141所示。复制圆，新建"按钮"按钮元件，在第4帧处插入空白关键帧，在舞台中粘贴圆。

图4-141　绘制椭圆并设置颜色

④ 新建"播放按钮"影片剪辑元件，将"库"面板中的"圆"影片剪辑元件拖至舞台中。新建"图层2"图层，使用绘图工具绘制三角图形。在第2帧处插入空白关键帧，绘制两个矩形，如图4-142所示。

⑤ 新建"图层3"图层，将"按钮"按钮元件拖入舞台中，与圆形对齐。选择按钮，打开"动作"按钮，输入脚本，如图4-143所示。

图4-142　绘制图形

图4-143　输入脚本

⑥ 在第2帧处插入关键帧，在按钮上打开"动作"面板，修改脚本，如图4-144所示。

图4-144　修改脚本

⑦ 新建"图层4"图层，将"声音"元件拖至舞台中。在第2帧处插入空白关键帧，打开"动作"面板，输入脚本，如图4-145所示。

图4-145　输入脚本

⑧ 新建"图层5"图层，在第1帧处按F9键打开"动作"面板，输入脚本【stop();】。在第2帧处插入空白关键帧，在"动作"面板中输入脚本，如图4-146所示。

图4-146　输入脚本

⑨ 返回到"场景1"中，将背景拖至舞台中，如图4-147所示。

图4-147　拖入背景

⑩ 新建"图层2"图层，将"播放按钮"影片剪辑元件拖至舞台中。保存并测试影片，单击"播放"按钮开始播放音乐，单击"暂停"按钮则暂停播放，如图4-148所示。

图4-148　测试影片

💡 提　示

　　导入声音文件的方法比较简单，将声音文件导入到"库"面板中，然后打开相应的"属性"面板，在"名称"下拉列表中选择相应的声音文件；或者将"库"面板中的声音素材拖入舞台即可。

实例061　网页按钮——制作旋转按钮

按钮的旋转就是当鼠标与按钮发生碰撞，则按钮开始旋转。

案例设计分析

设计思路

本实例为加强趣味性，制作的是可旋转的按钮：当鼠标向左移动时则顺时针旋转，向右移动时则逆时针旋转。鼠标移至按钮上时，旋转速度减慢，移出按钮后，则旋转速度加快。

案例效果剖析

本实例制作的旋转按钮效果如图4-149所示。

图4-149　效果展示

案例技术要点

本实例中主要用到的功能及技术要点如下。

- 遮罩层：使用遮罩层，显现需要的部分。
- Alpha值：通过修改元件Alpha值，实现图形的融合。
- 停止脚本：通过在"动作"面板中输入"stop();"脚本实现停止动作。
- 超链接脚本：使用"getURL();"脚本实现按钮的跳转链接。
- 直接复制元件：对于效果相同或类似的元件，可以使用"直接复制"命令直接复制元件，然后根据实际情况修改元件副本。

源文件路径	源文件\第4章\实例061 制作旋转按钮.fla	
素材路径	素材\第4章\实例061\背景图.jpg	
视频路径	视频\第4章\实例061 制作旋转按钮.mp4	
难易程度	★★	学习时间	38分05秒

实例062　网页按钮——制作便签式按钮

本实例制作的便签式按钮，页面中的按钮如同便签纸一般可以收缩。

案例设计分析

设计思路

本实例为了网站首页的简洁，将按钮隐藏，按钮在默认状态下时为收缩状态，将光标放置在便签按钮上时，便签展开，显示完整内容。将光标放置在不同的图片上时，其他图片则呈暗度显示，效果如同便签纸，个性独特。

案例效果剖析

本实例制作的便签式按钮效果如图4-150所示。

便签展开

图4-150　效果展示

案例技术要点

本实例中主要用到的功能及技术要点如下。

- 亮度：通过设置元件实例的亮度实现变亮或变暗的效果。
- 混合模式：混合模式决定了图层对象之间的混合效果。
- 补间形状：在图形之间创建补间形状，实现形状之间的渐变过渡。

案例制作步骤

源文件路径	源文件\第4章\实例062 制作便签式按钮.fla
素材路径	素材\第4章\实例062\背景.jpg、图1.jpg等
视频路径	视频\第4章\实例062 制作便签式按钮.mp4
难易程度	★★★
学习时间	30分39秒

❶ 新建一个空白文档，导入"背景.jpg"、"图1.jpg"等所有素材图片。新建"便签"影片剪辑元件，将"库"面板中的"图1.jpg"素材图片拖入舞台，按Ctrl+B组合键将图片打散，使用 选择工具）选择图片的部分内容，效果如图4-151所示。

图4-151　添加图片并进行选择

❷ 在第2帧和第3帧处分别插入空白关键帧，并分别拖入"图1.jpg"、"图2.jpg"、"图3.jpg"素材图片到相应关键帧的舞台上。打开绘图纸外观，将3张图片重合。新建"图层2"图层，选择 （文本工具），设置填充颜色为白色，在舞台上输入文字，如图4-152所示。

图4-152　输入文字

❸ 在第2帧和第3帧处分别插入关键帧，并修改后面的文字，如图4-153所示。

图4-153 修改文字

④ 新建"图层3"图层，打开"动作"面板，输入脚本"gotoAndStop (Number(_parent._name.substr(3)));"。新建"按钮"按钮元件，在第4帧处插入关键帧，并绘制一个矩形。

⑤ 新建"便签效果"影片剪辑元件，将"按钮"按钮元件拖入舞台中，设置实例名称为bt，在第10帧处插入关键帧。新建"图层2"图层，将"便签"影片剪辑元件拖入舞台中，与"按钮"按钮元件重合，效果如图4-154所示。

图4-154 添加元件

⑥ 在第10帧处插入关键帧，选择第1帧的元件，在"属性"面板中修改"亮度"为-5%，如图4-155所示。在两个关键帧之间创建传统补间。

图4-155 修改"亮度"值

⑦ 新建"图层3"图层，绘制一个矩形与"便签"的文字重合，并将矩形转换为"元件2"影片剪辑元件，如图4-156所示。

图4-156 绘制矩形并转换为元件

⑧ 选择"元件2"影片剪辑元件，在"属性"面板中设置混合模式为"叠加"，如图4-157所示。在第10帧处插入关键帧。然后选择第1帧的元件，在"属性"面板中设置不透明度为0。在两个关键帧之间创建传统补间。

图4-157 设置混合模式

⑨ 新建"图层4"图层，绘制一个矩形，设置填充颜色为黑色，Alpha值为30%，如图4-158所示。

图4-158 绘制矩形

⑩ 在第10帧处插入关键帧，设置Alpha值为0%，并在两个关键帧之间创建补间形状，如图4-159所示。

图4-159 创建补间形状

⑪ 新建"图层5"图层，打开"动作"面板，输入脚本，如图4-160所示。

⑫ 新建"便签组合"影片剪辑元件，接着新建两个图层，将"便签效果"影片剪辑元件分别拖入"图层1"图层、"图层"图层、"图层3"图层中，设置舞台效果，如图4-161所示。分别设置元件的实例名称为btn1、btn2、btn3。

图4-160 输入脚本

图4-161 拖入元件

⑬ 新建"图层4"图层，打开"动作"面板，输入代码"gotoAndStop (Number(_parent._name.substr(3)));"。

⑭ 新建"便签动画"影片剪辑元件，使用□（矩形工具）绘制一个矩形，颜色为蓝色（#68ADCA），如图4-162所示。

图4-162 绘制矩形

⑮ 在第10帧处插入关键帧，按Q键打开（任意变形工具），将矩形向左拖宽，如图4-163所示。在两个关

键帧之间创建补间形状，形成矩形的拉伸动画。

图4-163　拉宽矩形

若使用任意变形工具拉伸图形时，图形向两侧扩展，则可按住Alt键使其另一侧固定。

⓰ 新建"图层2"图层，将"按钮"按钮元件拖入舞台中，使用▦（任意变形工具）使其与矩形重合。在"属性"面板中设置实例名称为bt。在第10帧处插入关键帧，按Q键将元件向左拖宽，与矩形大小重合。新建"图层3"图层，将"便签组合"元件拖入舞台，如图4-164所示。

图4-164　添加元件

⓱ 在第10帧处插入关键帧，将元件向左移动，如图4-165所示。在两个关键帧之间创建传统补间。

图4-165　移动元件

⓲ 新建"图层4"图层，打开"动作"面板，输入脚本，如图4-166所示。

图4-166　输入脚本

⓳ 新建"按钮组"影片剪辑元件，在第15帧处插入关键帧，绘制矩形并转换为"矩形背景"影片剪辑元件。在"属性"面板中设置实例名称为bg1。在第24帧处插入关键帧，将元件拖长。在两个关键帧之间创建传统补间。在第46帧处插入帧。

⓴ 新建"图层2"图层，绘制和"图层1"图层中元件同等大小的矩形，将其转换为"元件1"影片剪辑元件。双击进入元件，新建"图层2"图层，输入文字，如图4-167所示。

图4-167　输入文字

㉑ 在图形外双击鼠标回到"按钮组"影片剪辑元件中。在第10帧处插入关键帧，选择第1帧，将其向右移动一段距离，并修改Alpha值为0%。在两个关键帧之间创建传统补间。

㉒ 新建"便签"图层，在第27帧处插入关键帧，将"便签动画"影片剪辑元件拖入舞台中，如图4-168所示。

㉓ 选择元件，在"属性"面板中设置实例名称为bto1。在第32帧处插入关键帧，选择第27帧的元件，设置Alpha值为0%，将其向右移动。在两个关键帧之间创建传统补间。

㉔ 新建"遮罩"图层，在第15帧处插入关键帧，绘制一个矩形，如图4-169所示。将该图层设置为遮罩层。

图4-168　拖入元件

图4-169　绘制矩形

㉕ 新建一个图层，在第37帧处插入关键帧，在"动作"面板中输入脚本"_parent.sd.gotoAndPlay(2);"。在第46帧处插入关键帧，输入脚本"stop ();"。

㉖ 进入"场景1"，将"背景.jpg"素材图片拖入舞台中。新建"图层2"图层，将"按钮组"影片剪辑元件拖入舞台中，效果如图4-170所示。

图4-170

㉗ 至此，完成便签式按钮的制作。保存并测试影片，效果如图4-171所示。

图4-171　测试影片

实例063 网页按钮——制作控制滑动按钮

在网页中，以滚动方式显示的广告十分常见，本实例制作的是按钮控制滚动的图片。

案例设计分析

设计思路

本实例根据网页中的滚动广告这一效果，制作了控制滚动的按钮。页面中的图标从左至右进行滚动，将鼠标放置在左边箭头按钮上时，图标迅速向右滚动；将鼠标放置在右边箭头按钮上时，图标则迅速向左滚动；将鼠标移至图标上时，滚动变慢，图标颜色改变。

案例效果剖析

本实例制作的控制滑块滑动按钮效果如图4-172所示。

图4-172 效果展示

案例技术要点

本实例中主要用到的功能及技术要点如下。

- 遮罩脚本：使用脚本实现元件的遮罩效果。
- 直接复制元件：在"库"面板中直接复制元件，快速创建类似的元件。

源文件路径	源文件\第4章\实例063 制作控制滑动按钮.fla
素材路径	素材\第4章\实例063\图标1.png、图标2.png等
视频路径	视频\第4章\实例063 制作控制滑动按钮.mp4
操作步骤路径	操作\实例063.pdf

难易程度	★★	学习时间	37分19秒

实例064 游戏菜单——制作展开与关闭按钮

为了节省界面，保持界面的整洁，本实例将介绍展开与关闭的游戏菜单的制作。

案例设计分析

设计思路

本实例通过制作展开与关闭按钮，实现当单击界面中的"关闭"文字按钮时，菜单向上收缩关闭；当单击"展开"文字按钮时，菜单向下展开显示的效果。

案例效果剖析

本实例制作的展开与关闭按钮效果如图4-173所示。

展开菜单   单击关闭

图4-173 效果展示

案例技术要点

本实例中主要用到的功能及技术要点如下。

- 文字滤镜：除了可以为"影片剪辑"元件、"按钮元件"添加滤镜外，还可以为文本添加滤镜。
- 翻转帧："翻转帧"命令可以将所选择的帧进行翻转，实现反向效果。

案例制作步骤

源文件路径	源文件\第4章\实例064 制作展开与关闭按钮.fla
素材路径	素材\第4章\实例064\背景图.jpg、卷轴.jpg
视频路径	视频\第4章\实例064 制作展开与关闭按钮.mp4
难易程度	★★
学习时间	25分08秒

❶ 新建"菜单列表"影片剪辑元件，将"卷轴.jpg"素材拖入到舞台中，如图4-174所示。

图4-174 添加素材图片

❷ 新建"图层2"图层，使用**T**（文本工具）输入文字，并将其转换为"1"按钮元件，如图4-175所示。

图4-175 输入文字并转换为元件

③ 双击进入元件，在第2～4帧处插入关键帧。选择第2帧文字，将文字颜色修改为红色；选择第3帧文字，在"属性"面板中添加"模糊"滤镜，如图4-176所示。效果如图4-177所示。选择第4帧，在文字上绘制一个矩形。

图4-176 添加滤镜

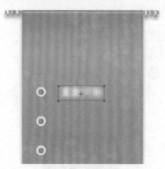

图4-177 模糊效果

④ 选择"库"面板中的"1"按钮元件，将其进行直接复制，得到其他的元件，并在相应的元件中将文字进行修改。

⑤ 回到"菜单列表"影片剪辑元件中，将复制得到的所有元件添加到舞台中，如图4-178所示。

图4-178 添加元件

⑥ 进入"场景1"，将"背景.jpg"素材拖入舞台中，如图4-179所示。在第20帧处插入关键帧。

图4-179 添加素材图片

⑦ 新建"图层2"图层，在第11帧处插入关键帧，将"菜单列表"影片剪辑元件拖入舞台中，如图4-180所示。

图4-180 添加元件

⑧ 在第20帧处插入关键帧，将元件向上压缩，如图4-181所示。在两个关键帧之间创建传统补间。

图4-181 压缩元件

⑨ 选择第11～20帧，单击鼠标右键，执行快捷菜单中的"复制帧"命令，如图4-182所示。

图4-182 执行"复制帧"命令

⑩ 新建"图层3"图层，在第1帧处单击鼠标右键，执行快捷菜单中的"粘贴帧"命令。然后选择第1～10帧，单击鼠标右键，执行快捷菜单中的"翻转帧"命令，如图4-183所示。选择第10帧后面的所有帧，将其删除。

图4-183 执行"翻转帧"命令

⑪ 新建"图层4"图层，在第10帧处插入关键帧，使用▨（线条工具）绘制一个"×"形状，使用▣（文本工具）输入文字。选择图形与文字，将其转换为"关闭"按钮元件，如图4-184所示。

图4-184 绘制图形并转换为元件

⑫ 进入按钮元件，在第2～4帧处插入关键帧。对第2帧的文字进行修改；选择第3帧，为文字添加"模糊"滤镜；在第4帧处绘制一个矩形。返回"场景1"，选择元件，打开"动作"面板，输入脚本，如图4-185所示。

图4-185 输入脚本

⑬ 选择第10帧后面的所有帧,单击鼠标右键,执行快捷菜单中的"删除帧"命令。新建"图层5"图层,在第20帧处插入关键帧,绘制图形并输入文字,如图4-186所示。

图4-186 绘制图形并输入文字

⑭ 使用相同的方法,将其转换为元件,并进入元件进行编辑。设置按钮的脚本如图4-187所示。

图4-187 设置按钮脚本

⑮ 新建"图层6"图层,在第10帧与第20帧处分别插入关键帧,输入脚本"stop();"。保存并按Ctrl+Enter组合键测试影片,效果如图4-188所示。

图4-188 测试影片

实例065 网页按钮——制作照片按钮

针对照片按钮,通过照片制作的按钮是可以移动的,并且双击照片能够展开照片所对应的内容介绍。

案例设计分析

设计思路

本实例模拟桌面上散落的照片,制作照片按钮,选择不同的照片可以对其进行拖动、旋转等操作;双击照片,则展开该照片的介绍;单击右上角的关闭按钮,可关闭介绍。

案例效果剖析

本实例制作的照片按钮效果如图4-189所示。

拖动照片　展开介绍

图4-189 效果展示

案例技术要点

本实例中主要用到的功能及技术要点如下。
- AS链接:在"库"面板中为元件添加AS链接,使其被脚本控制。
- 实例名称:为元件添加唯一的实例名称,便于交互的实现。
- 帧脚本与元件脚本:在关键帧与"影片剪辑"、"按钮"元件上均可添加脚本。

源文件路径	源文件\第4章\实例065 制作照片按钮.fla		
素材路径	素材\第4章\实例065\照片1.jpg、照片2.jpg等		
视频路径	视频\第4章\实例065 制作照片按钮.mp4		
难易程度	★★★	学习时间	33分39秒

实例066 网页按钮——制作缩放滑块按钮

一般浏览器下面都会有一个调节缩放比例的按钮,只要左右滑动就可以调节了。本实例将制作网页中的缩放滑块按钮,该按钮能够控制页面的大小。

案例设计分析

设计思路

本实例根据网页中的缩放滑块效果,制作按钮,实现向左拖动滑块时图片缩小、向右拖动滑块时图片放大的效果。

案例效果剖析

本实例制作的缩放滑块按钮如图4-190所示。

拖动滑块

图4-190 效果展示

案例技术要点

本实例主要用到的功能及技术要点如下。

● 实例名称：为不同的元件添加不同的实例名称，以确定其唯一性。

● 动作脚本：在"动作"面板中添加不同的脚本，实现滑块的控制效果。

案例制作步骤

源文件路径	源文件\第4章\实例066 制作缩放滑块按钮.fla
素材路径	素材\第4章\实例066 \网页图.jpg
视频路径	视频\第4章\实例066 制作缩放滑块按钮.mp4
难易程度	★★★★　　　　　学习时间　　11分45秒

❶ 新建一个空白文档，设置舞台大小为400像素×400像素，背景颜色为浅蓝色（#C8DADB）。

❷ 新建"元件1"影片剪辑元件，使用▢（基本矩形工具）绘制圆角矩形，如图4-191所示。

图4-191　绘制圆角矩形

❸ 新建"滑块"影片剪辑元件，使用▢（基本矩形工具）和◣（线条工具）绘制图形，如图4-192所示。

图4-192　绘制图形

❹ 新建"滚动条"影片剪辑元件，将"元件1"影片剪辑元件拖入舞台中，设置实例名称为mcBar。新建"图层2"图层，将"滑块"影片剪辑元件拖入舞台中，如图4-193所示。在"属性"面板中设置实例名称为mcBt。

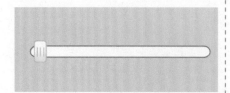

图4-193　添加元件

❺ 新建"图层3"图层，使用▣（文本工具）输入文字，如图4-194所示。

图4-194　输入文字

❻ 新建"图片"影片剪辑元件，将"网页图.jpg"素材拖入舞台中，并使用▢（矩形工具）绘制矩形边框，如图4-195所示。

图4-195　添加素材

❼ 返回"场景1"，将"图片"影片剪辑元件拖入舞台中，设置实例名称为img。将"滚动条"影片剪辑元件拖入舞台中，如图4-196所示。设置实例名称为mcBarControl。

图4-196　拖入元件

❽ 新建"图层2"图层，打开"动作"面板，输入脚本，如图4-197所示。

图4-197　输入脚本

❾ 新建"图层3"图层，打开"动作"面板，输入脚本，如图4-198所示。

图4-198　输入脚本

提 示

具体的脚本可见本书光盘中的源文件。

❿ 至此，完成缩放滑块按钮的制作，保存并按Ctrl+Enter组合键测试影片，效果如图4-199所示。

图4-199　测试影片

后新建"遮罩"影片剪辑元件，绘制椭圆。

实例067　网页按钮——制作放大镜按钮

针对放大镜按钮，如果选择不同的放大镜，放大效果不一样。如淘宝主图中的宝贝图，将鼠标放置在图片上则会放大显示该图；又或者使用放大镜显示宝贝细节图。

案例设计分析

设计思路

本实例将根据放大镜原理来制作放大镜按钮，选择不同的放大镜，放大图像的倍数不同，效果也不同。

案例效果剖析

本实例制作的放大镜按钮效果如图4-200所示。

图4-200　效果展示

案例技术要点

本实例中主要用到的功能及技术要点如下。

- 渐变变形工具：使用渐变变形工具调整渐变色。
- 补间形状：在图形之间创建补间形状，实现形状之间的渐变过渡。

案例制作步骤

源文件路径	源文件\第4章\实例067 制作放大镜按钮
素材路径	素材\第4章\实例067\放大镜.jpg、摩托车.jpg等
视频路径	视频\第4章\实例067 制作放大镜按钮.mp4
难易程度	★★★　　　学习时间　　22分51秒

❶ 新建一个550像素×344像素的空白文档，将"放大镜.jpg"、"摩托车.jpg"等素材导入到"库"面板中。新建"元件1"影片剪辑元件，将"放大镜.jpg"素材拖入舞台中。

❷ 新建"放大镜"影片剪辑元件，使用◯（椭圆工具）、▢（基本矩形工具）、＼（线条工具）绘制放大镜，效果如图4-201所示。

图4-201　绘制图形

❸ 新建一个图层，使用绘图工具绘制图形，并使用▦（渐变变形工具）调整渐变色，效果如图4-202所示。

图4-202　绘制图形并调整渐变色

❹ 新建"放大按钮"按钮元件，将"放大镜"影片剪辑元件拖入舞台中。在第2～4帧处分别插入关键帧，并选择第2帧，将元件放大。选择第4帧，绘制图形，如图4-203所示。然

图4-203　绘制图形

❺ 进入"场景1"，在第2帧处插入关键帧，将"元件1"元件拖入舞台中，并调整至舞台大小，如图4-204所示。

图4-204　添加元件

❻ 在第3帧处插入关键帧。新建"图层2"图层，在第2帧处插入关键帧，将"元件1"元件拖入舞台中，设置实例名称为foto。

❼ 新建"图层3"图层，在第2帧处插入关键帧，将"遮罩"影片剪辑元件拖入舞台中，如图4-205所示。在"属性"面板中设置实例名称为mask。然后设置该图层为遮罩层。

图4-205　添加元件

❽ 新建"图层4"图层，在第2帧处插入关键帧，将"放大镜"影片剪辑元件拖入舞台中，与"遮罩"元件对齐，如图4-206所示。设置实例名称为lente。

❾ 新建"图层5"和"图层6"图层，分别在第2帧处插入关键帧，绘制图形并将"放大镜"影片剪辑元

件拖入舞台中3次，再调整大小，如图4-207所示。

图4-206　添加元件

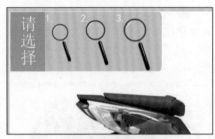

图4-207　添加元件

⑩　选择第1个元件，输入脚本"on(release){klens=100};"；选择第2个元件，输入脚本"on(release){klens=150};"；选择第3个元件，输入脚本"on(release){klens=200};"。

⑪　新建一个图层，在第1帧处打开"动作"面板，输入脚本，如图4-208所示。

图4-208　输入脚本

⑫　在第2帧处插入关键帧，在"动作"面板中输入脚本，如图4-209所示。

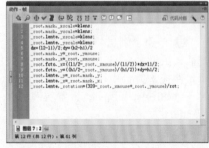

图4-209　输入脚本

⑬　在第3帧处插入关键帧，在"动作"面板中输入脚本，如图4-210所示。

图4-210　输入脚本

⑭　至此，完成放大镜按钮的制作，按Ctrl+Enter组合键测试影片。

实例068　导航按钮——制作简易浮动按钮

我们经常需要使用在两侧或一侧浮动的图片或按钮，特别是电商类网站，经常在网页一侧浮动显示在线客服之类的按钮和图标。本案例将制作简易浮动按钮，通过该按钮可以切换页面。

案例设计分析

设计思路

本案例为了实现菜单的交互，在网站首页显示了4个浮动按钮，将光标移至按钮上时，网页切换；当将光标移开时，恢复到首页。

案例效果剖析

本实例制作的简易浮动按钮效果如图4-211所示。

（单击按钮）

图4-211　效果展示

案例技术要点

本实例中主要用到的功能及技术要点如下。

● 直接复制元件：通过直接复制元件可得到多个元件。
● 色彩效果：通过修改色彩效果改变元件外观。

源文件路径	源文件\第4章\实例068 网站导航.fla		
素材路径	素材\第4章\实例068\背景.jpg、图标.png等		
视频路径	视频\第4章\实例068 网站导航.mp4		
操作步骤路径	操作\实例068.pdf		
难易程度	★★	学习时间	31分57秒

实例069　网页按钮——按钮控制地图位置

在网页中的地图上查询位置时，可以通过按钮来控制地图的位置，并且可以显示所选择的地图。

案例设计分析

设计思路

为了表现按钮的交互性，本案例在地图上制作了3个按钮，通过单击不同的按钮显示不同的区域，实现控制地图的效果，实用性很强。

⏺ **案例效果剖析**

本实例制作的按钮控制地图位置效果如图4-212所示。

图4-212　效果展示

» **案例技术要点**

本实例中主要用到的功能及技术要点如下。

● 补间动画：使用补间动画移动地图。

● 按钮控制：通过按钮脚本控制播放不同的关键帧。

源文件路径	源文件\第4章\实例069 按钮控制地图位置.fla		
素材路径	素材\第4章\实例069\图.jpg		
视频路径	视频\第4章\实例069 按钮控制地图位置.mp4		
难易程度	★★	学习时间	5分29秒

第 5 章　网页导航的制作

　　导航菜单设计是Flash动态网页浏览的基础。简洁、有效的导航菜单，可以使浏览者迅速而高效地找到所需要的信息。具有艺术美感的导航，会使浏览者的浏览过程变得丰富而富有趣味。

实例070　网页导航——侧边展开导航

　　侧边导航在网页中的应用十分常见，接下来将介绍侧边展开导航的制作。

案例设计分析

设计思路

　　本实例为了表现侧边导航的简洁与实用性，通过简单的文字表示一级菜单，将光标移至菜单类别上时，菜单文字颜色发生改变，同时显示出相应的二级菜单；将光标移至二级菜单类别上时，文字颜色发生变化。移开光标后，恢复至默认菜单。

案例效果剖析

　　本实例制作的侧面展开导航效果如图5-1所示。

图5-1　效果展示

案例技术要点

　　本实例中主要运用的功能与技术要点如下。

● 遮罩层：使用遮罩层制作遮罩动画。
● 滤镜：为文字和元件添加滤镜，制作导航文字的特效。
● 传统补间：使用传统运动补间制作位移动画。

案例制作步骤

源文件路径	源文件\第5章\实例070 侧边展开导航.fla		
素材路径	素材\第5章\实例070\素材1.png、素材2.png等		
视频路径	视频\第5章\实例070 侧边展开导航.mp4		
难易程度	★★★★	学习时间	10分33秒

　　❶ 新建一个空白文档，导入"素材1.png"、"素材2.png"等所有素材。新建"西湖龙井"影片剪辑元件，选择▣（矩形工具），在舞台中绘制一个矩形，执行"修改"|"转换为元件"命令，将其转换为图形元件。在第10帧处创建关键帧，打开"属性"面板，修改色彩效果样式为"高级"，参数效果如图5-2所示。在两帧中间创建传统补间动画。

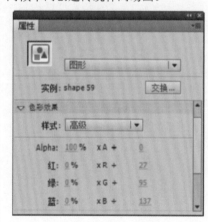

图5-2　设置高级样式属性

　　❷ 新建"图层2"图层，使用▣（文本工具）在文档中输入文字。然后选择该图层，单击鼠标右键，执行快捷菜单中的"遮罩层"命令，将其转换为遮罩层。新建"图层3"图层，使用▣（矩形工具）绘制一个矩形，再将其转换为按钮元件，舞台效果如图5-3所示。

　　❸ 选择该按钮元件，打开"动作"面板，输入脚本，如图5-4所示。

图5-3　舞台效果

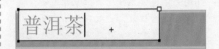

执行快捷菜单中的"直接复制元件"命令，打开"直接复制元件"对话框，修改元件名称为"黑茶"。双击"黑茶"影片剪辑元件，进入元件编辑模式，在"图层2"图层中修改文字为"普洱茶"，如图5-7所示。

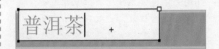

图5-7　修改文字

⑦ 使用相同的方法，创建"白茶"、"红茶"、"黄茶"和"青茶"。新建"菜单1"影片剪辑元件，选择 T（文本工具），在舞台上输入文字。然后选择该文字，执行"修改"|"转换为新元件"命令，将其转换为影片剪辑元件。打开"属性"面板，为其添加滤镜，如图5-8所示。效果如图5-9所示。

图5-8　滤镜参数

图5-9　滤镜效果

⑧ 在第6帧处创建关键帧，选中文字影片剪辑元件，再次打开"属性"面板，设置色彩效果样式为"高级"，调整参数，如图5-10所示。

⑨ 新建"图层2"图层，使用 ▣（矩形工具）绘制一个矩形，按F8键将其转换为按钮元件，覆盖在文字上。新建"图层3"图层，在第2帧上同样制作一个矩形按钮元件。各元件位置如图5-11所示。

图5-4　输入脚本

④ 打开"库"面板，选中"西湖龙井"，单击鼠标右键，执行快捷菜单中的"直接复制元件"命令，打开"直接复制元件"对话框，修改元件名称为"洞庭碧螺春"，单击"确定"按钮，即可完成复制。双击"洞庭碧螺春"，进入元件编辑模式，修改"图层2"图层上的文字，如图5-5所示。按此步骤创建"信阳毛尖"、"普洱茶"、"安溪铁观音"、"武夷大红袍"、"冻顶乌龙茶"、"文山包种茶"等影片剪辑元件。

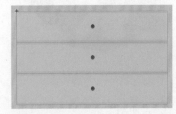

图5-5　舞台效果

> **提示**
>
> 具体请参考本案例文件夹"源文件\库\影片剪辑\茶种"。

⑤ 新建"绿茶"影片剪辑元件，将"西湖龙井"、"洞庭碧螺春"和"信阳毛尖"影片剪辑元件拖入不同图层，上下依次排列，如图5-6所示。

图5-6　排列元件

⑥ 在"库"面板中，选中"绿茶"影片剪辑元件，单击鼠标右键，

图5-10　高级样式

图5-11　舞台效果

⑩ 新建"图层4"图层，将"素材1.png"素材图片拖入第2帧，按F8键将其转换为图形元件，如图5-12所示。在第8帧处创建关键帧，回到第2帧，将其透明度设置为0%，创建传统补间动画。

图5-12　图形外观

⑪ 新建"图层5"图层，将"素材2.png"素材图片拖入第2帧，同样转换为图形元件。在第8帧处创建关键帧，并设置透明度为0%，创建传统补间动画。

⑫ 新建"图层6"图层，将"洞庭碧螺春"影片剪辑元件拖入第5帧，在第11帧创建关键帧。回到第5帧，设置其透明度为0%，并创建传统补间动画，舞台效果如图5-13所示。

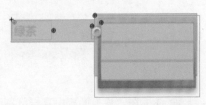

图5-13　舞台效果

⑬ 在"库"面板中，选中"菜单1"影片剪辑元件，单击鼠标右键，执

行快捷菜单中的"直接复制元件"命令，打开"直接复制元件"对话框，修改元件名称为"菜单2"，单击"确定"按钮，如图5-14所示，完成复制。

图5-14 "直接复制元件"对话框

⑭ 双击"菜单2"影片剪辑元件，进入元件编辑模式。在"图层1"图层上选择文字元件，按Ctrl+B组合键将其打散，将里面的文字修改为"黑茶"，如图5-15所示。按F8键将其转换为影片剪辑元件。第6帧上的文字元件也要进行同样的处理。

图5-15 修改文字

⑮ 选择"图层6"图层上的"绿茶"影片剪辑元件，打开"属性"面板，单击"交换元件"按钮，弹出"交换元件"对话框，选择"黑茶"影片剪辑元件，如图5-16所示，单击"确定"按钮，完成交换。再调整"图层4"图层和"图层5"图层上的元件的高度，舞台整体效果如图5-17所示。

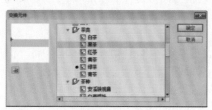

图5-16 "交换元件"对话框

图5-17 舞台效果

⑯ 继续在"库"面板中直接复制"菜单1"，创建"菜单3"、"菜单4"、"菜单5"和"菜单6"系列元件。

⑰ 新建"闪屏"影片剪辑元件，选择▢（矩形工具），打开"颜色"面板，设置渐变色，如图5-18所示。

图5-18 设置渐变色

⑱ 在舞台中绘制矩形，使用▦（任意变形工具）将其旋转，如图5-19所示。按F8键将其创建为图形元件，在第20帧和第40帧处创建关键帧，选择第20帧的内容，使其向右平移一段距离，创建传统补间动画。

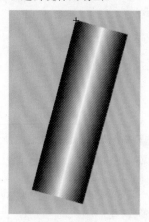

图5-19 绘制矩形

⑲ 新建"导航动画"影片剪辑元件，将"素材3.jpg"素材图片拖入舞台中，按F8键将其转换为影片剪辑元件，如图5-20所示。

图5-20 标题效果

⑳ 新建"图层2"图层，将"花朵.jpg"素材图片拖入舞台中，并转换为影片剪辑元件，在第7帧处创建关键帧，如图5-21所示。

图5-21 图片效果

㉑ 返回"图层2"图层上的第1帧，使用▦（任意变形工具）将花朵缩小并旋转，在两个关键帧中间创建传统补间动画。新建"图层3"图层，使用▢（钢笔工具）抠出一朵花的外形，并配合"图层2"图层制作花朵的遮罩动画，将"图层3"图层设置为遮罩层。复制"图层2"图层，将复制的"图层2"图层拖至最上方，新建"图层4"图层，继续使用▢（钢笔工具）抠出另外花朵的外形。新建"图层5"图层，制作遮罩叶子的动画，舞台效果如图5-22所示。

图5-22 舞台效果

㉒ 新建"图层6"图层，将"闪屏"影片剪辑元件拖入第2帧，并在"属性"面板中设置实例名称，如图5-23所示。

图5-23 "闪屏"舞台位置参数

㉓ 选择"图层1"图层,单击鼠标右键,执行快捷菜单中的"复制图层"命令,复制"图层1"图层。为复制图层上的内容添加实例名称为msk。

㉔ 新建"图层7"图层,使用 ▭（矩形工具）在舞台中绘制一个矩形,按F8键将其转换为按钮元件,舞台整体效果如图5-24所示。

图5-24 舞台效果

㉕ 新建"图层8"图层,在第2帧输入脚本"Objec.setMask(msk);","时间轴"面板如图5-25所示。

图5-25 "时间轴"面板

㉖ 返回"场景1",新建多个图层,将"菜单1"、"菜单2"、"菜单3"、"菜单4"、"菜单5"和"菜单6"分别拖入各个图层,选择"菜单1",打开"属性"面板,设置实例名称为m1。打开"动作"面板,输入脚本,如图5-26所示。

 提 示

其他菜单的实例名称和脚本请参考本实例源文件。

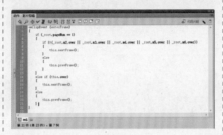

图5-26 输入脚本

㉗ 新建一个图层,将"导航动画"影片剪辑元件拖入舞台中,并为其添加脚本,如图5-27所示。

图5-27 添加脚本

㉘ 新建一个图层,设置第2帧的帧标签名称为menu。新建一个图层,在第2帧处输入停止脚本,舞台整体效果如图5-28所示。

㉙ 至此,完成侧面展开导航的制作,按Ctrl+Enter组合键测试影片,效果如图5-29所示。

图5-28 舞台整体效果

图5-29 测试影片

实例071 网页导航——横向滑动导航

横向导航一般为网站主导航,应用于网站的顶部或底部,接下来将介绍横向滑动导航的制作。

案例设计分析

⊙ 设计思路

为了表现网站的特色,本实例通过固定的文字来表示不同的菜单,当光标移至相应的菜单上时,半透明的按钮滑到该菜单处,且文字颜色改变,能使用户快速辨别选中的菜单。

⊙ 案例效果剖析

本实例制作的横向滑动导航效果如图5-30所示。

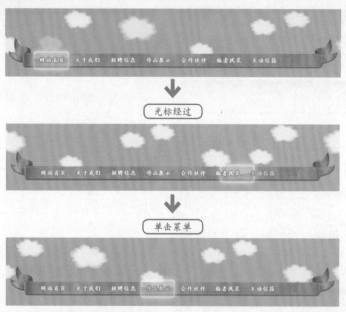

光标经过

单击菜单

图5-30 效果展示

>> **案例技术要点**

本实例中主要运用的功能与技术要点如下。

● 传统补间：使用传统运动补间制作位移动画。
● 文本工具：使用文本工具输入文字，制作文字效果。

>> **案例制作步骤**

源文件路径	源文件\第5章\实例071 横向滑动导航.fla	
素材路径	素材\第5章\实例071\素材1.png、素材2.png	
视频路径	视频\第5章\实例071 横向滑动导航.mp4	
难易程度	★★★	学习时间	10分33秒

❶ 新建一个空白文档，导入"素材1.png"、"素材2.png"等所有素材图片。设置文档属性，宽度为1000像素，高度为200像素，背景颜色设置为蓝色，如图5-31所示。

图5-31 设置文档属性

❷ 新建"云"影片剪辑元件，在"图层1"图层上绘制云效果，并复制"图层1"图层上的内容。新建"图层2"图层，并将复制内容粘贴到该图层上，使用（任意变形工具）进行缩小。继续新建"图层3"图层并将复制内容粘贴到该图层上，调整大小和透明度，效果如图5-32所示。

图5-32 舞台效果

❸ 新建"云动画"影片剪辑元件，将"云"影片剪辑元件拖入各个图层，并制作400帧的从左至右的传统补间动画，如图5-33所示。

图5-33 将元件拖入各个图层

❹ 新建"条纹"影片剪辑元件，将"素材1.png"素材图片拖入舞台，如图5-34所示。

图5-34 图片舞台效果

❺ 新建"导航"影片剪辑元件，选择（文本工具），并设置文本属性，如图5-35所示。

图5-35 设置文本属性

❻ 在舞台中输入文字，如图5-36所示。向后连续创建6个关键帧，并修改每帧上的文字。

图5-36 输入文字

❼ 新建"导航按钮"影片剪辑元件，将"导航"影片剪辑元件拖入舞台中，设置实例名称。新建"按钮效果"影片剪辑元件，将"导航按钮"影片剪辑元件拖入舞台中，设置实例名称，并制作7帧的从左到右的传统补间动画，设置第7帧的色彩效果属性如图5-37所示。

图5-37 设置色彩效果属性

⑧ 新建一个图层，打开"动作"面板，输入脚本，如图5-38所示。

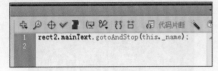

图5-38　输入脚本

⑨ 新建"鼠标特效"影片剪辑元件，将"素材1.png"素材图片拖入舞台中，效果如图5-39所示。

图5-39　素材图片舞台效果

⑩ 返回"场景1"，将"云动画"影片剪辑元件拖入舞台中合适位置；新建一个图层，将"条纹"影片剪辑元件拖入舞台中合适位置；新建一个图层，将"鼠标特效"影片剪辑元件拖入舞台中；再新建7个图层，将"按钮效果"影片剪辑元件分别拖入各个图层，并为其设置实例名称。舞台的最终效果如图5-40所示。

图5-40　舞台最终效果

⑪ 新建一个图层，在"动作"面板中输入脚本，如图5-41所示。

图5-41　输入脚本

⑫ 至此，完成横向滑动导航的制作，按Ctrl+Enter组合键测试影片，如图5-42所示。

图5-42　测试影片

实例072　网页导航——向右展开导航

本实例将介绍向右展开导航的制作。

案例设计分析

设计思路

本实例通过运用遮罩动画和传统补间动画，制作子菜单显现的动画效果。当光标经过按钮时，子菜单在上面从左至右出现。

案例效果剖析

本实例制作的向右展开导航效果如图5-43所示。

光标在按钮上

子菜单从左侧出现

图5-43　效果展示

案例技术要点

本实例中主要运用的功能与技术要点如下。

● 遮罩层：制作遮罩动画。
● 传统补间：使用传统运动补间制作位移动画。
● 直接复制元件：使用"直接复制元件"命令快速创建类似元件。

源文件路径	源文件\第5章\实例072 向右展开导航.fla		
素材路径	素材\第5章\实例072\素材1.jpg、素材2.png等		
视频路径	视频\第5章\实例072 向右展开导航.mp4		
难易程度	★★★	学习时间	20分23秒

实例073 网页导航——收缩式导航

收缩式导航就是将满屏的选项收缩到一个按钮中。

案例设计分析

设计思路

本实例制作的导航按钮，通过光标触发展开，光标撤回时收缩的动画丰富了浏览体验。当触发主菜单后，二级菜单成排展开；光标移至菜单上时，菜单发生变化。

案例效果剖析

本实例制作的收缩式导航效果如图5-44所示。

光标经过

展开菜单

图5-44 效果展示

案例技术要点

本实例中主要运用的功能与技术要点如下。

- 传统补间：使用传统运动补间制作位移动画。
- "属性"面板：调整文字、图形、元件的属性参数。
- 矩形工具：绘制按钮上的矩形。
- 交换元件：使用"属性"面板中的交换元件功能快速替换元件。

案例制作步骤

源文件路径	源文件\第5章\实例073 收缩式导航.fla		
素材路径	素材\第5章\实例073\背景.jpg、图标.png等		
视频路径	视频\第5章\实例073 收缩式导航.mp4		
难易程度	★★★	学习时间	1时25分32秒

❶ 新建一个空白文档，设置背景颜色为黑色，导入所需的"背景.jpg"、"图标.png"等素材图片。新建"菜单1"影片剪辑元件，使用 ◯ （椭圆工具）在舞台中绘制一个圆，在第10帧和第20帧处创建关键帧。修改第10帧处圆的颜色，创建形状补间动画。新建"图层2"图层，选择 T （文本工具），在"属性"面板中设置属性，如图5-45所示。

图5-45 文本属性

❷ 在"图层2"图层中输入"公司简介"，选中文字，按F8键将其转换为图形元件，如图5-46所示。

图5-46 转换为图形元件

❸ 使用相同的方法，创建"岗位要求"、"业务领域"、"联系我们"、"基本信息"和"合作伙伴"几个图形元件。舞台上只保留"公司简介"元件。

❹ 同样在第10帧和第20帧处创建关键帧，并制作传统补间动画，再使用 ▦ （任意变形工具）将其适当扩大。新建"图层3"图层，在"库"面板中将位图拖入舞台中，按F8键将其转换为图形元件。使用相同的方法，将其他的位图拖入舞台中，分别创建为图形元件，舞台上只保留与"公司简介"对应的那个元件。调整元件正好在"图层1"图层中圆的中间，如图5-47所示。

图5-47 "公司简介"舞台效果

❺ 同样在第10帧和第20帧处创建关键帧，并制作传统补间动画，再使用 ▦ （任意变形工具）将其适当扩大。新建"图层4"图层，使用 ▢ （矩形工具）在舞台中绘制一个矩形，按F8键将其转换为按钮元件，使按钮元件完全覆盖"图层1"图层中的圆，如图5-48所示。

图5-48 "公司简介"按钮位置

⑥ 选中该按钮元件，打开"动作"面板，输入脚本，如图5-49所示。

图5-49　输入脚本

⑦ 新建"图层5"图层，在第10帧和第20帧处创建关键帧，并在"动作"面板中输入停止脚本，整个时间轴效果如图5-50所示。

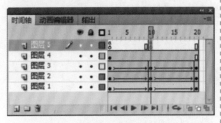

图5-50　时间轴整体效果

⑧ 在"库"面板中，选中"菜单1"影片剪辑元件，单击鼠标右键，执行快捷菜单中的"直接复制元件"命令，打开"直接复制元件"对话框，修改元件名称为"菜单2"，单击"确定"按钮，完成复制。双击"菜单2"影片剪辑元件，进入元件编辑模式。修改"图层1"图层中第10帧上圆的颜色；选择"图层2"图层上的"公司简介"，打开"属性"面板，单击"交换元件"按钮，弹出"交换元件"对话框，选择"基本信息"图形元件，如图5-51所示。单击"确定"按钮，完成交换。选择"图层3"图层上的图形元件，替换为另一个图形元件。

图5-51　"交换元件"对话框

提示

要修改的地方主要有"图层1"图层上第10帧的圆的颜色、"图层2"图层上需要替换的文字元件以及"图层3"图层上需要替换的图标元件，需要替换的图层要将每个关键帧上的内容都替换一次，其他地方可以不做任何改动。

⑨ 按照上述操作步骤创建"菜单3"、"菜单4"、"菜单5"和"菜单6"。新建"闪圆"影片剪辑元件，使用◯（椭圆工具），在舞台上绘制一个椭圆，如图5-52所示。按F8键将其创建为图形元件，在第15帧处创建关键帧，使用▨（任意变形工具）将其扩大并设置其透明度为0%。

图5-52　"闪圆"效果

⑩ 新建"导航1"影片剪辑元件，使用 T （文本工具）输入文字，按F8键将其转换为图形元件，如图5-53所示。

图5-53　将文字转换为图形元件

⑪ 在第18帧和第73帧处创建关键帧，选择第18帧的图形元件，将其向左平移100个像素，再在第45帧处创建关键帧。在第1～18帧和第45～73帧中间创建传统补间动画。

⑫ 新建"图层2"图层，使用◯（椭圆工具）绘制一个圆，按F8键将其转换为图形元件，如图5-54所示。并制作与"图层1"图层上一样的动画效果。

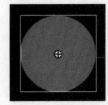

图5-54　转换为图形元件

⑬ 新建"图层3"图层，使用▭（矩形工具）绘制箭头，按F8键将其转换为图形元件，如图5-55所示。

图5-55　箭头图形元件

⑭ 在第1帧、第18帧、第45帧和第73帧处创建关键帧，并将第1帧和第73帧上的元件向下平移24像素，同时设置透明度为0%，创建传统补间动画。三者起始帧的舞台关系如图5-56所示。

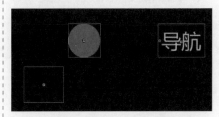

图5-56　"导航1"舞台效果

⑮ 新建"图层4"图层，在第18帧处创建关键帧，将"菜单1"影片剪辑元件拖入舞台合适位置。在第28帧、第46帧和第57帧处创建关键帧。选择第28帧上的元件，使用▨（任意变形工具）将其缩小，并设置透明度为0%。选择第57帧上的元件，将其向左平移80像素，并设置透明度为0%，创建传统补间动画。

⑯ 新建"图层5"图层，选择"图层4"图层上的所有帧，执行"复制帧"命令，在"图层5"图层上粘贴，将所有帧往后移动3帧。打开"属性"面板，单击"交换元件"按钮，打开"交换元件"对话框，依次将"图层5"图层所有关键帧上的"菜单1"替换成"菜单2"，如图5-57所示。

图5-57　"交换元件"对话框

⑰ 创建其他几个图层，使用相同的方法，将复制的帧粘贴到其他图层

上，每个相邻的图层起始帧保持3帧的距离，并替换每个关键帧的元件。时间轴效果如图5-58所示。

图5-58 时间轴效果

⑱ 新建"图层10"图层，在第20帧处创建关键帧，将"闪圆"影片剪辑元件拖入舞台中，在第23帧、第26帧、第29帧、第32帧和第35帧处创建关键帧，从第20帧起，每经过一个关键帧，"闪圆"就往右移动100个像素。"闪圆"起始位置如图5-59所示。

图5-59 "闪圆"起始位置

⑲ 新建"图层11"图层，使用▣（矩形工具）绘制一个矩形，矩形大小刚好可以把其他图层起始帧的3个元件遮住，按F8键将其创建为按钮元件，如图5-60所示。

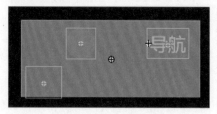

图5-60 按钮位置

⑳ 在第45帧处创建关键帧，使用▣（矩形工具）绘制两个矩形。同时选中两个矩形，按F8键将其创建为按钮元件。舞台第45帧的整体效果如图5-61所示。

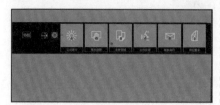

图5-61 "导航1"第45帧舞台效果

㉑ 新建"图层12"图层，在第1帧和第45帧处分别输入停止脚本，时间轴效果如图5-62所示。

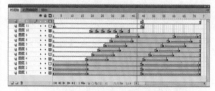

图5-62 "导航1"整体时间轴效果

㉒ 新建"选项1"按钮元件，使用▣（文本工具）在舞台上输入文字，再使用◯（椭圆工具）在舞台上绘制圆，舞台效果如图5-63所示。

图5-63 "选项-01"舞台效果

㉓ 在第2帧处创建关键帧，将圆的颜色修改为红色；在第4帧处创建关键帧，并使用▣（矩形工具）绘制一个矩形，如图5-64所示。

图5-64 "选项-01"第4帧舞台效果

㉔ 在"库"面板中，选择"选项1"按钮元件，单击鼠标右键，执行快捷菜单中的"直接复制元件"命令，打开"直接复制元件"对话框，修改元件名称为"选项2"，单击"确定"按钮，完成复制。双击"选项2"按钮元件，进入元件编辑模式，修改所有文字，如图5-65所示。使用相同的方法，复制并制作"选项3"、"选项4"、"选项5"和"选项6"按钮元件。

图5-65 "选项-02"舞台效果

㉕ 新建"导航2"影片剪辑元件，使用▣（文本工具）在舞台中绘制文字，按F8键将其转换为图形元件，如图5-66所示。

图5-66 将文字转换为图形元件

㉖ 在第20帧和第49帧处创建关键帧。选择第20帧上的文字元件，使其向左平移150像素，创建传统补间动画。将第33帧设置为关键帧，并在第33帧和第49帧中间创建传统补间。新建"图层2"图层，使用◯（椭圆工具）和◣（线条工具）绘制图形，如图5-67所示。

图5-67 绘制图形

㉗ 选中该图形，按F8键将其转换为图形元件。在第20帧和第49帧处创建关键帧，选择第20帧的图形元件，使用▣（任意变形工具）将其拉伸，其拉伸属性如图5-68所示。创建传统补间动画。将第33帧设置为关键帧，再创建为传统补间动画。

图5-68 "属性"面板

㉘ 新建"图层3"图层，使用▣（矩形工具）绘制一个矩形，矩形大小刚好能将"图层2"图层上拉伸的元件遮住即可。选中"图层3"图层，执行"遮罩层"命令，将其设置为遮罩层。

㉙ 新建"图层4"图层，将"箭头"图形元件拖入舞台中，按Ctrl+B组合键将其打散，修改箭头颜色，使用▣（文本工具）在箭头上方输入文字，如图5-69所示。选择箭头和文字，按F8键将其创建为按钮元件。在第2帧处创建关键帧，并分别修改文字的颜色和箭头的颜色，如图5-70所示。

图5-69 输入文字

图5-70 修改箭头和文字颜色

㉚ 在第20帧和第42帧处创建关键帧。选择第15帧上的图形元件，设置透明度为0%，并向左平移100像素，创建传统补间动画；在第33帧处创建关键帧；选择第42帧上的图形元件，同样设置透明度为0%，向左平移100像素，创建传统补间动画。

㉛ 新建"图层5"图层，使用▣（椭圆工具）绘制一个圆，按F8键将其转换为图形元件，如图5-71所示。在第20帧处创建关键帧，使用▣（任意变形工具）将其扩大，创建传统补间动画。

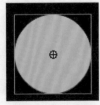

图5-71 转换为图形元件

㉜ 新建"图层6"图层，在第8帧处创建关键帧，将"选项1"按钮元件拖入舞台中，在第17帧、第37帧和第46帧处创建关键帧。选择第17帧上的"选项1"按钮元件，设置透明度为0%，并向上平移20帧，创建传统补间动画；选择第46帧上的"选项1"按钮元件，设置透明度为0%，并向下平移20像素，创建传统补间动画。

㉝ 新建"图层7"图层，复制"图层6"图层上所有帧，粘贴到"图层7"图层上，并将"图层7"图层上所有帧往后移动2帧。选择"选项1"按钮元件，打开"属性"面板，单击"交换元件"按钮，打开"交换元件"对话框，选择"选项2"，如图5-72所示。单击"确定"按钮，完成交换。

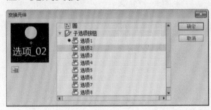

图5-72 "交换元件"对话框

㉞ 创建其他几个图层，使用相同的方法，将复制的帧粘贴到其他图层上，每个相邻的图层起始帧保持2帧的距离，并替换每个关键帧的元件。时间轴效果如图5-73所示。

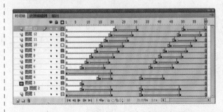

图5-73 "导航2"时间轴效果

㉟ 新建"图层14"图层，使用▣（矩形工具）绘制一个矩形，并按F8键将其创建为按钮元件，"导航2"起始帧舞台效果如图5-74所示。

图5-74 "导航2"起始帧舞台效果

㊱ 在第33帧处创建关键帧，使用▣（矩形工具）绘制两个矩形。同时选中这两个矩形，按F8键将其创建为按钮元件，"导航2"第33帧舞台效果如图5-75所示。

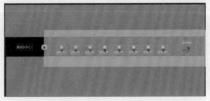

图5-75 "导航2"整体舞台效果

㊲ 新建"图层15"图层，在第1帧和第33帧处输入停止脚本。时间轴效果如图5-76所示。

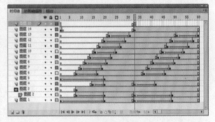

图5-76 "导航2"时间轴效果

㊳ 返回"场景1"，将背景图片拖入舞台，按F8键将其转换为图形元件。在第20帧处创建关键帧，并设置"图层1"图层上图形元件的透明度为0%，创建传统补间动画。新建"图层2"图层，在第20帧处将"元件9"拖入舞台中。新建"图层3"图层，将"导航1"拖入舞台中。新建"图层4"图层，将"导航2"拖入舞台中。新建"图层5"图层，在最后1帧处输入停止脚本。时间轴效果如图5-77所示。

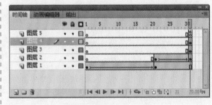

图5-77 时间轴效果

㊴ 至此，完成收缩式导航的制作，按Ctrl+Enter组合键测试影片，如图5-78所示。

图5-78 测试影片

实例074　网页导航——伸缩式导航

伸缩式导航的按钮触发效果与便签相似。

案例设计分析

设计思路

本实例为了制作中国风的导航，将菜单制作成卷轴，当光标移至某菜单时，该菜单则如同卷轴般展开。当光标移开时，导航菜单恢复至默认位置。

案例效果剖析

本实例制作的伸缩式导航效果如图5-79所示。

图5-79　效果展示

案例技术要点

本实例中主要运用的功能与技术要点如下。

- 文本工具：使用文本工具输入文字。
- 直接复制元件：在"库"面板中快速创建类似的元件。
- 交换元件：使用交换元件功能快速替换元件。
- "颜色"面板：在"颜色"面板中设置渐变色的属性。

案例制作步骤

源文件路径	源文件\第5章\实例074 伸缩式导航.fla	
素材路径	素材\第5章\实例074\人物.png、背景.jpg	
视频路径	视频\第5章\实例074 伸缩式导航.mp4	
难易程度	★★★★	学习时间　6分55秒

❶ 新建一个空白文档，导入"人物.png"、"背景.jpg"等素材图片，设置舞台大小为800像素×150像素，如图5-80所示。

图5-80　设置舞台大小

❷ 新建"餐厅介绍"影片剪辑元件，使用▢（矩形工具）绘制一个矩形。打开"颜色"面板，设置线性渐

变参数，如图5-81所示。

图5-81　设置线性渐变参数

❸ 在矩形的右端绘制一个圆柱效果的矩形，舞台如图5-82所示。在第45帧创建普通帧。

图5-82　绘制圆柱效果的矩形

❹ 新建"图层2"图层，选择▢（文本工具），在"属性"面板中设置文字参数，如图5-83所示。

图5-83　设置文字参数

❺ 在舞台中输入文字"餐厅介绍"，如图5-84所示。

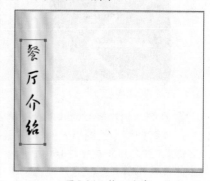

图5-84　输入文字

❻ 新建"图层3"图层，在"库"面板中将"背景.jpg"素材图片拖入舞台，使用▢（矩形工具），通过在"颜色"面板中设置填充颜色属性，在图片周围绘制矩形，其效果如图5-85所示。

图5-85　"餐厅介绍"舞台效果

⑦ 新建"图层4"图层,在第20帧处创建关键帧,选择T(文本工具),设置文字属性,如图5-86所示。在舞台中输入文字,如图5-87所示。

图5-86 设置文字属性

图5-87 在舞台中输入文字

⑧ 新建"图层5"图层,使用 (矩形工具)在舞台上绘制一个矩形,并按F8键将其转换为按钮元件。选择该按钮,打开"属性"面板,设置实例名称,如图5-88所示。使按钮元件刚好能遮盖住前面几个图层的内容,舞台整体效果如图5-89所示。

图5-88 "属性"面板

图5-89 舞台整体效果

⑨ 新建"图层6"图层,在第1帧和第45帧处输入停止脚本。在"库"面板中,选择"餐厅介绍"影片剪辑元件,单击鼠标右键,执行快捷菜单中的"直接复制元件"命令,打开"直接复制元件"对话框,修改元件名称为"外卖送餐",单击"确定"按钮,完成复制。双击"外卖送餐"影片剪辑元件,进入元件编辑模式,修改"图层2"图层上的文字为"外卖送餐"。再选中"图层3"图层上的素材图片,打开"属性"面板,单击"交换位图"按钮,打开"交换位图"对话框,选择需要交换的位图,如图5-90所示。单击"确定"按钮,完成交换。

图5-90 "交换位图"对话框

⑩ 再修改"图层4"图层上的文字,"外卖送餐"影片剪辑元件第20帧舞台整体效果如图5-91所示。

图5-91 舞台整体效果

⑪ 使用相同的方法,创建出"食话食说"、"网上订座"和"桌号平面图"影片剪辑元件。新建"首页"图形元件,在"库"面板中将背景图片拖入舞台中。新建"图层2"图层,使用 (矩形工具)绘制卷轴效果。新建"图层3"图层,继续使用 (矩形工具)绘制两个矩形条。新建"图层4"图层,使用T(文本工具)在舞台上输入文字,舞台整体效果如图5-92所示。

图5-92 "首页"舞台效果

⑫ 返回"场景1",将"首页"图形元件拖入舞台中。新建"图层2"、"图层3"、"图层4"、"图层5"和"图层6"图层,分别将"餐厅介绍"、"食话食说"、"网上订座"、"外卖送餐"和"桌号平面图"拖入各个图层,并按顺序排列,舞台效果如图5-93所示。

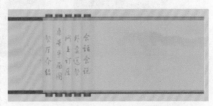

图5-93 按顺序排列

提示

这些动画影片剪辑系列元件拖入舞台后,一定要记得为其设置实例名称。

⑬ 新建"图层7"图层,打开"动作"面板,输入脚本。如图5-94所示的脚本只是源文件上的一小部分,具体脚本请参考本实例源文件。

图5-94 输入脚本

⑭ 至此,完成伸缩式导航的制作,按Ctrl+Enter组合键测试影片,如图5-95所示。

图5-95 测试影片

实例075　网页导航——扩散式导航

扩散式导航起始只是一个简单的按钮，触发时弹出导航组，并且每个导航都有自己的子菜单。接下来将介绍扩散式导航的制作。

案例设计分析

设计思路

本实例制作的是别具一格的导航，通过在主页面的纯色背景中放置一个箭头图标，来促使浏览者单击。当光标移至箭头后，会以箭头为左上角展开九宫格，每格均代表一个菜单，光标移至菜单上时展开相应的二级菜单。

案例效果剖析

本实例制作的扩散式导航效果如图5-96所示。

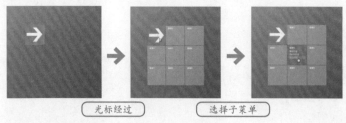

图5-96　效果展示

案例技术要点

本实例中主要运用的功能与技术要点如下。

- 直接复制元件：使用直接复制元件得到多个相同的元件，再依次修改元件内容，即得到多个菜单。
- 交换元件：使用"交换元件"命令可以在替换元件后，保持原元件实例的属性。

源文件路径	源文件\第5章\实例075 扩散式导航.fla	
视频路径	视频\第5章\实例075 扩散式导航.mp4	
操作步骤路径	操作\实例075.pdf	
难易程度	★★★★	
学习时间	10分02秒	

实例076　网页导航——挤开式导航

挤开式导航的效果是，当选择某个按钮时，其他按钮会有被轻微挤压的效果，并且子菜单采用的是侧面展开。

案例设计分析

设计思路

为节省空间的同时保持导航的简洁与易用，可以制作压缩式的导航效果。当光标移至某菜单上时，其他菜单被压缩，留出足够的空间展开该菜单的下级菜单。

案例效果剖析

本实例制作的挤开式导航效果如图5-97所示。

图5-97　效果展示

案例技术要点

本实例中主要运用的功能与技术要点如下。

- 直接复制元件：在"库"面板中使用"直接复制元件"命令快速创建类似元件。
- 交换元件：使用"交换元件"命令快速替换位图。

源文件路径	源文件\第5章\实例076 挤开式导航.fla
素材路径	素材\第5章\实例076\图1.png、图2.png等
视频路径	视频\第5章\实例076 挤开式导航.mp4
难易程度	★★★
学习时间	7分06秒

实例077　网页导航——展开式导航

展开式导航与挤开式导航相似，或者说是挤开式导航的升级，触发时完全展开，其他导航完全被排挤在外。

案例设计分析

设计思路

当导航中的菜单很多时，会占据较大的空间，且排列过于紧密的文字会给人一种压迫感，造成不良的浏览体验。本实例为改变这种状况，通过多种颜色色块区分菜单，且均以简易的图标与文字来形象表示菜单名，让人一目了然。当光标移至某菜单时，该菜单展开显示其子菜单，同时其他菜单向两侧移出至页面外。

案例效果剖析

本实例制作的展开式导航效果如图5-98所示。

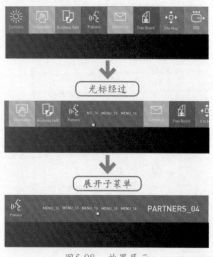

图5-98　效果展示

案例技术要点

本实例中主要运用的功能与技术要点如下。

● **直接复制元件**：使用"直接复制元件"命令快速创建类似的元件。
● **实例名称**：使用实例名称区别不同的元件，以脚本控制。

源文件路径	源文件\第5章\实例077 展开式导航.fla	
素材路径	素材\第5章\实例077\图1.png、图2.png等	
视频路径	视频\第5章\实例077 展开式导航.mp4	
难易程度	★★★★	学习时间	20分07秒

实例078　网页导航——触发式导航

触发式导航就是以导航菜单为关键，当光标移动到菜单按钮上时，此按钮所对应的内容有响应，光标离开后则出现另一种响应。

案例设计分析

设计思路

本实例主页面中的4个导航菜单是关键。设计4个菜单，是为了对相应的菜单内容进行简短介绍说明；设计了4个触发动画，当光标移动到某个菜单按钮上时，这个按钮所对应的动画马上移动到播放点进行播放，光标离开则动画被收回。

案例效果剖析

本实例制作的触发式导航效果如图5-99所示。

图5-99　效果展示

案例技术要点

本实例中主要运用的功能与技术要点如下。

● **色彩效果**：使用色彩效果实现元件实例的颜色变化。
● **交换元件**：使用"交换元件"功能快速替换元件。
● **传统补间**：使用传统补间实现移动的补间动画。

案例制作步骤

源文件路径	源文件\第5章\实例078 触发式导航.fla	
素材路径	素材\第5章\实例078\图标1.png、图标2.png等	
视频路径	视频\第5章\实例078 触发式导航.mp4	
难易程度	★★★★	学习时间	27分26秒

❶ 新建一个空白文档，导入"图标1.png"、"图标2.png"等所有素材图片。新建"子菜单1"影片剪辑元件，使用▣（矩形工具）绘制两个相同矩形进行组合，制作成八边形，按F8键将其转换为图形元件，如图5-100所示。

图5-100　制作八边形

❷ 在第15帧和第20帧处创建关键帧，使用▦（任意变形工具）选中第20帧上的图形元件，将其拉大，并在"属性"面板中设置色彩效果样式为"高级"，属性参数如图5-101所示。在最后两个关键帧中间创建传统补间动画。

图5-101　设置色彩效果样式

❸ 新建"图层2"图层，在第20帧处创建关键帧，将"图标1.png"素材图片拖入舞台，调整大小。新建"图层3"图层，在第20帧处创建关键帧，选择Ｔ（文本工具），设置文字属性如图5-102所示。

图5-102　设置文字属性

❹ 在舞台上输入文字，舞台整体效果如图5-103所示。

图5-103　舞台整体效果

⑤ 新建"图层4"图层，在第1帧和第20帧处分别输入停止脚本。在"库"面板中，选择"子菜单1"影片剪辑元件，单击鼠标右键，执行快捷菜单中的"直接复制元件"命令，打开"直接复制元件"对话框，修改元件名称为"子菜单2"，单击"确定"按钮，完成复制。双击"子菜单2"影片剪辑元件，进入元件编辑模式，选择"图层1"图层中第20帧上的八边形，重新设置色彩效果"高级"的属性参数，如图5-104所示。

图5-104 设置色彩效果

⑥ 选择"图层2"图层中第20帧上的位图，打开"属性"面板，单击"交换位图"按钮，打开"交换位图"对话框，选择要交换的位图，如图5-105所示。单击"确定"按钮，完成交换。

图5-105 "交换位图"对话框

⑦ 修改"图层3"图层上的文字，舞台整体效果如图5-106所示。使用相同的方法，创建"子菜单3"和"子菜单4"影片剪辑元件。

图5-106 舞台整体效果

⑧ 新建"关于公司"影片剪辑元件，选择 T（文本工具），在"属性"面板中设置文字属性，如图5-107所示。

图5-107 设置文字属性

⑨ 在舞台中输入文字"关于公司"。选中该文字，按F8键将其转换为图形元件。新建"图层2"图层，使用 □（矩形工具）在舞台上绘制矩形，并按F8键将其转换为按钮元件，舞台效果如图5-108所示。选中该按钮元件，打开"动作"面板，输入脚本，如图5-109所示。

图5-108 "关于公司"舞台效果

图5-109 输入脚本

⑩ 在"库"面板中，选择"关于公司"影片剪辑文件。单击鼠标右键，执行快捷菜单中的"直接复制元件"命令，打开"直接复制元件"对话框，修改元件名称为"信息业务"，单击"确

定"按钮，完成复制。

⑪ 双击"信息业务"影片剪辑元件，进入元件编辑模式。选择"图层1"图层上的文字元件，按Ctrl+B组合键将其打散，修改文字为"信息业务"。选择"图层2"图层上的按钮元件，打开"动作"面板，修改面板中的脚本，如图5-110所示。使用相同的方法，创建"服务合作"和"反馈社区"影片剪辑元件。

图5-110 修改脚本

提 示

这几个影片剪辑中，按钮上代码的某些参数不一样，请认真参考本实例源文件。

⑫ 新建"下拉动画"影片剪辑元件，使用 ○（椭圆工具）制作一个圆环，并按F8键将其转换为图形元件，如图5-111所示。

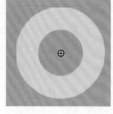

图5-111 制作圆环

⑬ 在第11帧和第20帧处创建关键帧，选择第11帧上的图形元件，设置透明度为0%，在两个关键帧中间创建传统补间动画。新建"图层2"图层，将"八边形"图形元件拖入舞台中，调整大小，在第9帧处创建关键帧。选择第1帧上的"八边形"图形元件，向上平移20像素，并设置透明度为0%。在两个关键帧中间创建传统补间动画。新建"图层3"图层，复制"图层2"图层上所有帧，粘贴到"图层3"

图层上，并将粘贴的帧往后移动2帧。依次选择"图层3"图层中每个关键帧上的元件，并向下平移20像素。使用相同的方法，创建多个类似的图层，第20帧的舞台效果如图5-112所示。

图5-112　第20帧的舞台效果

⑭ 新建"图层7"图层，在最后一帧创建关键帧，打开"动作"面板，输入停止脚本。时间轴效果如图5-113所示。

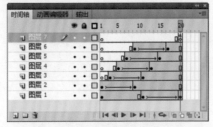

图5-113　时间轴效果

⑮ 新建"微信号"图形元件，使用 T（文本工具）在舞台上输入文字，效果如图5-114所示。

图5-114　"微信号"舞台效果

⑯ 返回"场景1"，选择 □（矩形工具），打开"颜色"面板，设置渐变色，如图5-115所示。

图5-115　设置渐变色

⑰ 在舞台上绘制一个矩形，并按F8键将其转换为图形元件，在第57帧处创建普通帧。新建"图层2"图层，将"关于公司"影片剪辑元件拖入第3帧。在第10帧和第14帧处创建关键帧。选择第3帧上的元件，设置透明度为0%；选择第10帧上的元件，向右平移40像素，并设置透明度为90%；选择第14帧上的元件，向左平移20像素，设置透明度为100%。两两关键帧中间创建传统补间动画。

⑱ 新建"图层3"图层，复制"图层2"图层上所有帧，粘贴到"图层3"图层上，并将"图层3"图层上所有帧向后移动3帧。在"图层3"图层上，选择"关于公司"影片剪辑元件，在"属性"面板中，单击"交换元件"按钮，打开"交换元件"对话框，在对话框中选择"信息业务"影片剪辑元件，如图5-116所示。单击"确定"按钮，完成交换。

图5-116　"交换元件"对话框

⑲ 锁定其他图层，单击"编辑多个帧"按钮，开始编辑"图层3"图层上的多个帧，时间轴效果如图5-117所示。

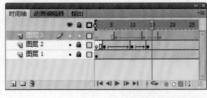

图5-117　时间轴效果

⑳ 选择"图层3"图层上所有帧后，将其向右平移80像素。使用相同方法，创建其他两个图层内容。

㉑ 新建"图层6"图层，在第15帧处创建关键帧，将"子菜单1"、"子菜单2"、"子菜单3"和"子菜单4"依次拖入舞台中，按顺序排好，如图5-118所示。

图5-118　排列菜单

㉒ 全选这4个影片剪辑元件，在"属性"面板中查看坐标，如图5-119所示。从左至右依次为它们设置实例名称为sub1、sub2、sub3和sub4。

💬 提 示

　　4个子菜单的坐标可以更改，但是Y坐标已经固定。X坐标虽然可以任意更改，但为了让画布保持干净，所以安排放在了画布之外。

图5-119　查看位置坐标

㉓ 选择"子菜单1"影片剪辑元件，打开"动作"面板，输入脚本，如图5-120所示。

图5-120　输入代码

💬 提 示

　　其他几个子菜单上的脚本请参考本实例源文件。

㉔ 新建"图层7"图层，将"下拉动画"影片剪辑元件连续拖入舞台4次，如图5-121所示。

图5-121　"下拉动画"舞台效果

㉕ 新建"图层8"图层，将"微信号"影片剪辑元件拖入舞台。新建"图层9"图层，在最后一帧输入停止脚本，时间轴效果如图5-122所示。

图5-122　时间轴效果

㉖ 至此，完成触发式导航的制作，按Ctrl+Enter组合键测试影片，如图5-123所示。

图5-123　测试影片

实例079　网页导航——经典下拉菜单

下拉菜单是常见的导航菜单形式，简单实用，被多类型网站使用。

案例设计分析

设计思路

本实例以文字为导航，使用竖线将文字分隔为多个菜单，菜单一目了然。当光标移至菜单上时，向下展开其子菜单。为实现菜单的可用性，添加按钮是关键。

案例效果剖析

本实例制作的经典下拉菜单效果如图5-124所示。

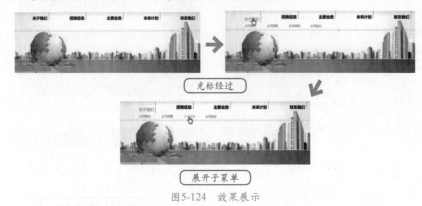

光标经过

展开子菜单

图5-124　效果展示

案例技术要点

本实例中主要运用的功能与技术要点如下。

- 被遮罩层：将多个图层设置为被遮罩层，实现遮罩效果。
- 直接复制元件：使用"直接复制元件"命令快速创建类似元件。

源文件路径	源文件\第5章\实例079 经典下拉菜单.fla	
素材路径	素材\第5章\实例079\背景图.jpg	
视频路径	视频\第5章\实例079 经典下拉菜单.mp4	
操作步骤路径	操作\实例079.pdf	
难易程度	★★★★	学习时间　17分30秒

实例080　网页导航——弹性下拉线式导航

弹性下拉线式导航的触发效果为线式动画，每个导航对应不同界面。

案例设计分析

设计思路

本实例制作的弹性下拉线式导航，是将导航效果用图标取代。单击不同的菜单图标，产生线式动画，并切换界面。

案例效果剖析

本实例制作的弹性下拉线式导航效果如图5-125所示。

切换页面

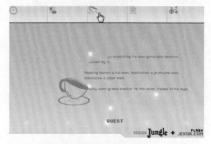

图5-125　效果展示

案例技术要点

本实例中主要运用的功能与技术要点如下。

- 文本工具：使用文本工具输入文字。
- 位图交换：使用"交换位图"命令快速替换位图。

源文件路径	源文件\第5章\实例080 弹性下拉线式导航.fla
素材路径	素材\第5章\实例080\素材1.png、素材2.png等
视频路径	视频\第5章\实例080 弹性下拉线式导航.mp4
难易程度	★★★★
学习时间	17分19秒

实例081　网页导航——切换式导航

切换式导航是触发下拉菜单并切换背景图片。

案例设计分析

设计思路

本实例设计多个导航，并为每个导航制作子菜单。当光标移动到某个导航上时，打开其下拉子菜单，并且背景切换成对应的图片。

案例效果剖析

本实例制作的切换式导航效果如图5-126所示。

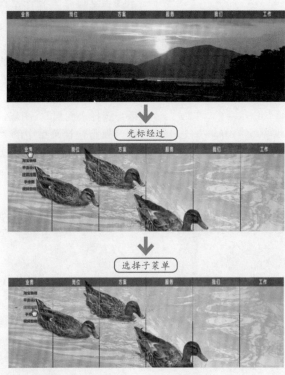

图5-126　效果展示

案例技术要点

本实例中主要运用的功能与技术要点如下。

- 文本工具：使用文本工具输入文字。
- 直接复制元件：使用"直接复制元件"命令快速创建类似元件。
- 交换元件：使用"交换元件"功能快速替换元件。

源文件路径	源文件\第5章\实例081 切换式导航.fla		
素材路径	素材\第5章\实例081\图1.jpg、图2.jpg等		
视频路径	视频\第5章\实例081 切换式导航.mp4		
操作步骤路径	操作\实例081.pdf		
难易程度	★★★★	学习时间	15分12秒

实例082　网页导航——企业导航

企业导航运用的是下拉导航效果。

案例设计分析

设计思路

当光标移至主菜单上时，菜单背景改变，且展开相应的子菜单。背景的

切换不再是控制播放，而是通过创建影片剪辑元件将图片切换动画保存起来，进行定时播放。

案例效果剖析

本实例制作的企业导航效果如图5-127所示。

图5-127　效果展示

案例技术要点

本实例中主要运用的功能与技术要点如下。

- 文本工具：使用文本工具输入文字。
- 遮罩动画：使用遮罩与被遮罩的图形制作遮罩动画。

源文件路径	源文件\第5章\实例082 企业导航.fla
素材路径	素材\第5章\实例082\图1.jpg、图2.jpg等
视频路径	视频\第5章\实例082 企业导航.mp4
难易程度	★★★★
学习时间	16分05秒

实例083　网页导航——海豚跳导航

海豚跳导航的导航触发效果为海豚跳。

案例设计分析

设计思路

本实例制作海豚的入水和出水动画，当光标移动到按钮上时，播放海

豚出水动画；当光标离开按钮时，播放海豚入水动画。

ⓑ 案例效果剖析

实例制作效果如图5-128所示。

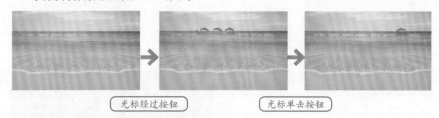

光标经过按钮　　　光标单击按钮

图5-128　效果展示

》 案例技术要点

本实例中主要运用的功能与技术要点如下。

● "属性"面板：调整文字、图形和元件的属性参数。
● 直接复制元件：使用"直接复制元件"命令快速创建类似的元件。
● 帧标签：在关键帧上使用帧标签设置按钮控制点。

》 案例制作步骤

源文件路径	源文件\第5章\实例083 海豚跳导航.fla		
素材路径	素材\第5章\实例083\背景.jpg		
视频路径	视频\第5章\实例083 海豚跳导航.mp4		
难易程度	★★★★	学习时间	21分38秒

❶ 新建一个空白文档，导入"背景.jpg"素材图片。

❷ 新建"海豚"影片剪辑元件，使用 ＼（线条工具）绘制海豚，再使用 ▶（选择工具）调整直线，上色的的效果如图5-129所示。

图5-129　绘制海豚

❸ 新建"海豚跳"影片剪辑元件，将"海豚"拖入舞台。选择"图层1"图层，单击鼠标右键，执行快捷菜单中的"添加运动引导层"命令，为其添加引导层。选择 ◎（椭圆工具），设置笔触颜色为无，在引导层中绘制一个正圆。选择"海豚"影片剪辑元件，制作围绕正圆顺时针旋转的动画，舞台效果如图5-130所示。

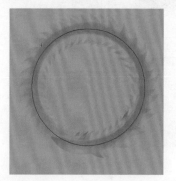

图5-130　制作海豚转图

❹ 新建"按钮"按钮元件，使用 ▢（矩形工具）绘制一个矩形。

❺ 新建"菜单"影片剪辑元件，选择 Ｔ（文本工具），在"属性"面板中设置文本属性，如图5-131所示。

图5-131　设置文本属性

❻ 在舞台中输入文字，如图5-132所示。在后面连续创建7个关键帧，对每一帧上面的文字内容进行修改。

图5-132　输入文字

❼ 新建"图层2"图层，创建8个空白关键帧，并且在每个关键帧的"动作"面板中都输入"stop();"。

❽ 新建"导航1"影片剪辑元件，将"海豚跳"影片剪辑元件拖入舞台；新建"图层2"图层，选择 ▢（矩形工具）绘制矩形。调整好位置后，选择"图层2"图层，单击鼠标右键，执行快捷菜单中的"遮罩层"命令，将"图层2"图层设置为遮罩层，这样可制作海豚的出水与入水动画，如图5-133所示。

图5-133　海豚的出水与入水动画

❾ 新建"图层3"和"图层4"图层，为海豚的出水和入水制作水波效果，如图5-134所示。

图5-134　制作水波效果

❿ 新建"图层5"图层，将"菜单"影片剪辑元件拖入舞台，在第15帧和第32帧处创建关键帧。选择第15

帧上的内容，在"属性"面板中，使其向上平移5个像素，并且设置色调，属性参数如图5-135所示，在空白处创建传统补间动画。

图5-135 色调属性参数

⑪ 新建"图层6"图层，再次将"菜单"影片剪辑元件拖入舞台，并执行"修改"|"变形"|"垂直翻转"命令，与图层5上的内容位置关系如图5-136所示。同样在第15帧和第32帧处创建关键帧，将第15帧的内容向下平移5个像素，并制作与"图层5"图层效果相同、方向相反的动画效果。

图5-136 文字舞台效果

⑫ 新建"图层7"图层，将"按钮"按钮元件拖入舞台，使用 （任意变形工具）使其与"菜单"影片剪辑元件重合，整体舞台效果如图5-137所示。

图5-137 "菜单"舞台整体效果

⑬ 选择"按钮"按钮元件，打开

"动作"面板，输入脚本，如图5-138所示。

图5-138 "按钮"脚本

⑭ 新建"图层8"图层，打开"动作"面板，输入脚本，如图5-139所示。

图5-139 输入脚本

⑮ 在第2帧处创建空白关键帧，在"属性"面板中设置帧标签名称为over。在第15帧处创建空白关键帧，打开"动作"面板，输入脚本"stop();"。在第16帧处创建关键帧，设置帧标签名称为out。整体的时间轴效果如图5-140所示。

图5-140 "菜单"元件时间轴效果

⑯ 在"库"面板中，选择"导航1"影片剪辑元件，单击鼠标右键，执行快捷菜单中的"直接复制元件"命令，复制该元件。双击复制的元件，打开"动作"面板，在原有的脚本基础上修改一个数字，如图5-141所示。

后面再进行复制时，修改的数字依次递增。

图5-141 修改脚本

⑰ 复制7个该元件后，返回"场景1"，将"背景.jpg"素材图片拖入舞台合适位置；新建"图层2"图层，将"导航1"影片剪辑元件拖入舞台，在第15帧处创建关键帧，并将第1帧内容设置透明度为0%，制作传统补间动画。连续新建7个图层，在第4帧处创建关键帧，相隔3帧，制作与"图层2"图层上一致的动画效果，然后依此类推，将"导航"系列元件按顺序排放好，舞台效果如图5-142所示。

图5-142 舞台整体效果

⑱ 新建"图层10"图层，在最后一帧处创建关键帧，打开"动作"面板，输入脚本，如图5-143所示。

图5-143 输入脚本

⑲ 时间轴效果如图5-144所示。

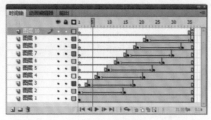

图5-144 时间轴整体效果

⑳ 至此，完成海豚跳导航的制作，按Ctrl+Enter组合键测试影片，如图5-145所示。

图5-145 测试影片

实例084 网页导航——简易导航

简易导航的触发效果十分明显，简单但很有创意。

» 案例设计分析

⑥ 设计思路

本实例通过创建几个按钮和使用补间形状动画，可以实现当光标移动到按钮上时按钮内部的色块框开始覆盖整个按钮，当光标离开时色块消失的效果。

⑥ 案例效果剖析

本实例制作的简易导航效果如图5-146所示。

图5-146 效果展示

» 案例技术要点

本实例中主要运用的功能与技术要点如下。

- 文本工具：使用文本工具输入文字。
- 直接复制元件：使用"直接复制元件"命令快速创建类似元件。
- 传统补间：使用传统补间制作变形动画。

» 案例制作步骤

源文件路径	源文件\第5章\实例084 简易导航.fla		
素材路径	素材\第5章\实例084\背景图.jpg		
视频路径	视频\第5章\实例084 简易导航.mp4		
难易程度	★★★★	学习时间	17分20秒

① 新建一个空白文档，将"背景图.jpg"素材图片导入到"库"面板。

② 新建"遮罩"影片剪辑元件，选择□（矩形工具），设置笔触颜色为无，绘制矩形，该矩形的属性参数如图5-147所示。

图5-147 矩形的属性参数

③ 在"库"面板中，选中"遮罩"影片剪辑元件，单击鼠标右键，执行快捷菜单中的"直接复制"命令。复制该元件，修改复制出的元件中矩形的颜色。使用相同的方法创建另外7种不同颜色的影片剪辑元件，如图5-148所示。

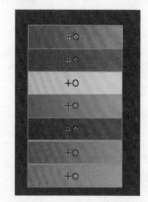

图5-148 制作不同颜色的元件

④ 新建"主页"影片剪辑元件，使用 T（文本工具）在舞台上输入文字。同样在"库"面板中，直接复制"主页"影片剪辑元件，修改其中的文字，7种文字影片剪辑元件如图5-149所示。

图5-149 创建7个文字元件

⑤ 新建"按钮"按钮元件，在第4帧绘制一个矩形，矩形大小与"遮罩"影片剪辑元件一致。

⑥ 新建"菜单"影片剪辑元件，将"黄色"影片剪辑元件拖入舞台，新建图层，将"遮罩"拖入舞台，使"黄色"刚好在左边。

⑦ 选择"黄色"影片剪辑元件，制作30帧内左右移动的动画效果，将"遮罩"影片剪辑元件所在图层设置为遮罩层。

⑧ 新建一个图层，将"主页"影片剪辑元件拖入舞台，刚好与遮罩重合，同样制作左右移动的动画效果。

⑨ 新建一个图层，将"按钮"按钮元件拖入舞台与"主页"影片剪辑元件重合。选择该元件，打开"动作"面板，输入脚本，如图5-150所示。

图5-150　输入脚本

⑩ 此时，该影片剪辑内舞台效果如图5-151所示。

图5-151　舞台效果

⑪ 新建一个图层，在第2帧和第17帧处创建关键帧，并设置第2帧的标签名称为over，第17帧的标签名称为out。新建一个图层，在第16帧处创建关键帧，并在第1帧和第16帧中输入停止脚本，该影片剪辑元件的时间轴效果如图5-152所示。

图5-152　时间轴效果

⑫ 在"库"面板中选择"菜单"影片剪辑元件，单击鼠标右键，执行快捷菜单中的"直接复制元件"命令。复制该元件，在复制出的元件中替换被遮罩图层上的颜色矩形和文字图层的文字元件，创建其他6种"菜单"系列影片剪辑元件。

⑬ 返回"场景1"，将"背景图.jpg"素材图片拖入舞台，匹配舞台大小；连续新建7个图层，将"菜单"系列影片剪辑元件拖入舞台各个图层，整体舞台效果如图5-153所示。

⑭ 至此，完成简易导航的制作，按Ctrl+Enter组合键测试影片，如图5-154所示。

图5-153　舞台整体效果

图5-154　测试影片

实例085　网页导航——汽车导航

汽车导航可以控制背景的切换。

案例设计分析

设计思路

为了直观清楚地显示当前所选择的菜单，通过改变光标触发的菜单颜色来实现。当光标移至某一菜单时，从该菜单左侧滑入白色的背景，菜单颜色也随之改变。

案例效果剖析

本实例制作的汽车导航效果如图5-155所示。

单击菜单

图5-155　效果展示

案例技术要点

本实例中主要运用的功能与技术要点如下。

● 文本工具：使用文本工具输入文字。

● 直接复制元件：使用"直接复制元件"命令快速创建类似元件。

● 遮罩层：使用遮罩层制作遮罩动画。

● 传统补间：使用传统补间制作渐变动画。

案例制作步骤

源文件路径	源文件\第5章\实例085 汽车导航.fla		
素材路径	素材\第5章\实例085\汽车1.jpg、汽车2.jpg等		
视频路径	视频\第5章\实例085 汽车导航.mp4		
难易程度	★★★★	学习时间	35分55秒

① 新建一个空白文档，导入"汽车1.jpg"、"汽车2.jpg"等素材文件。

② 新建"菜单1"影片剪辑元件，在"库"面板中，将4张汽车素材图片分

别拖入舞台的前4帧上，调整大小，舞台效果如图5-156所示。

图5-156 图片效果

③ 新建"图层2"图层，连续创建4个关键帧，打开"动作"面板，每帧都输入停止脚本。

④ 在"库"面板中，选择"菜单1"影片剪辑元件，单击鼠标右键，执行快捷菜单中的"直接复制元件"命令，打开"直接复制元件"对话框，修改名称为"菜单2"，单击"确定"按钮，完成复制。双击"菜单2"影片剪辑元件，进入"菜单2"的元件编辑模式，新建"图层3"图层，输入脚本，如图5-157所示。

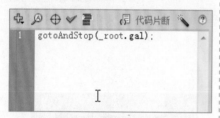

```
1  gotoAndStop(_root.gal);
```

图5-157 输入脚本

⑤ 新建"图片动画"影片剪辑文件，将"菜单2"影片剪辑元件拖入舞台，调整位置。在第15帧处创建关键帧，并在两帧中间创建传统补间动画。选择第1帧中的元件，打开"属性"面板，设置透明度为0%，如图5-158所示。新建"图层2"图层，在第15帧创建关键帧，并输入停止脚本。

图5-158 设置透明度

⑥ 执行"插入"|"新建元件"命令，新建一个影片剪辑元件，选择 （矩形工具）在舞台上绘制一个矩形。

⑦ 新建"巧妙遮罩"影片剪辑元件，将"图片动画"影片剪辑元件拖入舞台。新建"图层2"图层，将矩形元件拖入舞台，其位置如图5-159所示。选择"图层2"图层，将其设置为遮罩层。

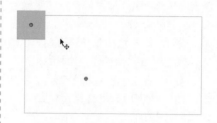

图5-159 "巧妙遮罩"舞台效果

⑧ 同时选择这两个图层，单击鼠标右键，执行快捷菜单中的"复制图层"命令，即可复制这两图层。选择这两个图层上的所有帧，向后移动3帧，如图5-160所示。将矩形元件往右移动70个像素，位置如图5-161所示。

图5-160 时间轴效果

图5-161 舞台效果

⑨ 再次选择这两个图层并且复制，将复制的所有帧往后移动3帧，矩形元件继续往右移动70像素。周而复始，当矩形元件移动到"图片动画"影片剪辑元件的最右端时，则改变方向，向下移动70像素后，再往左移动。直到矩形元件游遍整个"图片动画"影片剪辑元件元件时，新建一个图层，在最后一帧处创建关键帧，并输入停止脚本，其时间轴如图5-162所示。

⑩ 新建"图片控制器"影片剪辑元件，在第75帧处创建关键帧，并将"菜单1"影片剪辑元件拖入舞台，

调整位置，在第150帧处创建普通帧。新建"图层2"图层，将"巧妙遮罩"影片剪辑元件拖入舞台，舞台效果如图5-163所示。在第75帧处创建关键帧。

图5-162 时间轴效果

图5-163 舞台效果

⑪ 新建"图层3"图层，分别在第75帧、第149帧和第150帧输入脚本（脚本内容请参考本例源文件）。新建"图层4"图层，在第75帧处创建关键帧，并打开"属性"面板，输入帧标签为s1，时间轴效果如图5-164所示。新建一个按钮元件，在第4帧使用 （矩形工具）绘制一个矩形。新建"图片控制按钮"影片剪辑元件，将按钮元件拖入舞台，在第2帧处创建关键帧。新建"图层2"图层，使用 （文本工具）在舞台上输入文字，使用 （任意变形工具）调整文字方向，再将其拖至按钮上。同样在第2帧处创建关键帧，舞台效果如图5-165所示。

图5-164 "图片控制器"时间轴效果

图5-165 "图片控制按钮"舞台效果

⑫ 新建"图层3"图层，两个空白关键帧处都输入停止脚本。新建"图层4"图层，设置第1帧的帧标签名为a1，第2帧的帧标签名为a2，时间轴效果如图5-166所示。

图5-166 "图片控制按钮"时间轴效果

⑬ 新建"按钮控制器"影片剪辑元件，将"图片控制按钮"影片剪辑元件拖入舞台合适位置，在第215帧处创建普通帧。新建"图层2"图层，在第1帧、第213帧、第214帧和第215帧上输入脚本（脚本内容请参考本例源文件），分别为第10帧和第195帧设置帧标签为s1和s2。

⑭ 新建"主页动画"影片剪辑元件，将"图片控制器"影片剪辑元件拖入舞台，在第82帧处创建普通帧。新建"图层2"图层，在第25帧处创建关键帧，将"按钮控制器"影片剪辑元件拖入舞台，舞台效果如图5-167所示。

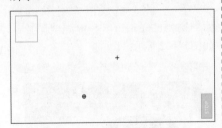

图5-167 "按钮控制器"舞台效果

⑮ 新建"图层3"图层，在第69帧处创建关键帧，输入停止脚本。新建"菜单3"影片剪辑元件，将小背景图标拖入舞台。新建"图层2"图层，将4个图标图片分别拖入前5个帧中，舞台效果如图5-168所示。新建"图层3"图层，输入停止脚本。新建"菜单4"影片剪辑元件，选择 Ｔ（文本工具），设置属性，如图5-169所示。

⑯ 在舞台上输入文字。再连续创建4个关键帧，分别修改文字内容，舞台效果如图5-170所示。新建"图层

2"图层，输入停止脚本。

图5-168 图标效果

图5-169 设置文字属性

图5-170 修改文字

⑰ 新建"导航1"影片剪辑元件，在第5帧处创建关键帧，将矩形图片拖入舞台，制作15帧的从左至右移动的补间动画。新建"图层2"图层，选择 □（矩形工具）在舞台上绘制矩形，使其刚好遮住矩形图片。选择"图层2"图层，单击鼠标右键，执行快捷菜单中的"遮罩层"命令，将"图层2"图层设置为遮罩层。新建"图层3"图层，将"菜单4"影片剪辑元件拖入舞台，在"属性"面板中设置实例名称为ti4，在第15帧和第25帧处创建关键帧。选择第15帧的"菜单4"影片剪辑元件，打开"属性"面板，设置"菜单4"影片剪辑元件的色彩效果样式为"色调"，属性参数如图5-171所示。在各关键帧中间创建传统补间动画。

⑱ 新建"图层4"图层，将"菜单3"影片剪辑元件拖入舞台，设置实例名称为ti1，在第5帧、第15帧、第20

帧和第25帧处创建关键帧，并选择第15帧上的"菜单3"影片剪辑元件，修改透明度，如图5-172所示。在各个关键帧中间创建传统补间动画。新建"图层5"图层，选择 □（矩形工具）在舞台上绘制矩形，使矩形大小刚好能遮盖住下方的菜单，舞台效果如图5-173所示。

图5-171 "菜单4"属性参数

图5-172 "菜单3"透明度修改

图5-173 "菜单"舞台效果

⑲ 新建"图层6"图层，分别在第5帧、第8帧、第15帧、第20帧、第25帧和第30帧处创建关键帧，并打开"动作"面板输入脚本（脚本内容请参考本实例源文件）。新建"图层7"图层，打开"动作"面板输入脚本，如图5-174所示。在第2帧和第16帧分别设置帧标签为over和out，在第15帧输入停止脚本。新建"图层8"图层，将声音文件"B copy"拖入第2帧上，时间轴效果如图5-175所示。

图5-174 输入脚本

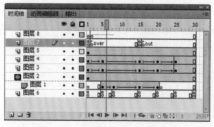

图5-175 "菜单"时间轴效果

⑳ 在"库"面板中，选择"导航1"影片剪辑元件，单击鼠标右键，执行快捷菜单中的"直接复制元件"命令，弹出"直接复制元件"对话框，修改元件名称为"导航2"，单击"确定"按钮，完成复制。双击"导航2"影片剪辑元件，进入"导航2"的元件编辑模式，打开"动作"面板，修改"图层7"图层第1帧上的脚本，如图5-176所示。

图5-176 修改脚本

㉑ 按照上述步骤，复制出"导航3"、"导航4"和"导航5"，同样修改图层7第1帧上的脚本（只修改a的取值，取值与导航系列影片剪辑的后缀数字相同）。新建"导航栏"影片剪辑元件，将"导航1"拖入舞台，其位置以及实例名称如图5-177所示。

图5-177 "导航栏"位置属性

㉒ 在第5帧处创建关键帧，将"导航1"影片剪辑元件向上平移70个像素。新建"图层2"图层，将"导航2"影片剪辑元件拖入舞台，使其与"导航1"影片剪辑元件并列。再将"图层2"图层上所有帧往后移动5帧，在第10帧处创建关键帧。按照相同的方法，新建其他几个图层，将"导航3"、"导航4"和"导航5"影片剪辑元件拖入各个图层（拖入图层后首先设置好实例名称，具体细节请参照本实例源文件），每个图层的起始关键帧相差5帧，制作相同的动画，时间轴效果如图5-178所示。

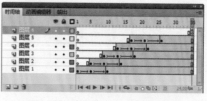

图5-178 "导航栏"时间轴效果

㉓ 新建"图层6"图层，在最后一帧输入代码，如图5-179所示。

图5-179 输入脚本

㉔ 返回"场景1"，将"图5.jpg"素材图片拖入舞台，执行"修改"|"转换为元件"命令，打开"转换为元件"对话框，将其转换为影片剪辑元件，并移动到合适位置，具体

坐标如图5-180所示。

图5-180 属性参数

㉕ 在第5帧处创建关键帧，将其向上平移70个像素，在两个关键帧中间创建传统补间动画。新建"图层2"图层，选择□（矩形工具）绘制矩形，矩形大小与下方图片大小一致，并在第14帧创建空白关键帧。选择"图层2"图层，单击鼠标右键，执行快捷菜单中的"遮罩层"命令将其转换为遮罩层。新建"图层3"图层，将"导航栏"影片剪辑元件拖入舞台，在第26帧创建空白关键帧。新建"图层4"图层，将"主页动画"影片剪辑元件拖入舞台，其位置与"导航栏"影片剪辑元件一致，如图5-181所示。

图5-181 舞台整体效果

㉖ 至此，完成汽车导航的制作，按Ctrl+Enter组合键测试影片，如图5-182所示。

图5-182 测试影片

实例086　网页导航——QQ导航

QQ导航是活用经典导航效果，用图片取代子菜单。

案例设计分析

◎ 设计思路

本实例仍然是创建多个导航菜单，在触发效果上将原本的子菜单换成了精美图片，当光标移动到按钮上时，该按钮对应的图片就会出现。

◎ 案例效果剖析

本实例制作的QQ导航效果如图5-183所示。

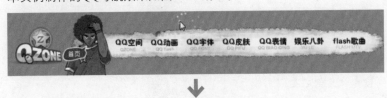

光标经过

单击菜单

图5-183　效果展示

案例技术要点

本实例中主要运用的功能与技术要点如下。

- 文本工具：使用文本工具输入文字，制作文字效果。
- 传统补间：使用传统运动补间制作位移动画。
- 直接复制元件：使用"接复制元件"命令快速创建类似元件。

源文件路径	源文件\第5章\实例086 QQ导航.fla	
素材路径	素材\第5章\实例086\图1.png、图2.png等	
视频路径	视频\第5章\实例086 QQ导航.mp4	
难易程度	★★★★	学习时间　11分44秒

实例087　网页导航——彩色导航

彩色导航与简易导航类似，增加了图片切换功能。

案例设计分析

◎ 设计思路

本实例利用遮罩和传统补间动画制作导航触发效果，效果与简易导航类似，但丰富了图片效果，图片自动播放。它通过制作一些按钮控制图片组的某个播放点。

◎ 案例效果剖析

本实例制作的彩色导航效果如图5-184所示。

光标经过

图5-184　效果展示

案例技术要点

本实例中主要运用的功能与技术要点如下。

- 文本工具：使用文本工具输入文字。
- 直接复制元件：使用"直接复制元件"命令快速创建类似元件。
- 遮罩层：使用遮罩层制作遮罩动画。
- 传统补间：使用传统补间制作变形动画。

源文件路径	源文件\第5章\实例087 彩色导航.fla
素材路径	素材\第5章\实例087\图1.jpg、图2.jpg等
视频路径	视频\第5章\实例087 彩色导航.mp4
操作步骤路径	操作\实例087.pdf
难易程度	★★★★
学习时间	25分36秒

实例088　网页导航——快递导航

本实例是根据快递公司的网站制作相应的导航。

案例设计分析

◎ 设计思路

本实例制作的是快递公司网站导航，在网页的顶部与侧边均设置了导航，方便用户单击选择。为了表现公司的业务，制作时添加关于快递的元素，如图片、文字等。将信封图标融入菜单按钮中，当光标移动到菜单上时，文字颜色发生变化。

案例效果剖析

本实例制作的快递导航效果如图5-185所示。

（单击导航）

图5-185 效果展示

案例技术要点

本实例中主要运用的功能与技术要点如下。

● 文本工具：使用文本工具输入文字。

● 直接复制元件：使用"直接复制元件"命令快速创建类似元件。

案例制作步骤

源文件路径	源文件\第5章\实例088 快递导航.fla
素材路径	素材\第5章\实例088 \1.png、2.png等
视频路径	视频\第5章\实例088 快递导航.mp4
难易程度	★★★★　　学习时间　　18分10秒

❶ 新建一个空白文档，导入"1.png"、"2.png"等素材图片。

❷ 新建"三选一"影片剪辑元件，选择 T（文本工具），设置文本属性参数，如图5-186所示。

图5-186 设置文本属性参数

❸ 在舞台中输入文字。连续创建两个关键帧，分别修改里面的文字。新建"图层2"图层，将3个帧都设置为关键帧，并在每个帧上输入停止代码。

❹ 新建"菜单1"影片剪辑元件，将"1.png"素材图片拖入舞台。新建"图层2"图层，将"2.png"素材图片拖入，如图5-187所示。

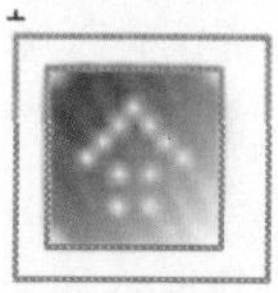

图5-187 图片效果

❺ 新建"图层3"图层，将"三选一"影片剪辑元件拖入舞台，打开"属性"面板，设置实例名称为ico_txt。在第6帧、第10帧和第16帧处创建关键帧。选择第6帧上的元件，使其向右平移5个像素。选择第10帧上的元件，向左平移5个像素，并修改色彩效果样式为"高级"，属性参数如图5-188所示。

图5-188 属性参数

❻ 在这4个关键帧中间创建传统补间动画。

❼ 新建"图层4"图层，使用 □（矩形工具）在舞台上绘制矩形，按F8键将其转换为按钮元件，按钮大小能盖住下方的元件，舞台效果如图5-189所示。

❽ 选中该按钮元件，打开"动作"面板，输入脚本，如图5-190所示。

图5-189 "三选一"舞台效果

图5-190 在按钮上输入脚本

❾ 新建"图层5"图层，在第2帧和第11帧处创建关键帧，分别设置帧标签为over和out。新建"图层6"图层，打开"动作"面板，输入脚本，如图5-191所示。在第10帧处创建关键帧，输入停止代码。

图5-191 在图层上输入脚本

❿ "菜单1"时间轴效果如图5-192所示。

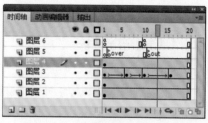

图5-192 "菜单1"时间轴效果

⓫ 在"库"面板中，选择"菜单1"影片剪辑元件，单击鼠标右键，执

行快捷菜单中的"直接复制元件"命令，打开"直接复制元件"对话框，修改元件名称为"菜单2"，单击"确定"按钮，完成复制。

⑫ 双击"菜单2"影片剪辑元件，进入元件编辑模式，打开"动作"面板，修改"图层6"图层第1帧上的脚本，如图5-193所示。

图5-193　输入脚本

⑬ 用相同的步骤创建"菜单3"影片剪辑元件，同样只修改"图层6"图层上第1帧的代码。

⑭ 新建"四选一"影片剪辑元件，选择 T（文本工具），设置文字属性参数，如图5-194所示。

图5-194　设置文字属性参数

⑮ 在舞台中输入"公司信息"。将后面3个帧创建为关键帧，并分别修改这3帧的文字内容。

⑯ 新建"图层2"图层，连续创建4个关键帧，并在每个关键帧上输入停止代码。

⑰ 新建"导航1"影片剪辑元件，将"3.png"素材图片拖入舞台，并按F8键将其转换为影片剪辑元件，舞台如图5-195所示。

图5-195　图片效果

⑱ 在第10帧和第17帧处创建关键帧。选择第10帧的元件，向右平移10个像素，并设置该元件的色彩效果样式为"高级"，属性参数如图5-196所示。

图5-196　高级属性参数

⑲ 在这3个关键帧的中间创建传统补间动画。新建"图层2"图层，将"四选一"影片剪辑元件拖入舞台，设置其实例名称为txt，在第7帧和第16帧处创建关键帧。选择第7帧上的元件，向右平移10个像素，并设置该元件的色彩效果样式为"高级"，其属性参数如图5-197所示。

图5-197　"四选一"属性参数

⑳ 在这3个关键帧中间创建传统补间动画，并在第11帧处创建关键帧，并修改该元件的属性参数，如图5-198所示。

图5-198　修改元件参数

㉑ 新建"图层3"图层，使用 ▢（矩形工具）绘制矩形，并按F8键将

其转换为按钮元件，舞台整体效果如图5-199所示。

图5-199　舞台效果

㉒ 选择该按钮元件，打开"动作"面板，输入脚本，如图5-200所示。

图5-200　在按钮上输入脚本

㉓ 新建"图层4"图层，在第2帧和第11帧处创建关键帧，并设置帧标签分别为over和out。新建"图层5"图层，打开"动作"面板，在第1帧输入脚本，如图5-201所示。在第10帧输入停止代码。

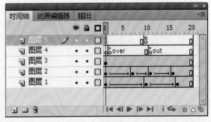

图5-201　在图层上输入脚本

㉔ "导航1"影片剪辑元件时间轴效果如图5-202所示。

图5-202　"导航1"时间轴效果

㉕ 在"库"面板中选中"导航1"影片剪辑元件，单击鼠标右键，执行快捷菜单中的"直接复制元件"命令，打开"直接复制元件"对话框，修改元件名称为"导航2"，单击"确定"按钮，完成复制。

㉖ 双击"导航2"影片剪辑元件，进入元件编辑模式。选择"图层5"图层第1帧，打开"动作"面板，修改脚本如图5-203所示。

图5-203　修改脚本

㉗ 用相同的步骤创建"导航3"和"导航4"影片剪辑元件。

㉘ 返回"场景1"，将背景图片拖入舞台。新建"图层2"图层，将另外两张图片拖入舞台。新建"图层3"图层，使用 T （文本工具），输入各类文字。新建"图层4"图层，将"菜单1"、"菜单2"、"菜单3"、"导航1"、"导航2"、"导航3"和"导航4"影片剪辑元件拖入舞台，舞台整体效果如图5-204所示。

图5-204　舞台整体效果

㉙ 至此，完成快速导航的制作，按Ctrl+Enter组合键测试影片，如图5-205所示。

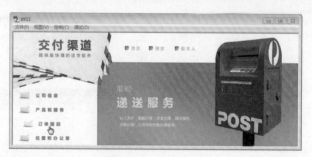

图5-205　测试影片

实例089　网页导航——发光导航

发光导航是将光标移至导航菜单上时，该菜单发光显示，效果明显。

案例设计分析

设计思路

本实例在设计导航时，运用渐变动画来实现发光效果。当光标移至按钮上，按钮开始发光，促使浏览者单击菜单。当光标离开菜单，导航停止发光，恢复至默认状态。

案例效果剖析

本实例制作的发光导航效果如图5-206所示。

图5-206　效果展示

案例技术要点

本实例中主要运用的功能与技术要点如下。

● 文本工具：使用文本工具输入文字。

● 传统补间：使用传统补间制作渐变动画。

源文件路径	源文件\第5章\实例089 发光导航.fla		
素材路径	素材\第5章\实例089\背景.jpg、素材1.png等		
视频路径	视频\第5章\实例089 发光导航.mp4		
操作步骤路径	操作\实例089.pdf		
难易程度	★★★★	学习时间	17分32秒

很多网络动画都是由Flash制作而成的，如GIF动图、聊天表情、加载动画、简单广告等。这些动画的制作并不难，本章将学习简单网络动画的制作。

实例090　GIF动图——聊天表情

GIF动图是指GIF格式的动态图片，相对静态图片而言，动图更生动吸引人。人们在聊天时经常会用到各种聊天表情，这些聊天表情的制作十分简单。

案例设计分析

⊙ 设计思路

本实例使用逐帧动画，将形象绘制后，打开绘图纸外观，对每个关键帧的图像进行绘制或水平翻转调整，并对文字颜色进行设置，以传统补间实现文字的变色效果。

⊙ 案例效果剖析

本实例制作的聊天表情动图效果如图6-1所示。

图6-1　效果展示

案例技术要点

本实例主要用到的功能及技术要点如下。

● 绘图纸外观：在制作动画时打开绘图纸外观，方便各动作的调整。

● 复制粘贴帧：使用复制粘贴帧可以重复关键帧中的内容。

● "调整颜色"滤镜："调整颜色"滤镜可改变元件的颜色。

案例制作步骤

源文件路径	源文件\第6章\实例090 聊天表情.fla		
视频路径	视频\第6章\实例090 聊天表情.mp4		
难易程度	★★	学习时间	29分23秒

❶ 新建一个空白文档，创建"元件1"影片剪辑元件，在舞台中绘制图形，如图6-2所示。

图6-2　绘制图形

❷ 在第2～4帧处插入空白关键帧，分别绘制图形，如图6-3所示。

图6-3　绘制图形

③ 在第5帧处插入帧。选择第3帧,单击鼠标右键,执行快捷菜单中的"复制帧"命令,如图6-4所示。

图6-4　执行"复制帧"命令

④ 选择第6帧,单击鼠标右键,执行"粘贴帧"命令,如图6-5所示。

图6-5　执行"粘贴帧"命令

⑤ 用同样的方法,将第2帧复制到第7帧处,第1帧复制到第8帧处,第7帧复制到第9帧处。选择图形,执行"修改"|"变形"|"水平翻转"命令,如图6-6所示。

图6-6　执行"修改"|"变形"|"水平翻转"命令

⑥ 用同样的方法,复制帧并翻转图形。打开"图层"面板中的绘图纸

外观,将图形对齐,如图6-7所示。

图6-7　对齐图形

⑦ 将元件拖入主舞台中,新建一个图层,绘制椭圆,向下移动一层,如图6-8所示。

图6-8　绘制椭圆

⑧ 新建"元件2"影片剪辑元件,输入文字。将元件拖入主舞台中,如图6-9所示。

图6-9　添加元件

⑨ 在第7帧处插入关键帧,在"属性"面板中添加"调整颜色"滤镜,如图6-10所示。

图6-10　添加滤镜

⑩ 在舞台中将元件拖大,如图6-11所示。将第1帧复制粘贴到第13帧处,在关键帧之间创建传统运动补间。

图6-11　放大元件

⑪ 至此,完成聊天表情的制作,保存并测试影片,如图6-12所示。

图6-12　测试影片

💬 提　示

若动画的播放速度过快或过慢,可以通过修改帧频来改变速度。帧频越大,速度越快。

实例091　GIF动图——卡通信纸

本实例将制作GIF卡通信纸动图,也就是制作信纸的动态背景。

案例设计分析

🔖 设计思路

卡通动态信纸是通过对图片添加文字与表情动作,将静态的图片变得有趣起来。动态壁纸也可参考本实例制作。

⑥ 案例效果剖析

本实例制作的卡通信纸效果如图6-13所示。

表情变化

图6-13 效果展示

» 案例技术要点

本实例中主要用到的功能及技术要点如下。

● 动画绘制：使用绘图工具绘制出动作表情。

● 传统补间：使用传统补间制作动作之间的改变。

源文件路径	源文件\第6章\实例091 卡通信纸.fla		
素材路径	素材\第6章\实例091\信纸.jpg		
视频路径	视频\第6章\实例091 卡通信纸.mp4		
操作步骤路径	操作\实例091.pdf		
难易程度	★★	学习时间	3分45秒

⇒ 实例092 加载动画——金属质感Loading

本实例制作的是长条式的Loading，是比较经典的加载动画。

» 案例设计分析

⑥ 设计思路

本实例使用遮罩动画及传统补间实现加载条的移动，使用动态文本实现加载文字的变化，使用脚本控制加载至100%时动画停止。为了方便观看，在界面右下角添加"重新加载"按钮，单击按钮后加载条重新加载。

⑥ 案例效果剖析

本实例制作的金属质感加载动画效果如图6-14所示。

重新加载

图6-14 效果展示

» 案例技术要点

本实例主要用到的功能及技术要点如下。

● 位图填充：为图形填充位图后，使用渐变变形工具可调整位图填充效果。

● 属性设置：在"属性"面板中调整色彩效果、混合模式、滤镜等参数，可以改变元件的外观。

● 遮罩层：使用遮罩层，显现需要的部分。

» 案例制作步骤

源文件路径	源文件\第6章\实例092 金属质感Loading.fla		
素材路径	素材\第6章\实例092\位图.jpg		
视频路径	视频\第6章\实例092 金属质感Loading.mp4		
难易程度	★★★★	学习时间	15分19秒

① 新建"元件1"影片剪辑元件，绘制矩形，"填充位图""位图.jpg"素材图片拖入舞台中，使用▣（渐变变形工具）调整填充效果，如图6-15所示。

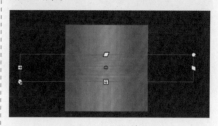

图6-15 调整填充

② 新建一个图层，绘制矩形，设置填充颜色为白色，Alpha值为22%，如图6-16所示。

图6-16 绘制图形

③ 新建"元件2"影片剪辑元件，将"元件1"影片剪辑元件拖入舞台中，调整形状，并在"属性"面板中添加"投影"滤镜，如图6-17所示。

图6-17 添加"模糊"滤镜

④ 新建一个图层，绘制一个笔触颜色为灰色、填充颜色为黑色的矩形，将其转换为影片剪辑元件。在"属性"面板中设置Alpha值为85%，混合方式为"正片叠底"，如图6-18所示。

图6-18 设置属性

⑤ 新建"元件3"影片剪辑元件，绘制矩形，设置笔触颜色为灰

色、填充颜色为位图，使用 （渐变变形工具）调整填充效果，如图6-19所示。

图6-19 调整填充

⑥ 回到"元件2"影片剪辑元件，新建一个图层，将"元件3"影片剪辑元件拖入舞台中，在"属性"面板中设置色彩效果，并添加"投影"滤镜，如图6-20所示。

图6-20 设置属性

⑦ 此时的图像效果如图6-21所示。

图6-21 图像效果

⑧ 新建"元件4"影片剪辑元件，绘制矩形并设置填充颜色为线性渐变，如图6-22所示。

图6-22 填充线性渐变

⑨ 将该元件拖入"元件2"影片剪辑元件的舞台中，设置实例名称、混合模式与滤镜，如图6-23所示。

图6-23 设置属性

⑩ 此时的图像效果如图6-24所示。

图6-24 图形效果

⑪ 新建一个图层，在舞台中绘制动态文本框，设置实例名称为lodNum。

⑫ 新建一个图层，在第1帧处添加脚本，如图6-25所示。

图6-25 添加脚本

⑬ 回到"场景1"，将"元件2"影片剪辑元件拖入舞台中，设置实例名称。新建一个图层，输入文字并转换为按钮元件，在按钮元件上添加脚本，如图6-26所示。

图6-26 添加脚本

⑭ 至此，完成金属质感Loading的制作，保存并测试影片，如图6-27所示。

图6-27 测试影片

实例093 加载动画——创意网站Loading

载入时间长是Flash网站存在的一个通病，可以说这是为了高用户体验和酷炫效果所付出的最大的代价，因此在网站载入的Loading中添加一些新意的东西，可以减少人们对长时间载入的无聊感。本实例制作的创意网站加载动画，将传统的加载条改变为新颖的文字，使用遮罩和补间动画实现加载动画效果。

案例设计分析

设计思路

加载开始时，文字颜色为黑色，加载过程中文字逐渐变亮，直至加载完成后文字全部为亮色显示。

案例效果剖析

本实例制作的创意网站加载动画效果如图6-28所示。

遮罩实现加载

加载完成

图6-28 效果展示

案例技术要点

本实例主要用到的功能及技术要点如下。

- 逐帧动画：将火的素材图片拖入关键帧中组成逐渐动画。
- 遮罩层：使用遮罩层，显现需要的部分。

案例制作步骤

源文件路径	源文件\第6章\实例093 创意网站Loading.fla	
素材路径	素材\第6章\实例093\背景.jpg、素材图.jpg等	
视频路径	视频\第6章\实例093 创意网站Loading.mp4	
难易程度	★★★ 学习时间	22分37秒

① 新建一个空白文档，将"背景.jpg"素材图片拖入舞台中，如图6-29所示。

图6-29 拖入图片

② 新建一个图层，将"素材图.jpg"素材图片拖入舞台中，转换为影片剪辑元件，如图6-30所示。制作由小到大的动画。

图6-30 拖入素材

③ 新建一个图层，绘制图形并转换为影片剪辑元件，如图6-31所示。制作由小到大的动画。

图6-31 绘制图形

④ 新建"火"影片剪辑元件，在第1～30帧处分别插入关键帧，将不同的火的素材图片拖入不同的关键帧中。

⑤ 新建"火2"影片剪辑元件，将"火"元件拖入舞台中。新建遮罩图层，绘制矩形作为遮罩，转换为影片剪辑元件，如图6-32所示。制作元件从左至右的动画。

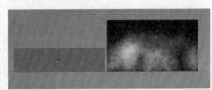

图6-32 绘制遮罩

⑥ 新建"元件1"影片剪辑元件，将"火2"元件拖入舞台中。新建

一个图层，添加前面绘制的图形，如图6-33所示。

图6-33 添加图形

⑦ 设置该图层为遮罩层，将元件拖入主舞台中。至此，完成创意网站Loading的制作，保存并测试影片，如图6-34所示。

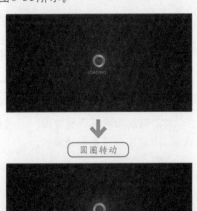

图6-34 测试影片

实例094 加载动画
——转动加载

本实例制作的是转动加载，即用转动代替以前的直线加载。

案例设计分析

设计思路

本实例模拟Windows系统加载的效果制作转动加载，网页打开后，中间的蓝色圆圈不停转动，直至加载完成。

案例效果剖析

本实例制作的转动加载效果如图6-35所示。

圆圈转动

图6-35 效果展示

>> **案例技术要点**

本实例中主要用到的功能及技术要点如下。

- 径向渐变：为椭圆填充径向渐变，完成渐变效果。
- 遮罩：使用圆为遮罩，形成加载的动画。

源文件路径	源文件\第6章\实例094 转动加载.fla	
视频路径	视频\第6章\实例094 转动加载.mp4	
难易程度	★★	学习时间	10分07秒

实例095   简单动画——光线与光斑

本实例制作的是光线与光斑，也就是绘制光线直射以及光线反弹效果。光线与光斑是动画中很常见的太阳光照进来，出现光斑闪烁与光线移动的效果。

>> **案例设计分析**

⑥ 设计思路

本实例为了体现光线的柔和感，通过使用矩形工具设置透明度和渐变色来完成，通过在影片剪辑中制作两帧频闪动画实现光闪效果。

⑥ 案例效果剖析

本实例制作的简单动画效果如图6-36所示。

（光斑移动）

图6-36　效果展示

>> **案例技术要点**

本实例中主要用到的功能及技术要点如下。

- 线性渐变：使用线性渐变制作光线的效果。
- 传统补间：使用传统补间制作光线移动、光斑闪烁的效果。

源文件路径	源文件\第6章\实例095 光线与光斑.fla	
视频路径	视频\第6章\实例095 光线与光斑.mp4	
难易程度	★★	学习时间	11分41秒

实例096   简单动画——闪光效果

本实例制作的是闪光效果，一般用来表现有金属光泽的对象。闪光动画在Logo、广告等动画中经常见到。

>> **案例设计分析**

⑥ 设计思路

本实例为了制作光线在汽车周围闪动滑过，将汽车从画面中突出显示。通过调整矩形的透明度和渐变色，使用补间动画使矩形移动，并通过遮罩来实现。

⑥ 案例效果剖析

本实例制作的闪光效果如图6-37所示。

（汽车闪光）

图6-37　效果展示

>> **案例技术要点**

本实例中主要用到的功能及技术要点如下。

- 匹配内容：在"文档设置"对话框中选择匹配"内容"，可以将舞台调整至内容大小。
- 线性渐变：绘制线性渐变的图形作为光线。
- 遮罩层：使用遮罩层，制作闪光效果。

源文件路径	源文件\第6章\实例096 闪光效果.fla
素材路径	素材\第6章\实例096\背景图.jpg
视频路径	视频\第6章\实例096 闪光效果.mp4
操作步骤路径	操作\实例096.pdf
难易程度	★★
学习时间	15分53秒

实例097   简单动画——星光闪烁

本实例制作的是星光闪烁，也就是模仿星空中星星一闪一闪的效果。

>> **案例设计分析**

⑥ 设计思路

星光闪烁是用来制作闪光效果，营造梦幻气氛。通过传统补间实现星光放大缩小的闪烁效果，通过使用引导层制作星光的移动。

⑥ 案例效果剖析

本实例制作的闪光效果如图6-38所示。

星光闪烁

图6-38　效果展示

案例技术要点

本实例中主要用到的功能及技术要点如下。

- "变形"面板：使用"变形"面板调整对象的旋转角度。
- 传统补间：使用传统补间制作星光大小闪动的效果。
- 跳转脚本：通过在"动作"面板中输入"gotoAndPlay(1);"脚本跳转至第1帧，实现星光的不断循环。

源文件路径	源文件\第6章\实例097 星光闪烁.fla		
素材路径	素材\第6章\实例097\背景.jpg		
视频路径	视频\第6章\实例097 星光闪烁.mp4		
难易程度	★★	学习时间	10分17秒

实例098　简单动画——网页电脑打字

本实例将介绍网页电脑打字效果的制作。

案例设计分析

▶ 设计思路

本实例模拟电脑中光标闪烁并打字的效果，通过很简单的遮盖原理，使用传统补间实现文字的逐字出现。通过跳转脚本，实现光标的不断闪烁。

▶ 案例效果剖析

本实例制作的网页电脑打字效果如图6-39所示。

在输入框中输入文字

图6-39　效果展示

案例技术要点

本实例中主要用到的功能及技术要点如下。

- 跳转脚本：通过在"动作"面板中输入"gotoAndPlay(1);"脚本跳转至第1帧，实现不断循环。
- 传统补间：使用传统补间制作打字的效果。

案例制作步骤

源文件路径	源文件\第6章\实例098 网页电脑打字.fla		
素材路径	素材\第6章\实例098\图片.jpg		
视频路径	视频\第6章\实例098 网页电脑打字.mp4		
难易程度	★★★	学习时间	7分50秒

❶ 新建一个空白文档，再新建"光标"影片剪辑元件，使用▣（矩形工具）绘制填充颜色为白色的矩形，然后使用◥（线条工具）绘制笔触颜色为黑色的直线，如图6-40所示。

图6-40　绘制

❷ 在第5帧处插入关键帧，删除线条。在第10帧处插入关键帧，打开"动作"面板，输入脚本"gotoAndPlay(1);"。

❸ 进入"场景1"，将"图片.jpg"素材拖入舞台中，并与舞台匹配大小，如图6-41所示。

图6-41　添加素材

❹ 在第60帧处插入帧。新建"图层2"图层，在第40帧处插入关键帧，使用ⓣ（文本工具）输入文字，如图6-42所示。

图6-42　输入文字

❺ 新建"图层3"图层，在第25帧处插入关键帧，将"光标"元件拖入舞台中，放置在文字上并遮盖文字，如图6-43所示。

Name:
Password:

图6-43　添加元件

⑥ 在第40帧和第60帧处插入关键帧。选择第60帧的元件，将其向右移动到文字后，如图6-44所示。

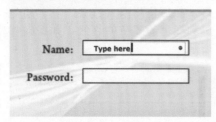

图6-44　移动

⑦ 在两个关键帧之间创建传统补间。选择第60帧，打开"动作"面板，输入脚本"stop();"。

⑧ 保存并测试影片，如图6-45所示。

图6-45　厕所影片

实例099　简单动画——闪光文字

本实例的闪光文字，即制作文字的闪光效果。

案例设计分析

设计思路

闪光文字是由多个闪光动画组合完成的。通过制作闪光动画影片剪辑，将影片剪辑布满整个文字实现。

案例效果剖析

本实例制作的闪光文字效果如图6-46所示。

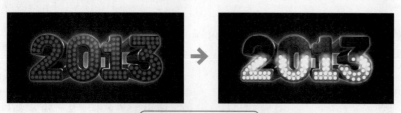

用遮罩层渐现发光部分

用传统补间制作渐变效果

图6-46　效果展示

案例技术要点

本实例中主要用到的功能及技术要点如下。

- 转换线条为填充：将线条转换为填充，制作更多效果。
- 线性渐变：为文字填充线性渐变，制作金属质感。
- 元件滤镜：为文字添加滤镜，制作发光效果。
- 径向渐变：为灯光填充径向渐变效果。

源文件路径	源文件\第6章\实例099 闪光文字.fla		
素材路径	素材\第6章\实例099\素材.jpg		
视频路径	视频\第6章\实例099 闪光文字.mp4		
难易程度	★★	学习时间	22分16秒

实例100　简单动画——网页日历与时间

本实例制作的网页日历与时间，能与平时的日历起到一样的作用。

案例设计分析

设计思路

本实例使用Flash中自带的组件制作网页日历，并使用脚本在动画文本框中显示当前的日期，选择不同的日期，下方会显示当前选择的日期。

案例效果剖析

本实例制作的日历效果如图6-47所示。

选择时间

图6-47　效果展示

案例技术要点

本实例中主要用到的功能及技术要点如下。

- DateChooser组件：在"组件"面板中添加组件。
- 属性设置：设置组件的属性，显示日历的最终效果。

案例制作步骤

源文件路径	源文件\第6章\实例100 网页日历与时间.fla
素材路径	素材\第6章\实例100\背景.jpg
视频路径	视频\第6章\实例100 网页日历与时间.mp4
难易程度	★
学习时间	4分32秒

① 新建一个空白文档，将"背景.jpg"素材拖至舞台中，如图6-48所示。

图6-48　添加素材

② 新建"图层2"图层，在"组件"面板中选择DateChooser组件，如图6-49所示，将其拖至舞台中。

图6-49　选择组件

③ 在"属性"面板中单击dayNames值后的"编辑"按钮，如图6-50所示。

图6-50　单击按钮

④ 在弹出的对话框中修改参数，如图6-51所示。

图6-51　修改参数

提　示

在"值"对话框中单击添加按钮￼，可添加值，还可对其进行排序。若排列第1位的是"星期日"，则在日历中以星期日为一个星期的第一天。

⑤ 用同样的方法修改monthNames的值。至此，日历制作完成，保存并测试影片。

实例101　简单动画——图片缩放

本实例制作的图片缩放，通过鼠标滑轮的滑动来控制图片的放大和缩小。

案例设计分析

设计思路

图片缩放动画是网页中常见动画之一，本实例通过脚本实现滚动鼠标滑轮缩放图片的效果。

案例效果剖析

本实例制作的图片缩放效果如图6-52所示。

滚动鼠标滑轮缩放图片

图6-52　效果展示

案例技术要点

本实例主要用到的功能及技术要点如下。

● 实例名称：为元件添加实例名称，便于脚本识别。
● 脚本：使用脚本控制缩放效果。

源文件路径	源文件\第6章\实例101 图片缩放.fla		
素材路径	素材\第6章\实例101\图.jpg		
视频路径	视频\第6章\实例101 图片缩放.mp4		
难易程度	★	学习时间	1分46秒

实例102　简单动画——音乐播放器

本实例制作的音乐播放器，包括控制音量、快进、快退和切歌等功能。

案例设计分析

设计思路

本实例通过添加按钮元件制作音乐播放器的按钮，控制音乐的播放、暂停，跳转至上一首、下一首，以及调节音量等，使用动态文本显示当前播放的歌曲名称。

案例效果剖析

本实例制作的音乐播放器效果如图6-53所示。

调整音量

图6-53 效果展示

图6-59 修改参数

案例技术要点

本实例主要用到的功能及技术要点如下。

- ActionScript 类：在ActionScript 类中编写脚本，方便修改。
- 复制粘贴滤镜：为元件添加滤镜后，可以进行复制并粘贴到其他元件中。
- 动态文本：绘制动态文本，在选择不同的菜单后显示不同的文本。

案例制作步骤

源文件路径	源文件\第6章\实例102 音乐播放器		
素材路径	素材\第6章\实例102\背景图.jpg		
视频路径	视频\第6章\实例102 音乐播放器.mp4		
难易程度	★★★★★	学习时间	33分39秒

❶ 新建一个ActionScript 类文件，输入脚本（具体可参见源文件），如图6-54所示。新建一个空白文档，将"背景图.jpg"素材图片导入到"库"面板中。新建"播放器"影片剪辑元件，将"背景图.jpg"素材拖入舞台中，如图6-55所示。

图6-54 输入脚本

图6-55 拖入素材

❷ 新建"播放"影片剪辑元件，绘制图形，如图6-56所示。新建"按钮背景"影片剪辑元件，绘制图形。新建"播放按钮"影片剪辑元件，将"按钮背景"影片剪辑元件拖入舞台中，在第22帧处插入帧。新建"图层2"图层，将"播放"元件拖入舞台

中，如图6-57所示。

图6-56 绘制图形

图6-57 拖入元件

❸ 在"属性"面板中单击"添加滤镜"按钮，在展开的列表中选择"发光"选项，修改参数，如图6-58所示。在第6帧和第11帧处插入关键帧。选择第6帧，在"属性"面板中设置"发光"滤镜的参数，如图6-59所示。

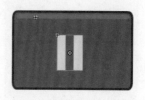

图6-58 修改参数

❹ 在第12帧处插入关键帧，绘制图形，如图6-60所示，将其转换为"暂停"影片剪辑元件。选择第11帧的元件，在"属性"面板中单击"剪贴板"按钮，在展开的列表中选择"复制所选"选项，如图6-61所示。选择第12帧的元件，单击"剪贴板"按钮，在展开的列表中选择"粘贴"选项。

图6-60 绘制图形

图6-61 选择"复制所选"选项

❺ 在第17帧、第22帧处插入关键帧。选择第17帧的元件，设置滤镜参数和第6帧元件的滤镜参数一致。在关键帧之间创建传统补间。

❻ 新建"图层3"图层，在第1帧处打开"动作"面板，输入脚本"stop();"。在"属性"面板中设置帧标签为stillPlay，如图6-62所示。

图6-62 设置帧标签

⑦ 在第2帧处插入关键帧，打开"动作"面板，输入脚本"play();"。在"属性"面板设置帧标签为overPlay。在第6帧、第11帧、第12帧和第17帧处插入关键帧，均在"动作"面板中输入脚本"stop();"。

⑧ 设置第7帧处的帧标签为outPlay，第12帧处的帧标签为stillPause，第18帧处的帧标签为outPause。进入"播放器"元件，新建"图层2"图层，将"播放按钮"元件拖入舞台，如图6-63所示，设置实例名称为btnPlay。

图6-63　拖入元件

⑨ 新建"图层3"图层，在"库"面板中选择"播放按钮"元件，直接复制元件，得到"停止按钮"影片剪辑元件，并将元件拖入到"播放器"元件的舞台中，如图6-64所示。在"属性"面板中设置实例名称为btnStop。用同样的方法复制元件，得到"上一个按钮"和"下一个按钮"影片剪辑元件，并将两个元件拖入"播放器"元件的舞台中，如图6-65所示。

图6-64　拖入元件

图6-65　拖入元件

⑩ 在"属性"面板中分别设置实例名称为btnBack、btnNext。

⑪ 新建"声音"影片剪辑元件，绘制图形，如图6-66所示。在第2帧处插入帧。新建"图层2"图层，绘制图形，如图6-67所示。删除第2帧。

图6-66　绘制图形

图6-67　绘制图形

⑫ 新建"图层3"图层，在第1帧处打开"动作"面板，输入脚本"stop();"。

⑬ 新建"声音按钮"影片剪辑元件，将"声音"元件拖入舞台中，设置实例名称为icon。粘贴滤镜，在第14帧、第18帧处插入关键帧。选择第14帧的元件，修改滤镜参数。

⑭ 在关键帧之间创建传统补间。新建"图层2"图层，绘制一个和声音图标相同大小的矩形，将其转换为"按钮"按钮元件。双击进入元件，在第4帧处插入帧。

⑮ 双击退出元件编辑，设置实例名称为btn。新建"图层3"图层，在第13帧处插入关键帧，将"按钮"元件拖入舞台中4次，如图6-68所示。在第14帧处插入空白关键帧。分别选择元件，在"属性"面板中设置实例名称为btn1~btn3。

图6-68　添加元件

⑯ 新建"矩形"影片剪辑元件，绘制矩形。新建"矩形变色"影片剪

辑元件，将"矩形"元件拖入舞台中，设置色彩效果样式为"色调"，并调整色调参数，如图6-69所示。在第5帧、第8帧处分别插入关键帧，选择第5帧的元件，设置色彩效果为无，在关键帧之间创建传统补间。

图6-69　调整色调参数

⑰ 新建"图层3"图层，在第1帧处输入脚本"playingOut = false; stop();"。在第2帧处插入关键帧，输入脚本"play();"，设置帧标签为over。在第5帧处插入关键帧，输入脚本"stop();"。在第6帧处插入关键帧，输入脚本"playingOut = true;"，设置帧标签为out，此时元件的时间轴如图6-70所示。

图6-70　设置时间轴

⑱ 新建"音量控制"影片剪辑元件，绘制图形，如图6-71所示。

图6-71　绘制图形

⑲ 新建"图层2"图层，将"矩形变色"影片剪辑元件拖入舞台中10次，如图6-72所示。分别选中元件，依次在"属性"面板中设置实例名称为v1~v10。新建"图层3"图层，绘制图形，如图6-73所示。

图6-72　添加元件

图6-73 绘制图形

提 示

编写脚本时注意切换至英文输入法，否则会造成报错。

⑳ 新建"图层4"图层，打开"动作"面板，输入脚本，如图6-74所示。

图6-74 输入脚本

㉑ 进入"声音按钮"影片剪辑元件，新建"图层4"图层，调整至最底层。在第2帧处插入关键帧，将"音量控制"元件拖入舞台，如图6-75所示。在"属性"面板中设置实例名称为slider。

图6-75 添加元件

㉒ 在第14帧处插入关键帧，将元件向右移动，如图6-76所示。复制第1帧至第18帧处，在关键帧之间创建传统补间。

图6-76 移动元件

㉓ 新建"图层5"图层，在第2帧处插入关键帧，绘制图形，如图6-77所示。设置该图层为遮罩层。

图6-77 绘制图形

㉔ 新建"图层6"图层，在第2帧、第3帧、第13帧和第14帧处分别插入关键帧。分别设置第1帧、第2帧和第14帧的帧标签为still、over、out。依次选择第1帧、第3帧、第13帧，在"动作"面板中输入脚本，如图6-78所示。选择第14帧，输入脚本"stop();"。

图6-78 输入脚本

㉕ 回到"播放器"影片剪辑元件中，将"声音按钮"元件拖入舞台。用同样的方法，新建其他元件并添加至"播放器"元件中，如图6-79所示。

图6-79 添加元件

㉖ 新建一个图层，使用 T（文本工具）绘制一个文本框，在"属性"面板中设置实例名称为TFtitle，设置文本类型为"动态文本"，并粘贴滤镜效果，如图6-80所示。

图6-80 设置属性

㉗ 新建一个图层，再次创建一个动态文本，设置实例名称为TFtime，舞台效果如图6-81所示。新建一个图层，按F9键打开"动作"面板，输入脚本，如图6-82所示。

图6-81 创建动态文本

图6-82 输入脚本

㉘ 进入"场景1"，将"播放器"元件拖入舞台中，并匹配舞台大小，保存并测试影片，如图6-83所示。

图6-83 测试影片

实例103　简单动画——常见漫画动画

本实例制作的是漫画中常见的对话框效果。

案例设计分析

设计思路

在漫画中，爆炸、弹出对话框、弹出文字等是最常见的效果。本实例将这些效果集合在一起，通过设置不同的按钮来显示不同的效果。

案例效果剖析

本实例制作的常见漫画动画包含多种效果，如图6-84所示为部分效果展示。

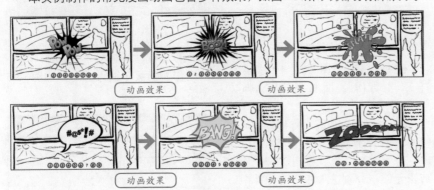

图6-84　效果展示

案例技术要点

本实例主要用到的功能及技术要点如下。

- 传统补间：使用传统补间制作对话框进入画面的动画。
- 按钮元件：使用按钮元件控制不同的动画。

源文件路径	源文件\第6章\实例103 常见漫画动画.fla		
视频路径	视频\第6章\实例103 常见漫画动画.mp4		
难易程度	★★	学习时间	10分20秒

实例104　简单广告——轮播广告

本实例制作的轮播广告，几个页面会自动切换，也可以手动选择某个页面。

案例设计分析

设计思路

在网页中，轮播广告图随处可见，本实例通过脚本实现广告的轮播。在默认情况下，广告自动进行轮播，单击菜单后则跳转至不同的广告页面。

案例效果剖析

本实例制作的轮播广告效果如图6-85所示。

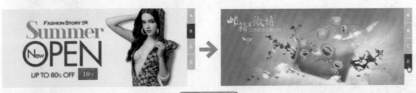

单击切换

图6-85　效果展示

案例技术要点

本实例中主要用到的功能及技术要点如下。

- 补间形状：使用补间形状制作颜色切换的动画。
- 快速复制：按住Ctrl键拖动对象可以快速复制。

案例制作步骤

源文件路径	源文件\第6章\实例104 轮播广告.fla
素材路径	素材\第6章\实例104\图1.jpg、图2.jpg等
视频路径	视频\第6章\实例104 轮播广告.mp4
难易程度	★★
学习时间	15分06秒

❶ 新建一个空白文档，再新建"元件1"影片剪辑元件，将"图1.jpg"、"图2.jpg"等素材图片拖入舞台中，按Q键调整大小并调整位置，如图6-86所示。

图6-86　添加素材

❷ 新建"元件2"影片剪辑元件，将"元件1"元件拖入舞台中。新建"图层2"图层，使用▢（矩形工具）绘制一个和"元件1"影片剪辑元件相同大小的透明矩形。

❸ 将矩形转换为"元件3"按钮元件，双击进入元件，在第4帧处插入帧。

❹ 在矩形外双击，回到"元件2"中。选择"元件3"按钮元件，打开"动作"面板，输入脚本，如图6-87所示。

图6-87　输入脚本

⑤ 选择"元件3"按钮元件，按住Ctrl键拖动复制3个，并调整到合适的位置，如图6-88所示。

图6-88 复制

⑥ 新建"按钮A"影片剪辑元件，使用◻（矩形工具）绘制填充颜色为灰色的矩形，如图6-89所示。

图6-89 绘制矩形

⑦ 在第10帧处插入关键帧，将矩形的颜色修改为黄色。在两个关键帧之间创建补间形状。

⑧ 新建"图层2"图层，使用◻（矩形工具）绘制填充颜色为透明的矩形，调整矩形与下层矩形大小相同。

⑨ 将矩形转换为"按钮2"按钮元件，在第4帧处插入帧。

⑩ 选择"按钮2"按钮元件，打开"动作"面板，输入脚本，如图6-90所示。

图6-90 输入脚本

⑪ 新建"图层3"图层，选择T（文本工具）输入文字A，如图6-91所示。

图6-91 输入文字

⑫ 新建"图层4"图层，打开"动作"面板，输入脚本"stop();"。

⑬ 在"库"面板中直接复制"按钮A"影片剪辑元件，得到"按钮B"、"按钮C"、"按钮D"3个影片剪辑元件。分别进入相应的元件中，修改文字为B、C、D。

⑭ 进入"场景1"，将"元件1"拖入舞台中，如图6-92所示，并设置实例名称为slideImg。

图6-92 拖入元件

⑮ 新建"图层2"～"图层5"图层，依次将"按钮A"～"按钮D"元件拖入相应的图层中，如图6-93所示。

图6-93 拖入元件

⑯ 依次选择元件，在"属性"面板中设置实例名称为slideMc1、slideMc2、slideMc3、slideMc4。

⑰ 新建"图层6"图层，使用◻（线条工具）绘制白色线条，如图6-94所示。

图6-94 绘制线条

⑱ 新建"图层7"图层，打开"动作"面板，输入脚本，如图6-95所示。

图6-95 输入脚本

⑲ 至此，完成轮播广告的制作，保存并测试影片，如图6-96所示。

图6-96 测试影片

实例105　简单广告——折角广告

本实例制作的是折角广告，默认时卷页在屏幕右上角，可以展开。

案例设计分析

设计思路

为了不占原网页的空间，本实例在网页的右上角制作折角广告，使其在较小的区域中显示出动画，单击关闭按钮可关闭广告。

案例效果剖析

本实例制作的折角广告效果如图6-97所示。

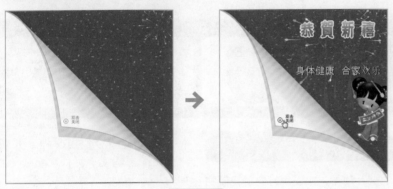

图6-97　效果展示

案例技术要点

本实例中主要用到的功能及技术要点如下。

- 遮罩层：使用遮罩层，显现需要的部分。
- 线性渐变：绘制线性渐变图形作为折角的阴影。
- 传统补间：使用传统补间制作折角动画。

源文件路径	源文件\第6章\实例105 折角广告.fla	
视频路径	视频\第6章\实例105 折角广告.mp4	
操作步骤路径	操作\实例105.pdf	
难易程度	★★	学习时间	11分01秒

实例106　网页界面——注册界面

本实例制作的注册界面，是一个可供填写的注册表。

案例设计分析

设计思路

每个网站都会有会员注册的页面。本实例以Flash的组件制作注册页面，设置有两个不同的页面，在每个页面中添加多个组件，对组件值进行设置，并添加脚本实现注册。

案例效果剖析

本实例制作的注册页面效果如图6-98所示。

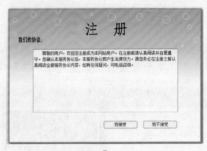

图6-98　效果展示

案例技术要点

本实例主要用到的功能及技术要点如下。

- 组件：添加多种组件制作注册界面。
- 组件属性：设置组件属性改变原有组件外观。

源文件路径	源文件\第6章\实例106 注册界面.fla
视频路径	视频\第6章\实例106 注册界面.mp4
操作步骤路径	操作\实例106.pdf
难易程度	★★
学习时间	27分38秒

第 **7** 章　基础交互动画制作

　　交互动画是指在动画播放过程中支持事件响应和交互功能的一种动画，这种交互性提供了观众参与和控制动画播放内容的手段，使观众由被动接受变为主动选择。观看者可以用鼠标或键盘对动画播放进行各种控制，如停止、退出、选择、填空、控制音乐、链接网页、游戏，等等。Flash的交互动画主要是由ActionScript脚本实现的，本章主要介绍基础交互动画制作。

实例107　键盘控制对象——飞机移动

　　游戏制作过程中经常会使用到键盘控制的交互动画，如使用方向键控制物体移动，使用空格键进行暂停、攻击等。本实例是飞机移动，按键盘上的方向键可以控制飞机。

案例设计分析

设计思路

　　本实例制作的是使用键盘上的方向键控制飞机上下左右移动的动画，通过直接套用Flash中的代码片段实现。制作动画的脚本简单而实用，可以应用于其他游戏类、交互类动画中。本实例默认状态下飞机在原地飞行，使用键盘上的↑、↓、←、→4个方向键控制飞机移动的方向。

案例效果剖析

本实例制作的键盘控制飞机移动效果如图7-1所示。

图7-1　效果展示

案例技术要点

本实例中主要用到的功能及技术要点如下。

- 代码片段：Flash中的"代码片段"面板中包含常用的ActionScript 3.0片段，直接套用"用键盘箭头移动"代码实现本实例的交互操作。
- 实例名称：在ActionScript中使用实例名称来引用实例。本实例需要用ActionScript来控制元件，则需要为元件实例提供唯一的名称。

案例制作步骤

源文件路径	源文件\第7章\实例107 飞机移动.fla	
素材路径	素材\第7章\实例107\背景图.jpg	
视频路径	视频\第7章\实例107 飞机移动.mp4	
难易程度	★★　　学习时间	17分41秒

❶ 新建一个空白文档，并新建"元件1"影片剪辑元件，绘制飞机，如图7-2所示。

图7-2　绘制飞机

❷ 新建"元件2"影片剪辑元件，绘制图形，如图7-3所示。

图7-3　绘制图形

❸ 在第2～4帧处插入关键帧，调整图形，制作螺旋桨旋转的效果。

❹ 新建"元件3"影片剪辑元件，将"元件1"和"元件2"影片剪辑元件拖入舞台中，如图7-4所示。

图7-4　将元件拖入舞台

❺ 新建"元件4"影片剪辑元件，将"元件3"拖入舞台中，在第10

帧、第20帧、第30帧、第40帧处插入关键帧。将第10帧的元件向下移动几个像素，将第30帧的元件向上移动几个像素。在关键帧之间创建传统补间。

⑥ 返回"场景1"，将"背景图.jpg"素材拖入舞台中，并使用 T （文本工具）输入文本，如图7-5所示。

图7-5　输入文本

⑦ 新建"图层2"图层，将"元件4"拖入舞台中。打开"代码片段"面板，在"动画"列表中双击第一个代码片段，如图7-6所示。

图7-6　双击代码片段

⑧ 弹出对话框，单击"确定"按钮，如图7-7所示，即在时间轴中新建了一个代码图层。

图7-7　单击"确定"按钮

📎 提　示

若创建的文档为非ActionScript 3.0文档，则会在使用代码片段时提示修改发布设置。

⑨ 按Ctrl+S组合键保存文档，并按Ctrl+Enter组合键测试影片，测试效果如图7-8所示。

图7-8　测试效果

实例108　鼠标特效——变换鼠标指针形状

在特色网站或游戏中，鼠标指针并非我们常见的形状，而多以设计过的手形或其他特色形状为主。

▶▶ 案例设计分析

🅑 设计思路

本实例通过绘制一个粉色的图形，并使用代码将该图形变换为鼠标指针，另添加指针拖放图片的代码。

🅑 案例效果剖析

本实例制作的鼠标指针拖动图片可移动图片的位置，如图7-9所示为案例效果展示。

变换鼠标指针

图7-9　效果展示

▶▶ 案例技术要点

本实例中主要用到的功能及技术要点如下。

● 元件滤镜：为影片剪辑元件添加滤镜，实现对象的发光、投影等效果。
● 代码片段：使用"自定义鼠标光标"代码片段改变光标为绘制的图形，使用"拖放"代码片段实现拖动时移动图片显示的动画。

源文件路径	源文件\第7章\实例108 变换鼠标指针形状.fla		
素材路径	素材\第7章\实例108\背景图.jpg		
视频路径	视频\第7章\实例108 变换鼠标指针形状.mp4		
难易程度	★★	学习时间	7分04秒

实例109　鼠标特效——点蜡烛

本实例将介绍使用鼠标点燃蜡烛的动画。

▶▶ 案例设计分析

🅑 设计思路

本实例通过控制鼠标移动火柴来点燃蜡烛，将鼠标移至蜡烛上时蜡烛则被点燃。方法是制作按钮元件添加至蜡烛的芯上，当鼠标移至按钮上时，则触发动作，跳转至火焰动画。

⑥ 案例效果剖析

本实例的鼠标特效点蜡烛效果如图7-10所示。

图7-10　效果展示

▶ 案例技术要点

本实例中主要用到的功能及技术要点如下。

- 跳转脚本：在影片剪辑上添加脚本，跳转至相应的关键帧，实现按钮的特效。
- Alpha值：设置Alpha值来制作火光的半透明效果。

▶ 案例制作步骤

源文件路径	源文件\第7章\实例109 点蜡烛.fla		
素材路径	素材\第7章\实例109\蜡烛.jpg		
视频路径	视频\第7章\实例109 点蜡烛.mp4		
难易程度	★★	学习时间	22分32秒

① 新建一个空白文档，并新建"元件1"影片剪辑元件，在舞台中绘制火，如图7-11所示。在第2～10帧处插入关键帧，并分别修改元件中的图形，形成烛火的动画效果。

图7-11　绘制火

② 新建"元件2"按钮元件，绘制一个Alpha值为0%的矩形。

③ 新建"元件3"影片剪辑元件，将"元件2"拖入舞台中，打开"动作"面板，输入脚本，如图7-12所示。

④ 在第1帧上输入脚本"stop();"。在第2帧处插入空白关键帧，将"元件1"影片剪辑元件拖入舞台中，在第4帧处插入关键帧，在帧上输入脚本"stop();"。

⑤ 新建"元件4"影片剪辑元件，

使用绘图工具绘制图形，如图7-13所示。

图7-12　输入脚本

图7-13　绘制图形

⑥ 新建"图层2"图层，将"元件1"影片剪辑元件拖入舞台中，并在"属性"面板中修改Alpha值为90%，如图7-14所示。

图7-14　添加元件

⑦ 返回"场景1"中，将"蜡烛.jpg"素材拖入舞台中并匹配舞台大小。

⑧ 新建"图层2"图层，将"元件4"影片剪辑元件拖入舞台中，设置实例名称为a。将"元件3"影片剪辑元件拖入舞台中多次，如图7-15所示。

图7-15　添加元件

⑨ 在关键帧上输入脚本，如图7-16所示。

图7-16　输入脚本

⑩ 至此，本实例制作完成，保存并测试影片，如图7-17所示。

图7-17　保存并测试影片

实例110　鼠标特效——避开鼠标

本实例将介绍一种避开鼠标的特效动画。

案例设计分析

设计思路

本实例将元件排列成色条，使用脚本控制，效果是将鼠标移至图像上时，鼠标所在的对象进行躲避；移开鼠标，图像又恢复至默认的效果。

案例效果剖析

本实例制作的避开鼠标效果如图7-18所示。

鼠标移至图像

图7-18　效果展示

案例技术要点

本实例中主要用到的功能及技术要点如下。

- 快速复制：选择对象，按住Ctrl键拖到对象可以快速复制。
- 色彩效果：为元件添加色彩效果实现不同的颜色。

源文件路径	源文件\第7章\实例110 避开鼠标.fla		
视频路径	视频\第7章\实例110 避开鼠标.mp4		
操作步骤路径	操作\实例110.pdf		
难易程度	★★	学习时间	22分47秒

实例111　鼠标控制对象——樱花开放

本实例将介绍鼠标控制樱花开放的动画。

案例设计分析

设计思路

鼠标控制是指使用鼠标控制事件的发生，本实例制作的是使用鼠标控制樱花开放的行为。方法是在Flash中新建相应的元件，并绘制樱花开放的各个形态，再对"库"面板中的元件设置AS链接，最后通过在时间轴中设置代码，实现鼠标控制樱花开放的效果。当单击树枝时，系统随机选择樱花的一种效果来执行，从而实现单击不同地方开放不同樱花的效果。

案例效果剖析

本实例制作的是鼠标控制樱花开放的效果，单击树干和和树枝时，则会出现花朵开放的动画，如图7-19所示为效果展示。

鼠标单击树干　　　鼠标单击树枝

图7-19　效果展示

案例技术要点

本实例中主要用到的功能及技术要点如下。

- 遮罩层：使用遮罩层，显现需要的部分。
- 直接复制元件：对于效果相同或类似的元件，可以使用"直接复制"命令直接复制元件，然后根据实际情况修改元件副本。

案例制作步骤

源文件路径	源文件\第7章\实例111 樱花开放.fla
素材路径	素材\第7章\实例111\樱花树.jpg
视频路径	视频\第7章\实例111 樱花开放.mp4
难易程度	★★★★
学习时间	21分31秒

❶ 新建一个空白文档，并新建多个图形元件，在相应的元件中绘制樱花开放的各个形态，如图7-20所示。

图7-20　绘制图形

❷ 新建"开花1"影片剪辑元件，在第5～13帧之间每隔2帧创建一个关键帧，将开花形态的图形元件拖入相应的关键帧中。

❸ 新建"图层2"图层，在第13帧处插入关键帧，打开"动作"面板，输入脚本"stop ();"。

❹ 用同样的方法，新建"开花2"、"开花3"两个影片剪辑元件，在"库"面板中分别设置3个元件的AS链接，如图7-21所示。

图7-21　设置AS链接

⑤ 新建"树枝"图形元件，将"樱花树.jpg"素材拖入舞台中，如图7-22所示。

图7-22　添加素材

⑥ 新建"图层2"图层，使用 ✎ （刷子工具）在树枝部分进行涂画，如图7-23所示。设置"图层2"图层为遮罩层。

图7-23　涂画

⑦ 新建"树枝2"影片剪辑元件，将"树枝"元件拖入舞台中。

⑧ 返回"场景1"中，将"樱花树.jpg"素材图片拖入舞台中，使用 T （文本工具）输入文字。新建图层，将"树枝2"影片剪辑元件拖入舞台中，将其与"图层1"图层对齐，设置实例名称为by，如图7-24所示。

图7-24　添加元件

📎 提 示

涂画时为了更精确，可以将颜色的不透明度降低。

⑨ 在元件上按F9键，打开"动作"面板，输入脚本，如图7-25所示。

图7-25　输入脚本

⑩ 至此，本实例制作完成，保存并测试影片，如图7-26所示。

图7-26　保存并测试影片

➡ 实例112　鼠标控制对象——背景的移动

本实例将介绍鼠标控制背景移动的效果。

➡ 案例设计分析

🔵 设计思路

本实例制作的是控制背景移动的动画，通过设置AS链接并添加帧脚本，实现当鼠标向左移动时背景中的图形都会向左移动，反之进行反方向移动；将鼠标移开画面时，则背景静止。

🔵 案例效果剖析

本实例制作的鼠标控制背景移动的动画效果如图7-27所示。

跟随鼠标移动

图7-27　效果展示

➡ 案例技术要点

本实例中主要用到的功能及技术要点如下。

- 线性渐变：使用渐变变形工具调整渐变色。
- AS链接：在"库"面板中设置元件的AS链接，便于脚本直接调用。

源文件路径	源文件\第7章\实例112 背景的移动.fla		
视频路径	视频\第7章\实例112 背景的移动.mp4		
操作步骤路径	操作\实例112.pdf		
难易程度	★★★★	学习时间	5分15秒

➡ 实例113　鼠标控制对象——对象的移动

本实例制作的是鼠标控制对象移动的动画，鼠标移动则产生动画。

➡ 案例设计分析

🔵 设计思路

与上一实例类似，本实例通过脚本的设置，实现鼠标移动时文字左右摆动的效果。效果交互性强，背景与前景的错开，给人一种空间层次感。

案例效果剖析

本实例制作的鼠标控制对象移动的动画效果如图7-28所示。

文字往左移动

图7-28 效果展示

案例技术要点

本实例中主要用到的功能及技术要点如下。

- 线性渐变：使用渐变变形工具调整渐变色。
- AS链接：在"库"面板中设置元件的AS链接，便于脚本直接调用。

源文件路径	源文件\第7章\实例113 对象的移动.fla	
素材路径	素材\第7章\实例113\素材.png	
视频路径	视频\第7章\实例113 对象的移动.mp4	
难易程度	★★★★	学习时间	7分12秒

实例114　鼠标跟随——飞舞的花瓣

本实例的鼠标后面跟随着阵阵花瓣。

案例设计分析

设计思路

在QQ空间、个人网页中，鼠标跟随是指移动鼠标时，跟随着鼠标发生的动画效果，如飞舞的蝴蝶、游动的鱼儿等。本实例制作的是跟随鼠标移动的花瓣，效果绚丽。

案例效果剖析

本实例制作的鼠标跟随动画效果如图7-29所示。

花瓣跟随鼠标

图7-29 效果展示

案例技术要点

本实例中主要用到的功能及技术要点如下。

- 线性渐变：使用渐变变形工具调整渐变色。
- AS链接：在"库"面板中设置元件的AS链接，便于脚本直接调用。

源文件路径	源文件\第7章\实例114 飞舞的花瓣.fla	
素材路径	素材\第7章\实例114\背景.jpg	
视频路径	视频\第7章\实例114 飞舞的花瓣.mp4	
难易程度	★★★★	学习时间	14分23秒

实例115　脚本控制——仿真计算器

本实例制作的是仿真计算器，有与其他计算器相同的功能。

案例设计分析

设计思路

本实例通过按钮元件制作计算器中的数字及运算按钮，通过脚本控制动态文本，来显示计算的结果。本实例制作的计算器可以进行加减乘除的常规运算，单击ON按钮后打开计算器，单击数字与运算符即可进行运算，单击"="按钮则可得出运算的结果。

案例效果剖析

本实例制作的计算器效果如图7-30所示。

计算结果

图7-30 效果展示

案例技术要点

本实例中主要用到的功能及技术要点如下。

- 遮罩层：使用遮罩层，显现需要的部分。
- Alpha值：通过修改元件Alpha值，实现图形的融合。
- "停止"脚本：通过在"动作"面板中输入"stop();"脚本实现停止动作。
- 超链接脚本：使用"getURL();"脚本实现按钮的跳转链接。
- 直接复制元件：对于效果相同或类似的元件，可以使用"直接复制"命令直接复制元件，然后根据实际情况修改元件副本。

源文件路径	源文件\第7章\实例115 仿真计算器.fla	
素材路径	素材\第7章\实例115\计算器.jpg	
视频路径	视频\第7章\实例115 仿真计算器.mp4	
难易程度	★★★	学习时间	14分25秒

❶ 新建ActionScript 3.0空白文档，将"计算器.jpg"素材图片导入到舞台中并匹配舞台大小，如图7-31所示。

图7-31 添加素材

❷ 新建"元件1"按钮元件，使用▣（基本矩形工具）绘制圆角矩形，如图7-32所示。

图7-32 绘制圆角矩形

❸ 新建"图层2"图层，绘制矩形，设置填充颜色为线性渐变，并使用▣（渐变变形工具）调整颜色，如图7-33所示。

图7-33 调整颜色

❹ 新建"图层3"图层，绘制图形，如图7-34所示。

图7-34 绘制图形

❺ 在"库"面板中直接复制元件，得到"元件1副本"元件，修改元件颜色，如图7-35所示。

图7-35 修改颜色

❻ 用同样的方法，新建"元件2"按钮元件，使用◉（椭圆工具）绘制图形，如图7-36所示。

图7-36 绘制图形

❼ 直接复制元件，修改颜色为红色。

❽ 新建"元件3"影片剪辑元件，将元件按顺序排列，如图7-37所示。依次选择元件，在"属性"面板中分别设置实例名称为jia_btn、jian_btn、sheng_btn、chu_btn、yu_btn、seven_btn、eight_btn等。

图7-37 排列顺序

❾ 新建"图层2"图层，使用▣（文本工具）输入文本，如所图7-38示。

图7-38 输入文本

❿ 新建"图层3"图层，使用▣（文本工具）绘制文本框，如图7-39所示。

图7-39 绘制文本框

⓫ 在"属性"面板中设置实例名称为txt，设置文本类型为"动态文本"，颜色为黑色，字体为LED字体，如图7-40所示。

图7-40 设置属性

🏷 提 示

设置的字体属性会决定最终测试时显示的文字效果。

⓬ 新建一个图层，打开"动作"面板，输入脚本，如图7-41所示。

图7-41 输入脚本

⓭ 回到"场景1"中，新建一个图层，将"元件3"影片剪辑元件拖入舞台中，如图7-42所示。

图7-42 添加元件

测试影片，如图7-43所示。

图7-43 测试影片

⑭ 至此，本实例制作完成，保存

实例116 脚本控制——多功能绘画板

我们经常在各种设计类软件中见到拥有绘画功能的绘画板，使用鼠标即可充当画笔。

案例设计分析

设计思路

本实例使用脚本实现绘画板的绘画、选择等多种功能。选择画笔后，可在画布中绘制图形，在界面上方还可以选择画笔颜色、画笔大小、画布背景等效果。

案例效果剖析

本实例制作的绘画板包括多个功能，如图7-44所示为部分效果展示。

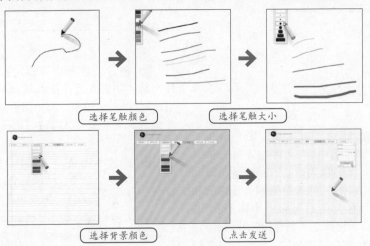

选择笔触颜色 → 选择笔触大小

选择背景颜色 → 点击发送

图7-44 效果展示

案例技术要点

本实例中主要用到的功能及技术要点如下。

- 遮罩层：使用遮罩层，显现需要的部分。
- Alpha值：通过修改元件的Alpha值，实现图形的融合。
- "停止"脚本：通过在"动作"面板中输入"stop();"脚本，实现停止动作。
- 超链接脚本：使用"getURL();"脚本实现按钮的跳转链接。
- 直接复制元件：对于效果相同或类似的元件，可以使用"直接复制"命令直接复制元件，然后根据实际情况修改元件副本。

案例制作步骤

源文件路径	源文件\第7章\实例116 多功能绘画板		
素材路径	素材\第7章\实例116\素材1.jpg、素材2.jpg等		
视频路径	视频\第7章\实例116 多功能绘画板.mp4		
难易程度	★★★★	学习时间	43分07秒

① 新建一个空白文档，然后新建"进度"影片剪辑元件，绘制矩形，并在第5帧处插入关键帧，拉长矩形。使用同样的方法，执行其他操作。在关键帧之间创建形状补间，如图7-45所示。

图7-45 创建形状补间

② 回到"场景1"，使用▭（矩形工具）绘制矩形，使用T（文本工具）输入文字，并将"进度"影片剪辑元件拖入舞台中，如图7-46所示。在第11帧处插入帧。

图7-46 添加元件

③ 新建"笔筒"影片剪辑元件，绘制图形，如图7-47所示。新建"黑色笔尖"图形元件，绘制图形，如图7-48所示。

图7-47 绘制图形

图7-48 绘制图形

❹ 新建"黑色画笔"影片剪辑元件。将"黑色笔尖"和"笔筒"元件拖入舞台中，如图7-49所示。

图7-49 添加元件

❺ 直接复制"黑色笔尖"影片剪辑元件，在元件中修改图形的颜色。然后直接复制"黑色画笔"影片剪辑元件，得到"灰色画笔"、"红色画笔"等7个元件。

❻ 选择一个元件，双击进入元件编辑界面，在舞台中选择笔尖，在"属性"面板中单击"交换"按钮，如图7-50所示。

图7-50 单击"交换"按钮

❼ 在打开的对话框中，选择交换的元件，如图7-51所示，单击"确定"按钮。用同样的方法修改其他画笔的颜色，7个元件的效果如图7-52所示。

❽ 新建"画笔组"影片剪辑元件，在第1~8帧处插入关键帧，分别将8个画笔元件拖入到相应关键帧中。在"图层"面板中打开绘图纸外观，将元件对齐。新建"图层2"图层，在第1~8帧处分别插入关键帧。在关键帧上打开"动作"面板，均输入脚本"stop();"。

图7-51 选择元件

图7-52 设置其他画笔

❾ 新建"元件1"影片剪辑元件，将"画笔组"元件拖入舞台中，设置实例名称为colorClip，在第3帧处插入帧。新建"图层2"图层，在第2帧处插入关键帧，设置帧标签为main。

❿ 新建"图层3"图层，在第1帧处插入关键帧，打开"动作"面板，输入脚本，如图7-53所示。在第2帧处插入关键帧，输入脚本"main();"。第3帧处插入关键帧，输入脚本"gotoAndPlay(2);"。

图7-53 输入脚本

⓫ 新建"画笔动"影片剪辑元件，将"元件1"元件拖入舞台中，设置实例名称为gra。在第2帧、第20帧、第40帧处插入关键帧。选择第20帧的元件，向右再向上均移动3个像素。在关键帧之间创建传统补间。

⓬ 新建"图层2"图层，在第2帧处插入关键帧，分别设置第1帧和第2帧的帧标签为still、float。新建"图层3"图层，在第40帧处插入关键帧。选择第1帧，输入脚本"stop();"；选择第40帧，输入脚本"gotoAndPlay(2);"。新建"阴影"影片剪辑元件，绘制阴影，如图7-54所示。

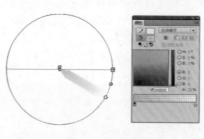

图7-54 绘制阴影

⓭ 新建"阴影动"影片剪辑元件，将"阴影"元件拖入舞台中，在第20帧和第40帧处分别插入关键帧。选择第20帧的元件，按Q键打开 ▣（任意变形工具），将中心点移至左上角，如图7-55所示。拖动右下角将元件缩小。在关键帧之间创建传统补间。

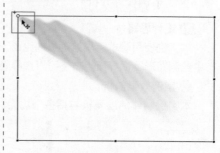

图7-55 调整中心点

⓮ 新建"阴影2"影片剪辑元件，将"阴影"元件拖入舞台中。在第2帧处插入关键帧，将"阴影动"元件拖入舞台中，并与第1帧的元件对齐。

⓯ 新建"图层2"图层，在第1帧和第2帧处分别设置帧标签为still、float。新建"图层3"图层，在第1帧和第2帧处分别输入脚本"stop();"。

⓰ 新建"最终画笔"影片剪辑元件，将"阴影2"元件拖入舞台中，设置实例名称为shad。新建"图层2"图层，将"画笔动"元件拖入舞台中，设置实例名称为inner。新建"画笔跟随文字"影片剪辑元件，输入文字"单击鼠标开始绘画"。

⓱ 新建"文字2"影片剪辑元件，将"画笔跟随文字"元件拖入舞台中，插入关键帧并修改Alpha值，制作文字淡入淡出的效果。新建"图层2"图层，在第2帧和第12帧处插入关键帧，分别设置帧标签为show、hide。新建"图层3"图层，在第11帧和第28帧处插入关键帧，分别为第1帧、第11帧和第28帧添加脚本。此时的时间轴如图7-56所示。

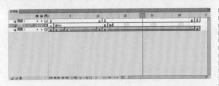

图7-56 时间轴

> **提示**
>
> 由于本书篇幅有限，代码部分不再进行详细讲解，具体代码见光盘中的源文件。

⑱ 回到"最终画笔"影片剪辑元件中，新建"图层3"图层，将"文字2"元件拖入舞台中，设置实例名称为instructions。新建"图层4"图层，打开"动作"面板，输入脚本，如图7-57所示。

图7-57 输入脚本

⑲ 新建"画笔颜色"影片剪辑元件，绘制矩形。在第5帧和第8帧处插入关键帧。将第5帧的元件向下拉长，并修改颜色颜色为#F2F2F2。在关键帧之间创建补间形状。

⑳ 新建"投影"图形元件，在舞台中绘制图形。回到"画笔颜色"影片剪辑元件中，新建"图层2"图层，在第5帧处插入关键帧，将其移动至"图层1"下方，将"投影"元件拖入舞台中，如图7-58所示。删除其余的帧。

图7-58 添加元件

㉑ 新建"图层3"图层，将其移动到最上方，绘制多个不同颜色的矩形，并将其转换为"颜色"图形元

件，如图7-59所示。删除其余的帧。

图7-59 绘制矩形并转换为元件

㉒ 新建"图层4"图层，在第5帧处插入关键帧，绘制填充颜色为透明度20%的白色矩形，并将矩形转换为"按钮"按钮元件。双击进入元件，在第2帧和第4帧处插入关键帧，选择第2帧的图形，修改笔触颜色为蓝色，填充颜色为无。

㉓ 双击图形外，返回原"按钮"元件中，在按钮上按F9键打开"动作"面板，输入脚本，如图7-60所示。删除其他帧。

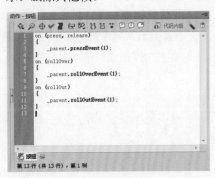

图7-60 输入脚本

㉔ 复制多个图层，将元件调整至对应不同颜色的矩形，并修改脚本中括号后的数字为2～8。新建"图层12"图层，选择 T（文本工具）输入文字"画笔颜色"。在第2帧处插入关键帧，修改文字颜色为蓝色。

㉕ 新建"图层13"图层，在第2帧和第4帧处插入关键帧，分别设置帧标签为open、close。新建"图层14"图层，在第1帧和第5帧处插入关键帧，并均在"动作"面板中输入脚本"stop();"。

㉖ 新建"按钮2"按钮元件，在第4帧处插入关键帧，绘制矩形，在按钮上添加脚本，如图7-61所示。新建"画笔颜色2"影片剪辑元件，将"按钮2"按钮元件拖入舞台中。在第2帧

处插入关键帧，将元件调大，并复制多个，调整位置，如图7-62所示。

图7-61 添加脚本

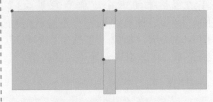

图7-62 添加元件

㉗ 新建"图层2"图层，在第2帧处插入关键帧，将"按钮2"按钮元件拖入舞台中，调整大小，如图7-63所示。选择按钮，打开"动作"面板，输入相同的脚本，如图7-64所示。新建"图层3"图层，在第2帧插入关键帧，在第1帧和第2帧处均输入脚本"stop();"。

图7-63 调整大小

图7-64 输入按钮脚本

㉘ 新建"画笔颜色3"影片剪辑元件，将"画笔颜色"影片剪辑元件拖入舞台中，设置实例名称为options。新建"图层2"图层，将"画笔颜色2"影片剪辑元件拖入舞台中，设置实例名称为activator。新建"图层3"图层，在第1帧打开"动作"面板，输入脚

本，如图7-65所示。

图7-65　输入帧脚本

㉙ 用同样的方法，新建其他元件，包括画笔大小、画布背景、清除、绘画、预览动画和点击发送，如图7-66所示。新建"工具栏"影片剪辑元件，将各工具元件拖入舞台中。

图7-66　输入脚本

㉚ 分别设置"画笔颜色"、"画笔大小"、"画布背景"、"绘画"4个元件的实例名称为marker_pull、line_pull、page_pull、menu_ink。设置"清除"、"预览动画"、"点击发送"3个元件的脚本如图7-67所示。

图7-67　添加按钮脚本

㉛ 新建"画板"影片剪辑元件，将"最终画笔"元件、"工具栏"元件拖入舞台中。进入"场景1"，将"画板"影片剪辑元件拖入舞台中，测试影片，如图7-68所示。

图7-68　测试影片

实例117　脚本控制——像素画画板

以前的游戏、动画很多都是像素画，本实例将介绍像素画画板的制作。

案例设计分析

⊙ 设计思路

像素画即由很多小方格组成的图像效果。本实例通过脚本制作像素画画板，在画板的方格中选择，单击"绘制"按钮，则右侧显示出像素画效果。

⊙ 案例效果剖析

本实例制作的像素画画板效果如图7-69所示。

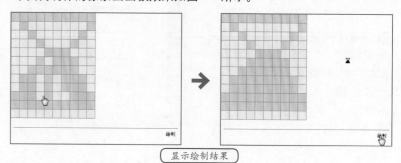

图7-69　效果展示

案例技术要点

本实例中主要用到的功能及技术要点如下。

- AS链接：在"库"中设置AS链接，可以使脚本直接调用"库"中的元件。
- 直接复制：使用直接复制功能复制元件。

源文件路径	源文件\第7章\实例117 像素画画板.fla		
视频路径	视频\第7章\实例117 像素画画板.mp4		
操作步骤路径	操作\实例117.pdf		
难易程度	★★★★	学习时间	8分20秒

实例118　脚本控制——随机出现的云

本实例将介绍使用脚本控制随机出现云的效果。

案例设计分析

设计思路

本实例通过使用脚本控制，制作在画面中随机出现云朵的效果，即使用代码实现云朵的透明度、大小、速度随机改变，形成云层感。

案例效果剖析

本实例制作的随机出现的云效果如图7-70所示。

随机云层

图7-70　效果展示

案例技术要点

本实例中主要用到的功能及技术要点如下。

- 传统补间：使用补间制作云朵淡入的动画。
- 脚本：使用脚本控制随机出现的云朵大小与速度。

源文件路径	源文件\第7章\实例118 随机出现的云.fla		
视频路径	视频\第7章\实例118 随机出现的云.mp4		
操作步骤路径	操作\实例118.pdf		
难易程度	★★★★	学习时间	7分09秒

实例119　脚本控制——RGB调色效果

本实例的RGB调色板，可以修改参数改变图片颜色。

案例设计分析

设计思路

本实例将3个影片剪辑做成滑块，每个滑块控制某个参数的变化，以改变图像的效果。这些参数可以组合变化，形成丰富多彩的颜色效果。

案例效果剖析

本实例制作的RGB调色器效果如图7-71所示。

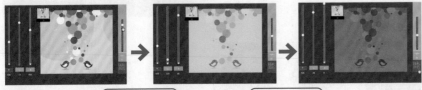

自动调节颜色　　　随机调节颜色

图7-71　效果展示

案例技术要点

本实例中主要用到的功能及技术要点如下。

- 遮罩层：使用遮罩层，显现需要的部分。
- Alpha值：通过修改元件Alpha值，实现图形的融合。
- "停止"脚本：通过在"动作"面板中输入"stop();"脚本，实现停止动作。

- 超链接脚本：使用"getURL();"脚本实现按钮的跳转链接。
- 直接复制元件：对于效果相同或类似的元件，可以使用"直接复制"命令直接复制元件，然后根据实际情况修改元件副本。

案例制作步骤

源文件路径	源文件\第7章\实例119 RGB调色效果.fla
素材路径	素材\第7章\实例119\素材图.jpg
视频路径	视频\第7章\实例119 RGB调色效果.mp4
难易程度	★★★★
学习时间	19分14秒

❶ 新建一个空白文档，设置舞台颜色为#354040。新建"元件1"影片剪辑元件，将"素材图.jpg"素材拖入舞台中，如图7-72所示。

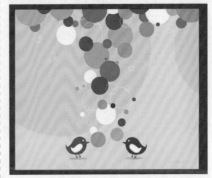

图7-72　添加素材

❷ 新建"元件2"影片剪辑元件，绘制一个填充颜色为白色的正圆。

❸ 新建"元件3"影片剪辑元件，使用▢（矩形工具）绘制矩形，如图7-73所示。

图7-73　绘制矩形

❹ 新建"元件4"影片剪辑元件，绘制矩形并使用▣（文本工具）输入文字，如图7-74所示。

图7-74 输入文字

⑤ 新建"元件5"～"元件7"4个影片剪辑元件,分别在舞台中绘制一个填充颜色为黑色的矩形条。

⑥ 返回"场景1",将"元件1"影片剪辑元件拖入舞台中,设置实例名称为Symbolback。在元件上打开"动作"面板,输入脚本,如图7-75所示。

图7-75 输入脚本

⑦ 再次将"元件1"影片剪辑元件拖入舞台中,设置实例名称为Symbol2。在元件上打开"动作"面板,输入脚本,如图7-76所示。

图7-76 输入脚本

⑧ 新建"图层2"图层,绘制图形,并将"元件1"影片剪辑元件再次拖入舞台中,调整大小与位置,在下方输入文字,如图7-77所示。

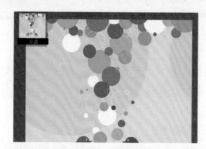

图7-77 添加元件与文字

⑨ 新建"图层3"图层,将"元件5"～"元件7"影片剪辑元件拖入舞台中,然后将"元件3"影片剪辑元件拖入舞台中,放置在对应的位置,如图7-78所示。

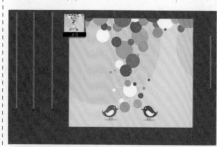

图7-78 添加元件

⑩ 新建"图层4"图层,将"元件2"影片剪辑元件拖入舞台中多次,如图7-79所示,分别设置实例名称为bar1、bar2、bar3、barx1。

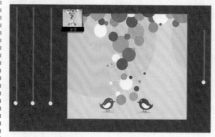

图7-79 添加元件

⑪ 新建"图层5"图层,使用 T (文本工具)输入文字,并绘制4个文本框,如图7-80所示。

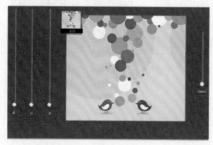

图7-80 绘制文本框

⑫ 选择第1个文本框,在"属性"面板中设置实例名称、文本类型、变量等参数,如图7-81所示。

图7-81 设置属性

⑬ 依次选择其他文本框,在"属性"面板中设置参数。

⑭ 新建"图层6"图层,将其移至最底层,使用 (矩形工具)绘制多个颜色的矩形,如图7-82所示。

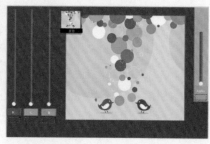

图7-82 绘制矩形

⑮ 新建"图层7"图层,将"元件4"影片剪辑元件拖入舞台中,如图7-83所示,在"属性"面板中设置实例名称为next。

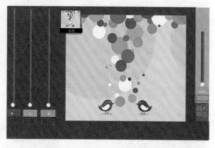

图7-83 添加元件

⑯ 至此,本实例制作完成,保存并测试影片,如图7-84所示。

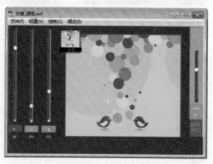

图7-84 测试影片

实例120 脚本控制——拾色器

本实例将展示拾色器的效果。

案例设计分析

设计思路

本实例通过使用脚本，仿照flash制作拾色器。通过点击右侧颜色，可以选择不同的色相；拖动或点击左侧颜色区域，可以选择不同的纯度。

案例效果剖析

本实例制作的拾色器效果如图7-85所示。

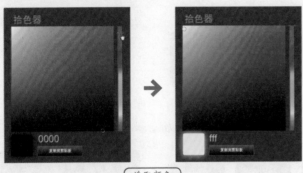

图7-85 效果展示

案例技术要点

本实例中主要用到的功能及技术要点如下。

- 线性渐变：使用线性渐变调整色板的颜色。
- 动态文本：绘制动态文本，使用实例名称与脚本控制显示的文本内容。

源文件路径	源文件\第7章\实例120 拾色器.fla	
视频路径	视频\第7章\实例120 拾色器.mp4	
难易程度	★★★★	学习时间	13分53秒

实例121 脚本控制——翻页时钟

本实例将介绍翻页时钟的制作。

案例设计分析

设计思路

本实例根据书本翻页的效果制作翻页时钟，通过脚本控制动态文本，显示当前的时间。页面显示数字时间，每走一秒则秒数的位置翻页，同理，每走一时或一分则相应的位置翻页，效果十分逼真。

案例效果剖析

本实例制作的翻页时钟是以遮罩实现的，如图7-86所示为部分效果展示。

图7-86 效果展示

案例技术要点

本实例中主要用到的功能及技术要点如下。

- 动态文本：使用动态文本显示时钟的走动。
- 遮罩：使用遮罩实现翻页的效果。

案例制作步骤

源文件路径	源文件\第7章\实例121 翻页时钟.fla
视频路径	视频\第7章\实例121 翻页时钟.mp4
难易程度	★★★★
学习时间	11分55秒

❶ 新建一个空白文档，并新建"元件1"影片剪辑元件，绘制圆角矩形，如图7-87所示。

图7-87 绘制矩形

❷ 新建"图层2"图层，使用 T（文本工具）输入文字，并在"属性"面板中设置实例名称为"动态文本"，如图7-88所示。

图7-88 输入文字

❸ 新建"元件2"影片剪辑元件，将"元件1"影片剪辑元件拖入舞台中，并设置实例名称，如图7-89所示。在第13帧处插入帧。

图7-89 设置实例名称

❹ 新建"图层2"图层，设置为遮罩图层，绘制矩形作为遮罩，如图7-90所示。

图7-90　绘制遮罩

❺ 新建"图层3"图层，再次将元件拖入舞台中，设置实例名称，如图7-91所示。

图7-91　添加元件

❻ 复制"图层1"图层，将得到的副本图层向上移动一层，在第6帧处插入关键帧，将元件缩小，并设置色彩效果，如图7-92所示。

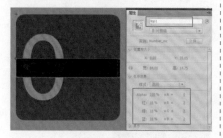

图7-92　缩小元件

❼ 新建一个图层，设置为遮罩图层，并设置下面两个图层均为被遮罩层，在遮罩层中绘制遮罩图形，如图7-93所示。

图7-93　绘制遮罩

❽ 用同样的方法，继续新建图层，添加元件与遮罩，制作翻页效果。

❾ 新建一个图层，打开"动作"面板，输入脚本，如图7-94所示。

❿ 新建"元件3"影片剪辑元件，将"元件2"影片剪辑元件拖入舞台中3次，如图7-95所示，并分别设置实例名称为hours、mins、secs。

图7-94　添加脚本

图7-95　添加元件

⓫ 新建一个图层，绘制图形，如图7-96所示。

图7-96　绘制图形

⓬ 新建一个图层，打开"动作"面板，输入脚本，如图7-97所示。

图7-97　输入脚本

⓭ 将"元件3"拖入主舞台中，设置背景颜色为黑色。至此本实例制作完成，保存并测试影片，如图7-98所示。

图7-98　保存并测试影片

实例122　脚本控制——定时闹钟

本实例是定时闹钟，设置一个时间，时间到达闹钟就响了。

案例设计分析

设计思路

本实例先绘制钟盘与指针，以脚本实现指针的走动，并添加输入文本设置闹钟，通过脚本实现闹铃的效果。时钟以钟盘与数字显示当前时间，在时钟的中间输入闹钟时间，到了该时间则会响铃。

案例效果剖析

本实例制作的定时闹钟可以自定义闹钟时间，如图7-99所示为部分效果展示。

设置闹钟时间

图7-99　效果展示

案例技术要点

本实例中主要用到的功能及技术要点如下。

● AS链接：使用AS链接控制声音。

● 文本框类型：添加动态文框，由脚本控制显示当前时间。添加输入文本框，可在文本框中输入闹钟时间。

案例制作步骤

源文件路径	源文件\第7章\实例122 定时闹钟.fla	
素材路径	素材\第7章\实例122\钻石.png、闹铃声.mp3等	
视频路径	视频\第7章\实例122 定时闹钟.mp4	
难易程度	★★★★	学习时间	9分15秒

❶ 新建一个空白文档，将"闹铃声.mp3"等声音素材导入到"库"面板中，分别设置声音素材的AS链接，如图7-100所示。

图7-100　设置AS连接

❷ 新建多个图形元件，绘制钟盘上的零件。新建"钟盘"图形元件，将多个元件拖入舞台中，组成钟盘，如图7-101所示。

图7-101　钟盘

❸ 新建"时针"影片剪辑元件，绘制图形，如图7-102所示。

图7-102　绘制时针

❹ 新建"分针"影片剪辑元件，绘制图形，如图7-103所示。

图7-103 绘制分针

❺ 新建"秒针"影片剪辑元件，绘制图形，如图7-104所示。

图7-104　绘制秒针

❻ 回到"场景1"，将"钟盘"图形元件拖入舞台中。新建"图层2"图层，使用 T（文本工具）绘制3个文本框，如图7-105所示。

图7-105　绘制文本框

❼ 在"属性"面板中设置类型为

"动态文本"，变量分别为时间、日期、星期。

❽ 新建一个图层，使用 T（文本工具）输入文字，并绘制两个文本框，如图7-106所示。

图7-106　绘制文本框

❾ 选择文本框，设置文本类型为"输入文本"，最大字符数为2，变量为"时钟"，如图7-107所示。

图7-107　设置属性

❿ 用同样的方法，设置另外一个文本框，不同之处是变量为"分钟"。

⓫ 新建3个图层，分别将"时针"、"分针"、"秒针"影片剪辑元件拖入舞台中，如图7-108所示。设置相应的实例名称为"时针"、"分针"、"秒针"。

图7-108　分别拖入元件

⓬ 新建一个图层，在第1帧上打开"动作"面板，输入脚本，如图7-109所示。

图7-109 输入脚本

⑬ 至此，本实例制作完成，保存并测试影片，如图7-110所示。

图7-110 测试影片

实例123 脚本控制——趣味时钟

本实例的趣味时钟有时钟的功能，而且有趣味动画。

▶ 案例设计分析

ⓑ 设计思路

本实例绘制了时钟动画，以脚本显示当前时间。通过制作钟表上的蝴蝶与小猪的卡通动画，趣味性十足。

ⓑ 案例效果剖析

本实例制作的趣味时钟效果如图7-111所示。

脚本实现钟表 小猪跳跃

图7-111 效果展示

▶ 案例技术要点

本实例中主要用到的功能及技术要点如下。

- AS链接：使用AS链接控制声音。
- 文本框类型：添加输入文本框，可在文本框中输入闹钟时间。

源文件路径	源文件\第7章\实例123 趣味时钟.fla	
素材路径	素材\第7章\实例123\声音.mp3	
视频路径	视频\第7章\实例123 趣味时钟.mp4	
难易程度	★★★★	学习时间	10分37秒

实例124 脚本控制——简易计时器

本实例是简易计时器，用来精确地记录所用时间。

▶ 案例设计分析

ⓑ 设计思路

本实例通过使用按钮控制计时或暂停：单击"开始计时"按钮，读秒开

始，再次单击，则读秒停止。

ⓑ 案例效果剖析

本实例制作的简易计算器效果如图7-112所示。

图7-112 效果展示

▶ 案例技术要点

本实例中主要用到的功能及技术要点如下。

- 实例名称：使用实例名称定义元件，并使用脚本控制。
- 动态文本变量：输入动态文本，在"属性"面板中设置变量，在脚本中控制变量。

▶ 案例制作步骤

源文件路径	源文件\第7章\实例124 简易计时器.fla
视频路径	视频\第7章\实例124 简易计时器.mp4
难易程度	★★★
学习时间	17分36秒

① 新建一个空白文档，设置舞台颜色为蓝色（#68BDDA）。新建"按钮1"按钮元件，绘制矩形并输入文字，如图7-113所示。

图7-113 绘制矩形并输入文字

② 在第2～4帧处插入关键帧，选择第3帧的文字，将文本颜色修改为黑色。

③ 在"库"面板中直接复制按

钮元件，得到"按钮2"、"按钮3"两个元件，并分别进行相应的元件修改，修改文字为"暂停计时"和"重新开始"。

❹ 新建"元件1"图形元件，绘制多个相同的正圆，如图7-114所示。

图7-114 绘制正圆

📌 提 示

使用椭圆工具，按住Shift键可以绘制正圆。

❺ 返回"场景1"舞台，使用绘图工具绘制图形，使用 T（文本工具）输入文字，如图7-115所示。

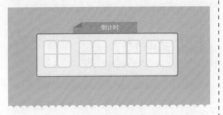

图7-115 输入文字

❻ 将"按钮1"按钮元件拖入舞台中，如图7-116所示，设置实例名称为unpausebutton。

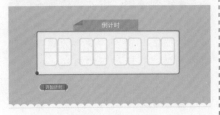

图7-116 拖入元件

❼ 新建"图层2"与"图层3"图层，将"按钮2"、"按钮3"按钮元件拖入舞台中，调整"按钮2"与"按钮1"按钮元件对齐，如图7-117所示。

图7-117 拖入元件

❽ 分别在"属性"面板中设置实例名称为pausebutton、reset。

❾ 新建一个图层，绘制图形并使用 T（文本工具）输入多个文本，如图7-118所示。

图7-118 输入文本

❿ 选择第1个文本，在"属性"面板中设置文本类型、变量等参数，如图7-119所示。

图7-119 设置属性

⓫ 用同样的方法，设置其他文本的属性，其变量分别为_root.minutes、_root.seconds、_root.milli。

⓬ 复制该图层，修改文本颜色为橙色。新建一个图层，将"库"面板

中的"元件1"图形元件拖入舞台中，如图7-120所示。

图7-120 拖入元件

⓭ 新建一个图层，打开"动作"面板，输入脚本，如图7-121所示。

图7-121 输入脚本

⓮ 至此，本实例制作完成，保存并测试影片，如图7-122所示。

图7-122 测试影片

实例125 脚本控制——时间停留器

用户进入一个网站，网站中会显示用户在该网页的停留时间，本实例将介绍时间停留器的制作。

❯❯ 案例设计分析

🔵 设计思路

本实例以脚本代码实现当前打开动画的时间，即时间停留器。时间停留器是在打开动画也就是进入网站时开始进行计时。

🔵 案例效果剖析

本实例制作的时间停留器效果如图7-123所示。

❯❯ 案例技术要点

本实例中主要用到的功能及技术要点如下。

● 动态文本：输入文本，设置文本类型为"动态文本"，即表示该文本会呈动态显示。

图7-123 效果展示

● 变量：设置动态文本的变量，在脚本编写中设置变量的显示。

源文件路径	源文件\第7章\实例125 时间停留器.fla		
素材路径	素材\第7章\实例125\图片.jpg		
视频路径	视频\第7章\实例125 时间停留器.mp4		
操作步骤路径	操作\实例125.pdf		
难易程度	★★★★	学习时间	2分16秒

实例126　脚本控制——改变右键菜单

本实例可以改变右键菜单出现的选项。

案例设计分析

设计思路

在各种网页中经常会出现点击右键选择菜单的功能，右键菜单的内容可以自行设定。本实例使用纯脚本控制右键菜单的改变。

案例效果剖析

本实例制作的改变右键菜单的效果如图7-124所示。

图7-124　效果展示

案例技术要点

本实例中主要用到的功能及技术要点如下。

● 脚本：使用脚本修改右侧菜单。
● 测试影片：按Ctrl+Enter组合键可测试影片。

案例制作步骤

源文件路径	源文件\第7章\实例126 改变右键菜单.fla		
素材路径	素材\第7章\实例126\图片.jpg		
视频路径	视频\第7章\实例126 改变右键菜单.mp4		
难易程度	★★	学习时间	2分37秒

❶ 新建一个空白文档，在舞台中添加"图片.jpg"素材并调整至舞台大小，如图7-125所示。

图7-125　添加素材

❷ 按Ctrl+Enter组合键测试影片，单击鼠标右键，显示默认菜单，如图7-126所示。

图7-126　默认菜单

❸ 在第1帧上打开"动作"面板，输入脚本，如图7-127所示。

图7-127　输入脚本

❹ 至此，本实例制作完成，保存并测试影片，单击鼠标右键，显示菜单，如图7-128所示。

图7-128　显示修改后的菜单

实例127　脚本控制——控制速度和方向

本实例将介绍使用脚本控制雪花的速度与方向。

案例设计分析

设计思路

本实例绘制了雪花，设置元件的AS链接，并使用按钮脚本来控制雪花移动的方向与速度。这种效果在游戏中应用较广，比如天气系统，效果十分逼真。

案例效果剖析

本实例制作的控制速度和方向效果如图7-129所示。

控制下雪速度和方向

图7-129　效果展示

案例技术要点

本实例中主要用到的功能及技术要点如下。

- 滤镜：为雪花添加"发光"滤镜，使雪花效果更逼真。
- AS链接：为元件添加AS链接，使用脚本调用。

源文件路径	源文件\第7章\实例127 控制速度和方向.fla	
视频路径	视频\第7章\实例127 控制速度和方向.mp4	
操作步骤路径	操作\实例127.pdf	
难易程度	★★	学习时间　14分35秒

实例128　交互动画——全功能电子杂志

本实例是全功能电子杂志，可以任意角度翻页，也可以切换为缩略图进行选择。

案例设计分析

设计思路

本实例制作的是全功能电子杂志，通过设置按钮、脚本使其拥有自动翻页、手动翻页及选择页面等多种功能，效果十分逼真，适合制作各种电子杂志、电子相册、电子书等。

案例效果剖析

本实例制作的全功能电子杂志效果如图7-130所示。

图7-130　效果展示

案例技术要点

本实例中主要用到的功能及技术要点如下。

- 按钮元件：使用按钮元件实现不同的功能。
- 遮罩层：使用遮罩层实现翻页的效果。
- 外部AS类：使用AS类文件编写脚本，导入图片等其他素材。

源文件路径	源文件\第7章\实例128 全功能电子杂志	
素材路径	素材\第7章\实例128\图1.jpg、图2.jpg等	
视频路径	视频\第7章\实例128 全功能电子杂志.mp4	
难易程度	★★★★★	学习时间　21分24秒

实例129　交互动画——地图放大缩小显示

本实例将介绍地图放大缩小交互动画的制作。

案例设计分析

设计思路

本实例仿照百度地图的简易地图效果，可以放大和缩小地图。将光标移至地图中的点时，光标变为放大镜，单击该区域会放大；移至外部区域时，光标变成放小镜，单击则会缩小区域；框选拖动某个区域，也可对该区域放大缩小显示；单击画面的边缘，会出现按钮，地图会向上下左右等各方向移动。

案例效果剖析

本实例制作的地图放大缩小显示的效果如图7-131所示。

放大地图

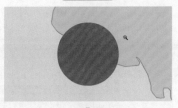

框选放大区域

点击按钮

移动区域

图7-131　效果展示

案例技术要点

本实例中主要用到的功能及技术要点如下。

● 停止脚本：在帧上添加停止脚本，可控制动画播放到该关键帧时停止。

● 帧标签：设置帧标签可以使脚本识别该帧，并进行动画设置。

案例制作步骤

源文件路径	源文件\第7章\实例129 地图放大缩小显示	
视频路径	视频\第7章\实例129 地图放大缩小显示.mp4	
难易程度	★★★★	学习时间	8分25秒

❶ 新建一个空白文档，再新建"光标形状"影片剪辑元件，在第1、6、10、20、24、28等关键帧中绘制光标，并转换为影片剪辑元件，如图7-132所示。为每个元件添加实例名称。

图7-132 绘制光标

❷ 新建"图层2"图层，对应"图层1"图层创建关键帧，并添加停止脚本。新建"图层3"图层，创建关键并设置帧标签，时间轴如图7-133所示。

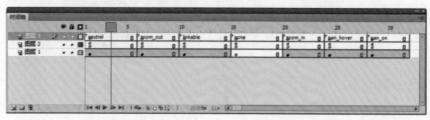

图7-133 时间轴

❸ 新建"地图"影片剪辑元件，绘制地图，如图7-134所示。

图7-134 绘制地图

❹ 新建"地图2"影片剪辑元件，复制"地图"影片剪辑元件中的图形，为每个区域填充颜色，并单独转换每个区域为元件，且设置不同的实例名称，如图7-135所示。

图7-135 转换为元件

❺ 在"库"面板中设置该实例的AS链接。

❻ 回到"场景1"中，将多个元件拖入舞台中，并新建一个图层，在关键帧上添加脚本。

❼ 至此，本实例制作完成，保存并测试影片。

实例130 交互动画——控制显示区域

本实例制作的是地图中的另一个功能，控制显示区域。

案例设计分析

设计思路

本实例制作的是控制显示区域交互动画，通过拖动滑块可以放大缩小显示区域。在右上角的整体图中拖动方块，可在左侧大图中显示方块区域。在大图中还可以选择不同的图标，显示不同的信息。

案例效果剖析

本实例制作的控制显示区域效果如图7-136所示。

拖动滑块

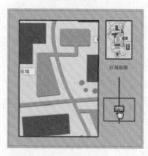

调整区域

图7-136 效果展示

案例技术要点

本实例中主要用到的功能及技术要点如下。

● 实例名称：使用实例名称定义元件，并使用脚本控制。

● 帧脚本：在关键帧上添加脚本，完成交互设计。

源文件路径	源文件\第7章\实例130 控制显示区域
视频路径	视频\第7章\实例130 控制显示区域.mp4
操作步骤路径	操作\实例130.pdf
难易程度	★★★★
学习时间	12分52秒

实例131　交互动画——打开本地文件

使用Flash中的组件可以快速地制作很多效果，本实例单击"浏览"按钮则可打开本地计算机中的文件。

案例设计分析

设计思路

本实例直接拖入文本框和按钮组件，并分别为这些组件设置参数和添加代码，使其能与计算机上的文件互动。

案例效果剖析

本实例制作的打开本地文件效果如图7-137所示。

打开对话框

图7-137　效果展示

案例技术要点

本实例中主要用到的功能及技术要点如下。

- TexInput组件：TexInput组件是文本输入组件，添加该组件可以在文本框中输入文字。
- Button组件：Button组件是按钮组件，设置实例名称可以使用脚本控制按钮行为。

案例制作步骤

源文件路径	源文件\第7章\实例131 打开本地文件.fla	
素材路径	素材\第7章\实例131\素材.jpg	
视频路径	视频\第7章\实例131 打开本地文件.mp4	
难易程度	★★	
学习时间	2分52秒	

① 新建一个空白文档，添加"素材.jpg"素材图片并输入文字，如图7-138所示。

图7-138　输入文字

② 新建"图层2"图层，将TexInput组件拖至舞台中，设置实例名称为msg。将Button组件拖至舞台中，如图7-139所示。

③ 在"属性"面板中设置设置实例名称为btn，label值为"浏览..."，如图7-140所示。

图7-139　添加组件

图7-140　设置属性

④ 在关键帧上打开"动作"面

板，输入脚本，如图7-141所示。

图7-141　输入脚本

⑤ 至此，本实例制作完成，保存并测试影片。

实例132　交互动画——逗兔子

本实例将制作逗兔子的交互动画，移动鼠标可使兔子产生相应的动画。

案例设计分析

设计思路

相信大家都玩过手机上的汤姆猫游戏，本实例是仿照该游戏制作的交互动画，将鼠标移至兔子时，兔子被逗乐；移开鼠标，兔子恢复，十分可爱。

案例效果剖析

本实例制作的逗兔子交互动画效果如图7-142所示。

鼠标交互

图7-142　效果展示

案例技术要点

本实例中主要用到的功能及技术要点如下。

- 传统补间：使用传统补间制作手指动及兔子动的效果。
- 声音：在帧上添加声音素材，用脚本控制当移至小兔时触发声音。

源文件路径	源文件\第7章\实例132 逗兔子.fla
素材路径	素材\第7章\实例132\素材1.jpg、素材2.jpg等
视频路径	视频\第7章\实例132 逗兔子.mp4
难易程度	★★★
学习时间	3分28秒

第 8 章 片头与开场动画的制作

如今，各种企业网站在打开时都会跳出网站片头，它们大多用Flash来制作，用此方式来表现公司或者集团的形象。很多企业会在公司网站片头写上自己公司的宗旨或者以一段大气的视频来展示自己公司最独特的一面。

实例133　网站片头——房地产网片头制作

本实例制作的是房地产网站片头，房屋的砌堆动画符合地产企业形象。

案例设计分析

设计思路

为了展示房地产信息，本实例以房屋为主体。网站打开时，天空和道路逐一进入画面，最后许多部件从天而降，堆积成完整的房屋，创意十足。

案例效果剖析

本实例制作的房地产网站效果如图8-1所示。

渐变文字动画

房屋组合动画

图8-1　效果展示

案例技术要点

本实例中主要用到的功能及技术要点如下。

- 传统补间：使用传统补间制作对象进入画面的动画。
- 遮罩动画：使用遮罩动画实现显示区域。

案例制作步骤

源文件路径	源文件\第8章\实例133 房地产网片头制作.fla
素材路径	素材\第8章\实例133\素材1.png、素材2.png等
视频路径	视频\第8章\实例133 房地产网片头制作.mp4
难易程度	★★★★　　学习时间　　5分46秒

❶ 新建一个空白文档，并在第2帧处插入关键帧，将"素材1.png"、"素材2.png"两张素材图片拖入舞台中。选择两张图片，转换为影片剪辑元件，如图8-2所示。

图8-2　添加素材

❷ 在第47帧处插入关键帧，选择第1帧的元件，在"属性"面板中设置色彩效果，如图8-3所示。在两个关键帧之间创建传统补间。在第194帧处插入帧。

图8-3　设置色彩效果

❸ 新建"云"影片剪辑元件，将"云层.jpg"素材图片拖入舞台中两次，如图8-4所示。

图8-4　拖入素材

④ 新建"天空"影片剪辑元件，将"云.jpg"素材图片与"云"影片剪辑元件拖入不同的图层中，效果如图8-5所示。

图8-5 拖入素材与元件

⑤ 回到主舞台中，新建一个图层，并将其调整到"图层1"图层的下方，在第53帧处插入关键帧，将元件拖入舞台中，如图8-6所示。

图8-6 拖入元件

⑥ 在第83帧处插入关键帧，制作元件由白变正常的效果。用同样的方法，新建元件，并添加到主舞台中，制作由上至下、由左至右或由右至左、从场景外进入场景的动画，如图8-7所示。

图8-7 制作动画

⑦ 新建"别墅"影片剪辑元件，分别将"房屋1"、"房屋2"等素材图片拖入舞台中，转换为元件，然后制作元件由上至下掉落，最后组成房屋的动画效果，如图8-8所示。

图8-8 制作动画

⑧ 新建一个图层，在最后一帧处添加停止脚本。

⑨ 返回主时间轴中，新建一个图层，将"别墅"影片剪辑元件拖入舞台中，如图8-9所示。

⑩ 新建一个图层，将"钥匙.jpg"素材图片拖入舞台中，转换为影片剪辑元件，制作其由上向下掉落的动画，如图8-10所示。

图8-9 添加元件

图8-10 制作动画

⑪ 新建"主页按钮"影片剪辑元件，将"主页.jpg"素材拖入舞台中转换为影片剪辑元件，在第15帧处插入关键帧，修改元件的色彩效果，如图8-11所示。制作元件的补间动画。

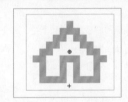

图8-11 修改元件色彩效果

⑫ 新建一个图层，使用 ▭（矩形工具）绘制矩形，并转换为按钮元件，在按钮上添加脚本，如图8-12所示。

图8-12 添加脚本

⑬ 在第1帧和第15帧处添加停止脚本，在第2帧和第16帧上分别添加帧标签，时间轴如图8-13所示。

图8-13 时间轴

⑭ 直接复制元件，修改图片。将多个元件拖入到主舞台中，如图8-14所示。制作其由左至由淡入的动画效果。

图8-14 添加元件

⑮ 用同样的方法，制作其他动画效果，如图8-15所示。

图8-15 制作动画

⑯ 新建Loading元件，制作加载动画。回到主时间轴中，新建一个图层，在第1帧处添加Loading元件，如图8-16所示。然后在元件上添加脚本（参见源文件）。

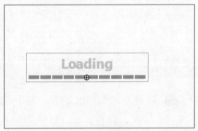

图8-16 添加元件

⑰ 新建一个图层，添加"声音.mp3"到相应的关键帧处，时间轴如图8-17所示。

图8-17 时间轴

⑱ 至此，本实例制作完成，保存并测试影片，如图8-18所示。

图8-18 测试影片

实例134　网站片头——披萨网站片头制作

本实例制作的是披萨网站片头，光标可选择不同的披萨。

案例设计分析

设计思路

本实例通过红色背景展现披萨品牌的颜色，与画面中的人物相呼应。画面中的送货员拿着一堆披萨，当光标移至上方时，显示披萨盒移动的动画。

案例效果剖析

本实例制作的披萨网站片头效果如图8-19所示。

图8-19　效果展示

案例技术要点

本实例中主要用到的功能及技术要点如下。

● 传统补间：使用传统补间制作对象进入画面的动画。

● 遮罩动画：使用遮罩动画实现显示区域。

案例制作步骤

源文件路径	源文件\第8章\实例134 披萨网站片头制作.fla		
素材路径	素材\第8章\实例134\素材1.png、素材2.png等		
视频路径	视频\第8章\实例134 披萨网站片头制作.mp4		
难易程度	★★★★	学习时间	4分52秒

❶ 新建一个空白文档，并新建"元件1"按钮元件，在第4帧处插入关键帧，绘制矩形。新建"元件2"影片剪辑元件，将"元件1"按钮元件拖入舞台中，在第2帧处插入帧。新建一个图层，在第1帧和第2帧处分别添加脚本，如图8-20所示。

图8-20　输入脚本

❷ 进入"场景1"，在第17帧处插入关键帧，将"元件2"影片剪辑元件拖入舞台中，将其调整至舞台大小，如图8-21所示，在第85帧处插入帧。

图8-21　添加元件

❸ 新建"花纹"影片剪辑元件，将"素材.png"图片拖入舞台中组成图形。返回主时间轴中，新建一个图层，在第17帧处插入关键帧，将"花纹"元件拖入舞台上方外；在第34帧处插入关键帧，将"花纹"元件移至舞台中，如图8-22所示。在关键帧之间创建传统补间。

图8-22　添加元件

❹ 新建一个图层，将其向下移动一层。新建"背景区域"影片剪辑元件，绘制图形并制作向下掉落的动画，如图8-23所示。

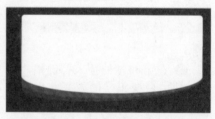

图8-23　制作动画

❺ 返回主场景中，在第17帧处插入关键帧，将"背景区域"元件拖入到舞台上方，如图8-24所示。

图8-24　拖入元件

❻ 在该图层上方新建一个图层作为遮罩层，在舞台正中间绘制图形，如图8-25所示。

图8-25　绘制遮罩层

⑦ 新建"元件3"影片剪辑元件,将"素材2.png"图片拖入舞台中并输入文字,如图8-26所示。

图8-26 拖入素材

⑧ 回到主时间轴中,新建一个图层,在第30帧处插入关键帧,将"元件3"影片剪辑元件拖入舞台中,按Q键对其进行旋转,如图8-27所示。

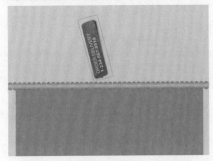

图8-27 旋转

⑨ 在不同的关键帧处将元件进行旋转,如图8-28所示。并创建传统补间动画。

图8-28 旋转

⑩ 新建一个图层,绘制线条,并根据上一图层的位置来调整线条,如图8-29所示。

图8-29 调整线条

⑪ 新建"元件4"影片剪辑元件,在第18帧处插入关键帧,将"人物.png"素材图片拖入舞台中,并转换为影片剪辑元件,如图8-30所示。制作元件由下向上的动画。在第119帧处插入帧。

图8-30 拖入素材

⑫ 新建一个遮罩图层,绘制图形作为遮罩,如图8-31所示。

图8-31 绘制遮罩图形

⑬ 新建一个图层,将"披萨盒"素材拖入舞台中转换为影片剪辑元件,制作多个披萨盒上下移动的动画效果,如图8-32所示。将"元件4"影片剪辑元件拖入主舞台中。

⑭ 用同样的方法,制作其他元件,并将元件拖入相应的图层中,如图8-33所示。

图8-32 制作动画

图8-33 添加元件

⑮ 至此,本实例制作完成,保存并测试影片,如图8-34所示。

图8-34 测试影片

实例135 网站片头——画轴片头制作

本实例制作的是网站片头,公司底蕴由画轴动画体现。

案例设计分析

设计思路

本实例使用遮罩动画制作缓缓展开的画轴,使用传统补间动画制作画轴中小船行驶、小鸟飞行的动画,最后以遮罩动画实现卷轴中文字逐渐显现,表达网站的理念。

案例效果剖析

本实例制作的画轴片头效果如图8-35所示。

图8-35 效果展示

案例技术要点

本实例中主要用到的功能及技术要点如下。

- 传统补间：使用补间制作对象进入画面的动画。
- 遮罩动画：使用遮罩动画实现显示区域。

源文件路径	源文件\第8章\实例135 画轴片头制作.fla	
素材路径	素材\第8章\实例135\背景.jpg、卷轴.png等	
视频路径	视频\第8章\实例135 画轴片头制作.mp4	
操作步骤路径	操作\实例135.pdf	
难易程度	★★★★	学习时间	6分46秒

实例136　网站片头——女性网站片头

女性网站通常以粉色、紫色等色彩为主，本实例制作的女性网站片头与这一点契合。

案例设计分析

设计思路

本实例为突出女性的特色，能吸引女性的眼球，以红色调为主，以彩蝶为视角，通过遮罩制作彩蝶飞过、文字逐渐显现出来的效果。

案例效果剖析

本实例制作的女性网站片头效果如图8-36所示。

图8-36　效果展示

案例技术要点

本实例中主要用到的功能及技术要点如下。

- 引导层：使用引导层制作引导动画。
- 传统补间：使用传统补间制作对象进入画面的动画。
- 遮罩动画：使用遮罩动画实现显示区域。

源文件路径	源文件\第8章\实例136 女性网站片头.fla	
素材路径	素材\第8章\实例136\背景.jpg、花纹.png等	
视频路径	视频\第8章\实例136 女性网站片头.mp4	
难易程度	★★★★	学习时间	0分45秒

实例137　网站片头——企业网站片头制作

本实例制作的企业网站片头，点亮一个光出现一个承诺。

案例设计分析

设计思路

本实例通过不断攀登的光表达出企业不断拼搏、积极向上的理念，使用补间及遮罩实现移动的动画，最后光点放大，显现出公司名称。在页面右下角添加按钮，单击按钮可以直接跳过动画。

案例效果剖析

本实例制作的企业网站片头效果如图8-37所示。

补间动画

图8-37　效果展示

案例技术要点

本实例中主要用到的功能及技术要点如下。

- 引导层：添加引导层制作文字的动画。
- 传统补间：使用补间制作对象进入画面的动画。
- 遮罩动画：使用遮罩动画实现显示区域。

案例制作步骤

源文件路径	源文件\第8章\实例137 企业网站片头制作.fla
素材路径	素材\第8章\实例137\素材图.jpg、云彩.png等
视频路径	视频\第8章\实例137 企业网站片头制作.mp4
难易程度	★★★★
学习时间	5分57秒

① 新建一个空白文档，并将"背景图.jpg"素材图片拖入舞台中，然后转换为图形元件，如图8-38所示。

图8-38　添加素材

② 在第46帧处插入关键帧，选择第1帧中的元件设置色彩效果，如图8-39所示。在第429帧处插入帧。

③ 新建"云彩"影片剪辑元件，将"云雾.png"素材图片拖入舞台

中，并转换为图形元件。在第1223帧处插入帧，将元件向左移动，在两个关键帧之间创建传统补间。

图8-39 设置色彩效果

④ 新建"图层2"图层，在第151帧处插入关键帧，将"素材1.png"拖入舞台中并转换为影片剪辑元件，如图8-40所示，制作元件由右向左移动的动画。

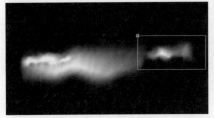

图8-40 拖入素材

⑤ 返回主时间轴中，新建一个图层，在第30帧处插入关键帧，将"云彩"影片剪辑元件拖入舞台并调整大小与位置，如图8-41所示。

图8-41 添加元件

⑥ 在"属性"面板中设置色彩效果与混合模式，如图8-42所示。

图8-42 设置属性

⑦ 新建一个图层，将"素材2.jpg"图片拖入舞台中，并转换为元件，如图8-43所示。在第40帧处插入关键帧，选择第1帧的元件，设置色彩效果为"高级"，参数与"图层1"图层中的元件参数相同。

图8-43 拖入素材

⑧ 新建一个图层，将"光.png"素材拖入第84帧的舞台中，如图8-44所示。

图8-44 拖入素材

⑨ 新建一个遮罩图层，在舞台中绘制正方形并转换为影片剪辑元件，如图8-45所示。

图8-45 绘制图形

⑩ 在第85帧处插入关键帧，为元件添加"模糊"滤镜，如图8-46所示。在第87、90、94、98、101、105帧上依次插入关键帧，将元件向右移动，并创建补间。

图8-46 添加滤镜

⑪ 新建"光"影片剪辑元件，将"光2.png"素材拖入舞台中并转换为影片剪辑元件，如图8-47所示。在第2、9、20、40帧处创建关键帧，在不同的关键帧中设置不同的Alpha值，创建补间动画，制作忽明忽暗的效果。

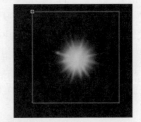

图8-47 拖入素材

⑫ 将元件拖入主舞台中，如图8-48所示，制作由小变大的动画。

图8-48 拖入元件

⑬ 新建一个图层，使用 T （文本工具）输入文字，如图8-49所示。将文字转换为影片剪辑元件，并制作元件淡入的动画效果。

图8-49 输入文字

⑭ 用同样的方法，制作其他动画效果，如图8-50所示。

图8-50 制作动画

⑮ 选择最后一个"光"元件，在第391帧、429帧处插入关键帧。选择第429帧的元件，按Q键将元件调整到覆盖舞台的大小，如图8-51所示。并在关键帧之间创建补间。

图8-51　调整大小

⑯ 新建一个图层，在第397帧处插入关键帧，绘制一个和舞台同等大小、填充颜色为白色的矩形，如图8-52所示。

图8-52　绘制矩形

⑰ 在第428帧处插入关键帧，选择第397帧的元件，在"属性"面板中设置Alpha值为0%，创建补间。在第467帧处插入帧。

⑱ 新建一个图层，用前面所述方法添加"素材3.png"，制作淡入动画的效果，如图8-53所示。

图8-53　制作动画

⑲ 新建一个图层，输入文本，并转换为影片剪辑元件。在图层上单击鼠标右键，执行快捷菜单中的"添加传统运动引导层"命令，添加引导层，并绘制路径，如图8-54所示。

图8-54　绘制路径

⑳ 根据路径移动文字，并创建传统补间。用同样的方法创建其他文字元件与引导图层，如图8-55所示。

㉑ 新建图层，选择 T（文本工具）输入文字，如图8-56所示。在该图层下方新建一个图层，绘制正圆

并转换为影片剪辑元件，如图8-57所示。制作元件逐渐放大的动画。选择上一图层设置为遮罩层。

图8-55　制作动画

图8-56　输入文字

图8-57　绘制圆并转换为元件

㉒ 至此，本实例制作完成，保存并测试影片，如图8-58所示。

图8-58　测试影片

实例138　网站片头——个性伸展灯泡

本实例制作的网站片头是几个伸展的灯泡，很有个性。

案例设计分析

设计思路

本实例通过嵌入视频来实现灯泡伸展的动画。通过设置外部类文件，实现单击菜单时相应的灯泡开始发光，及页面颜色缓慢发生变化的效果。

案例效果剖析

本实例制作的网站片头效果如图8-59所示。

单击菜单　　背景颜色改变

图8-59　效果展示

案例技术要点

本实例中主要用到的功能及技术要点如下。

- 传统补间：使用传统补间制作对象进入画面的动画。
- 遮罩动画：使用遮罩动画实现显示区域。

源文件路径	源文件\第8章\实例138 个性伸展灯泡		
素材路径	素材\第8章\实例138\图1.jpg、图2.jpg等		
视频路径	视频\第8章\实例138 个性伸展灯泡.mp4		
难易程度	★★★★★	学习时间	1分04秒

实例139　网站片头——卡通网站片头

本实例是卡通网站片头，3个景点分别是在白天和夜晚的景象。

案例设计分析

设计思路

本实例为了展示多种效果，在网页中设置3个不同的场景代表不同的菜

单，将光标移至菜单上时，显示出不同的动画。场景切换至夜晚，背景中星光闪烁，白天与夜晚不断交替出现。

案例效果剖析

本实例制作的卡通风格网站片头效果如图8-60所示。

两种效果

选择菜单

图8-60 效果展示

案例技术要点

本实例中主要用到的功能及技术要点如下。

- 传统补间：使用传统补间制作对象进入画面的动画。
- 遮罩动画：使用遮罩动画实现显示区域。

案例制作步骤

源文件路径	源文件\第8章\实例139 卡通网站片头.fla
素材路径	素材\第8章\实例139\素材1.png、素材2.png等
视频路径	视频\第8章\实例139 卡通网站片头.mp4
难易程度	★★★★★ 学习时间 4分34秒

① 新建一个空白文档，并新建"加载"影片剪辑元件，将"素材1.png"拖入舞台中，并创建动态文本，设置文本的变量，如图8-61所示。将元件添加至主舞台中。

图8-61 创建动态文本

② 新建"图层"图层，在第2帧处插入关键帧，添加"素材2.png"图片并转换为影片剪辑元件，如图8-62所示。

图8-62 添加素材

③ 双击进入元件，在元件中新建一个图层，添加"素材3.png"图片，如图8-63所示。新建一个图层，添加停止脚本。

图8-63 添加素材

④ 新建"太阳月亮"影片剪辑元件，分别将"素材4.png"、"素材5.png"图片拖入不同的图层中，如图8-64所示。

图8-64 添加素材

⑤ 分别将两个素材转换为影片剪

辑元件，在"属性"面板中设置实例名称。在两个图层中创建关键帧，将元件的位置调整，如图8-65所示。创建传统补间。

图8-65 调整位置

⑥ 新建一个图层，在第1帧中添加停止脚本。将元件添加至主舞台中，如图8-66所示。设置实例名称为sun。

图8-66 添加元件

⑦ 新建"云"影片剪辑元件，将云图片插入舞台中，并转换为影片剪辑元件，制作由小变大的动画。将元件拖入主舞台中3次。

⑧ 新建一个图层，在第2帧处插入关键帧，将"素材6.png"图片拖入舞台中，转换为影片剪辑元件，如图8-67所示。双击进入元件，制作云由上向下的补间动画。

图8-67 添加素材

⑨ 新建"星光"影片剪辑元件，绘制星光，并将该元件拖入主舞台中，设置色彩效果，如图8-68所示。

图8-68 添加元件

⑩ 新建一个元件，制作摩天轮动画。将该元件添加至主舞台中，如图8-69所示。

图8-69 添加元件

⑪ 用同样的方法，新建其他元件，添加"素材7.png"图片并制作相应的动画，如图8-70所示。

图8-70 添加素材

⑫ 新建"动物1"影片剪辑元件，将"素材8.png"图片拖入舞台中转换为影片剪辑元件，制作移动的动画。新建一个图层，添加按钮元件，如图8-71所示。

图8-71 添加按钮

⑬ 在按钮上按F9键打开"动作"面板，输入脚本，如图8-72所示。

图8-72 输入脚本

⑭ 用同样的方法，新建另外两个元件"动物2"、"动物3"。将3个元件拖入主舞台中，如图8-73所示，并分别设置实例名称。

图8-73 拖入元件

⑮ 新建一个遮罩图层，绘制一个和舞台同等大小的矩形作为遮罩，设置下面多个图层为被遮罩层，遮罩效果如图8-74所示。

图8-74 制作遮罩

⑯ 新建一个图层，添加脚本（参见源文件）。至此，本实例制作完成，保存并测试影片，如图8-75所示。

图8-75 测试影片

实例140 网站片头——卡通网站片头2

本实例是卡通网站片头，每一个人物相当于一个导航，触发时，播放人物动画。

案例设计分析

设计思路

本实例制作的卡通网站片头以卡通人物为主体，为每个人物制作两种形态，使用鼠标触发，选择不同的人物显示相应的内容介绍。

案例效果剖析

本实例制作的卡通风格网站片头效果如图8-76所示。

切换人物　　切换人物

图8-76 效果展示

案例技术要点

本实例中主要用到的功能及技术要点如下。

● 传统补间：使用传统补间制作对象进入画面的动画。

● 遮罩动画：使用遮罩动画实现显示区域。

源文件路径	源文件\第8章\实例140 卡通网站片头2.fla
素材路径	素材\第8章\实例140\人物1.png、人物2.png
视频路径	视频\第8章\实例140 卡通网站片头2.mp4
难易程度	★★★★	学习时间	3分09秒

实例141 网站片头——美食网站片头制作

本实例是美食网站片头，以导航形式进行美食展示。

案例设计分析

设计思路

本实例以飞机线路图为创意，制作飞机飞行到相应的地点时，展示相应的特色美食。制作按钮，单击网站下面的地点后，飞机快速飞到此处，网页画面进行切换。以脚本实现自动切换。

案例效果剖析

本实例制作的美食网站片头效果如图8-77所示。

点击切换　　　　　自动切换

图8-77　效果展示

案例技术要点

本实例中主要用到的功能及技术要点如下。

● 传统补间：使用传统补间制作对象进入画面的动画。
● 遮罩动画：使用遮罩动画实现显示区域。

案例制作步骤

源文件路径	源文件\第8章\实例141 美食网站片头制作.fla	
素材路径	素材\第8章\实例141\背景.jpg、素材1.png等	
视频路径	视频\第8章\实例141 美食网站片头制作.mp4	
难易程度	★★★★	学习时间	3分37秒

❶ 新建一个空白文档，并新建"元件1"影片剪辑元件，将"背景.jpg"素材图片拖入舞台中，如图8-78所示。在第17帧处插入帧。

图8-78　拖入素材

❷ 新建"元件2"影片剪辑元件，将"素材1.png"素材拖入到舞台中，转换为影片剪辑元件，如图8-79所示。

图8-79　拖入素材

❸ 在第25帧处插入关键帧，在"变形"面板中设置"旋转"为-6.5°，如图8-80所示。在两个关键帧之间创建传统补间。新建"图层2"图层，在第24帧处输入跳转至第1帧的脚本"gotoAndPlay(1);"。

❹ 回到"元件1"影片剪辑元件，新建一个图层，将元件拖入舞台中，如图8-81所示。

图8-80　设置旋转

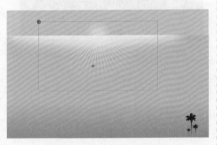

图8-81　将元件拖入舞台中

❺ 新建"路牌"影片剪辑元件，绘制直线，制作直线变长的形状补间。再新建一个图层，将"素材2.png"图片拖入舞台中，如图8-82所示，制作上升的传统补间。

图8-82　将素材拖入舞台中

❻ 回到"元件1"影片剪辑元件，新建一个图层，在第10帧处插入关键帧，将"路牌"元件拖入舞台中。

❼ 新建一个图层，在第2帧处插入关键帧，将"素材3.png"拖入舞台中，转换为影片剪辑元件，如图8-83所示。制作元件淡入动画的效果。

图8-83　将素材拖入舞台中

❽ 新建一个图层，将"素材4.png"拖入舞台中，如图8-84所示。

图8-84　将素材拖入舞台中

❾ 新建一个元件，将"素材5.png"拖入舞台中，制作文字显现、飞机飞入动画的效果，如图8-85所示。

图8-85　制作飞机飞入动画的效果

❿ 用同样的方法，新建一个元件，制作动画，将元件拖入到"元件1"影片剪辑元件中，如图8-86所示。

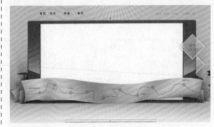

图8-86　拖入元件

⓫ 将"元件1"影片剪辑元件拖入主舞台中，设置实例名称为mc_stage。新建一个图层，在帧上添加脚本（参见源文件）。

⓬ 至此，本实例制作完成，保存并测试影片，如图8-87所示。

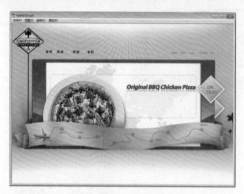

图8-87 测试影片

实例142 网站片头——品牌服装网站片头

本实例介绍品牌服装网站片头的制作。

案例设计分析

设计思路

为了体现服装网的特色，本实例通过缝纫机在黑布上打出一行字，突出显示该服装品牌的Logo，随后通过Logo闪光再次强调品牌，创意十足。使用脚本在光标右下角显示出跳过动画的按钮，单击该按钮则可以跳过动画直接进入网站中。

案例效果剖析

本实例制作的品牌服饰网站片头效果如图8-88所示。

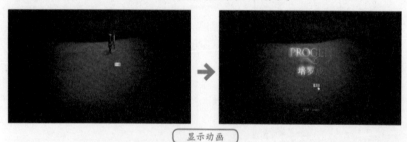

显示动画

图8-88 效果展示

案例技术要点

本实例中主要用到的功能及技术要点如下。

- 传统补间：使用传统补间制作对象进入画面的动画。
- 遮罩动画：使用遮罩动画实现显示区域。

源文件路径	源文件\第8章\实例142 品牌服装网站片头.fla	
素材路径	素材\第8章\实例142\背景.jpg、素材.png等	
视频路径	视频\第8章\实例142 品牌服装网站片头.mp4	
难易程度	★★★★	学习时间	3分44秒

实例143 网站片头——儿童网站片头

本实例的儿童网站片头，制作了各种儿童玩耍镜头。

案例设计分析

设计思路

本实例通过卡通元素的组合，制作成卡通风格的网站片头动画，表现出小

朋友们在旋转的地球上欢乐玩耍，通过点击不同的菜单，显示出不同的动态效果。

案例效果剖析

本实例制作的儿童网站片头效果如图8-89所示。

卡通动画

选择菜单

图8-89 效果展示

案例技术要点

本实例中主要用到的功能及技术要点如下。

- 形状补间：使用形状补间制作加载条的动画。
- 传统补间：使用传统补间制作对象进入画面的动画。
- 遮罩动画：使用遮罩动画实现显示区域。

案例制作步骤

源文件路径	源文件\第8章\实例143 儿童网站片头.fla
素材路径	素材\第8章\实例143\太阳.png、小人.png等
视频路径	视频\第8章\实例143 儿童网站片头.mp4
难易程度	★★★★★
学习时间	2分54秒

❶ 新建一个空白文档，并新建"加载"影片剪辑元件，制作加载动画，如图8-90所示。

图8-90 制作加载动画

❷ 新建"进度"影片剪辑元件，在舞台中绘制矩形，选择矩形线框，将其剪切粘贴到新建的图层。然后制作矩形填充区由窄变宽的形状补间，如图8-91所示。

图8-91 制作形状补间

❸ 在第100帧处插帧，分别将"加载"、"进度"元件拖入主舞台中，设置实例名称。新建一个图层，绘制文本框，设置属性，如图8-92所示。

图8-92 设置属性

❹ 新建一个图层，将其拖至最底层，添加"背景.jpg"图片，如图8-93所示。

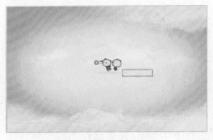

图8-93 添加背景图片

❺ 新建"元件1"影片剪辑元件，将"素材1.png"拖入舞台中，制作旋转的动画，如图8-94所示。

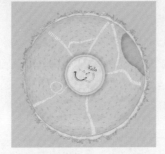

图8-94 拖入素材

❻ 新建一个图层，绘制图形并输入文字，如图8-95所示。

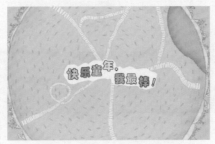

图8-95 绘制图形并输入文字

❼ 新建"片头"影片剪辑元件，将"背景.jpg"素材及"元件1"影片剪辑元件拖入舞台中，如图8-96所示。

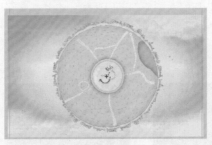

图8-96 拖入素材

❽ 新建一个图层，添加"太阳.png"、"栅栏.png"等多张素材图片，并调整大小与位置，如图8-97所示。

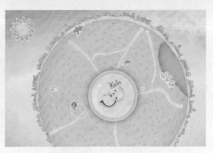

图8-97 拖入素材

❾ 新建"加盟"按钮元件，将"人物.png"素材图片拖入舞台中，在第2帧时将元件放大，如图8-98所示。将元件添加至"片头"元件的舞台中。

图8-98 拖入素材

❿ 用同样的方法，新建其他按钮元件并添加至主场景的舞台中，如图8-99所示。

图8-99 添加元件

⓫ 将"片头"元件拖入到主舞台中。新建一个图层，在第1、2、3帧处分别输入脚本（参见源文件）。至此，本实例制作完成，保存并测试影片。

🔷 **实例144** 网站片头——摩托网站片头

本实例将介绍摩托车网站片头的制作。

▶▶ **案例设计分析**

🔵 **设计思路**

本实例为突出主体，将主画面设置为灰色，摩托车为彩色。摩托从道路远处驶来，彩色的摩托在灰色的背景中十分突出，单击左侧的按钮则可进入网站中。

案例效果剖析

本实例制作的摩托网站片头效果如图8-100所示。

图8-100　效果展示

案例技术要点

本实例中主要用到的功能及技术要点如下。

● 传统补间：使用传统补间制作对象进入画面的动画。

● 遮罩动画：使用遮罩动画实现显示区域。

源文件路径	源文件\第8章\实例144 摩托网站片头.fla	
素材路径	素材\第8章\实例144\背景.jpg、摩托.png等	
视频路径	视频\第8章\实例144 摩托网站片头.mp4	
难易程度	★★★★	学习时间　3分17秒

实例145　　网站片头——古典中国风片头

本实例将介绍古典中国风网站片头的制作。

案例设计分析

设计思路

本实例为体现民族气息，以古韵色调为主，展现一副茶壶往茶杯倒茶的动画。通过传统补间动画和遮罩动画实现茶杯的水渐渐倒满的效果。在片头页面下方添加两个按钮，方便用户选择进入的网站版本。

案例效果剖析

本实例制作的古典中国风网站片头效果如图8-101所示。

图8-101　效果展示

案例技术要点

本实例中主要用到的功能及技术要点如下。

● 传统补间：使用补间制作对象进入画面的动画。

● 遮罩动画：使用遮罩动画实现显示区域。

案例制作步骤

源文件路径	源文件\第8章\实例145 古典中国风片头.fla	
素材路径	素材\第8章\实例145\素材1.jpg、茶壶.png等	
视频路径	视频\第8章\实例145 古典中国风片头.mp4	
难易程度	★★	学习时间　5分12秒

❶ 新建一个空白文档，将"素材1.jpg"图片拖入舞台中，调整至舞台大小，如图8-102所示。在第153帧处插入帧。

图8-102　拖入素材图片

❷ 新建按钮元件，在舞台中绘制圆角矩形作为按钮，如图8-103所示，在第4帧处插入帧。

图8-103　绘制圆角矩形

❸ 将元件添加至主舞台中，为元件添加滤镜，如图8-104所示。插入关键帧，制作从模糊至清晰的动画。

图8-104　添加滤镜

❹ 新建"花纹"影片剪辑元件，在舞台中绘制图形，如图8-105所示。新建一个遮罩图层，制作花纹生长的动画。将元件添加至主舞台中并设置实例名称。

图8-105　绘制图形

❺ 新建"茶壶"影片剪辑元件，将"茶壶.png"素材图片拖入舞台中，并将其转换为影片剪辑元件，如图8-106所示。

❻ 新建关键帧，将其向上移动；再次新建关键帧，将其旋转角度，如图8-107所示。在关键帧之间创建传统补间。

图8-106 转换为元件

图8-107 旋转角度

⑦ 新建一个图层，绘制阴影，将其转换为影片剪辑元件，在"属性"面板中为元件设置Alpha值与滤镜效果，如图8-108所示。

图8-108 设置Alpha值与滤镜效果

⑧ 根据"图层1"图层，新建关键帧，调整阴影的大小与属性参数。

⑨ 新建一个图层，制作茶水流出的效果，如图8-109所示。

图8-109 制作茶水流出

⑩ 将元件添加至主舞台中，如图8-110所示。

图8-110 添加元件

⑪ 新建"茶杯"影片剪辑元件，将"茶杯.png"素材图片拖入舞台中，并添加阴影，如图8-111所示。

图8-111 将素材图片拖入

⑫ 新建一个图层，在第72帧处插入关键帧，将"茶.png"素材图片拖入舞台中，如图8-112所示。

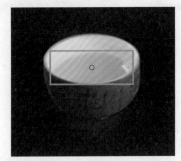

图8-112 将素材图片拖入

⑬ 新建遮罩图层，在舞台中绘制图形并转换为影片剪辑元件，如图8-113所示。

图8-113 绘制图形并转换为元

⑭ 在第153帧处插入关键帧，将

元件放大至茶水的大小，如图8-114所示。在关键帧之间创建传统补间。

图8-114 将元件放大

⑮ 新建一个图层，在最后一帧添加停止脚本。将元件拖入主舞台中3次，如图8-115所示。

图8-115 拖入元件

⑯ 新建一个图层，将其向下移动两层，添加元件并将元件垂直翻转，在"属性"面板中添加滤镜效果，并设置Alpha值为36%，效果如图8-116所示。

图8-116 效果

⑰ 新建一个图层，在最后一帧添加停止脚本。至此，本实例制作完成，保存并测试影片，如图8-117所示。

图8-117 测试影片

实例146 网站片头——多彩网站

本实例制作的是多彩网站片头，多个页面可以相互切换。

案例设计分析

设计思路

本实例以多个动画展现，制作了多个不同的动画效果，使用按钮脚本控制效果的切换。单击左右箭头后切换画面，每个画面动画都十分丰富，趣味性极强。

案例效果剖析

本实例制作的多彩网站片头效果如图8-118所示。

图8-118 效果展示

案例技术要点

本实例中主要用到的功能及技术要点如下。

- 传统补间：使用传统补间制作对象进入画面的动画。
- 遮罩动画：使用遮罩动画实现显示区域。

源文件路径	源文件\第8章\实例146 多彩网站	
素材路径	素材\第8章\实例146\图片1.jpg、图片2.png等	
视频路径	视频\第8章\实例146 多彩网站.mp4	
难易程度	★★★★★	学习时间	1分41秒

实例147 开场动画——唯美雨景

开场动画在空间、个人主页中最为常见。本实例制作的是唯美雨景的开场动画。

案例设计分析

设计思路

本实例通过补间实现下雨的效果，通过按钮脚本实现背景音乐的开启与关闭，展现出窗外下着雨，窗台上的小草在雨中摇曳，水珠从绿叶上滴落下来的动画，给人一种宁静舒适的感觉。

案例效果剖析

本实例制作的唯美雨景开场动画效果如图8-119所示。

图8-119 效果展示

案例技术要点

本实例中主要用到的功能及技术要点如下。

- 传统补间：使用传统补间制作对象进入画面的动画。
- 遮罩动画：使用遮罩动画实现显示区域。

案例制作步骤

源文件路径	源文件\第8章\实例147 唯美雨景.fla
素材路径	素材\第8章\实例147\背景.jpg、音乐.mp3等
视频路径	视频\第8章\实例147 唯美雨景.mp4
难易程度	★★★
学习时间	4分29秒

① 新建一个空白文档，并新建"元件1"影片剪辑元件，输入动态文本，设置文本属性，如图8-120所示。在第100帧处插入帧。

图8-120 设置文本属性

② 将"元件1"影片剪辑元件添加至主舞台中，在元件上添加脚本，如图8-121所示。

图8-121 添加脚本

③ 在第2帧处插入关键帧，将"背景.jpg"素材图片拖入舞台中，如图8-122所示。

图8-122 添加素材图片

④ 新建"下雨"影片剪辑元件，将"雨点.png"素材拖入舞台中，转换为影片剪辑元件。制作元件的由右上向左下移动，并复制多个图层，完成下雨的动画，如图8-123所示。

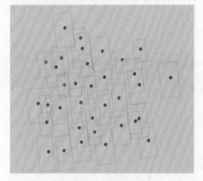

图8-123 复制多个

⑤ 将"下雨"元件添加至主场景舞台中，如图8-124所示。

图8-124 添加元件

⑥ 新建"盆景"元件，在舞台中绘制花盆。新建图层，绘制小草，转换为影片剪辑元件，双击进入元件，制作小草摆动的动画，如图8-125所示。

图8-125 制作小草摆动的动画

⑦ 新建一个元件，制作小草滴水的动画，如图8-126所示，并将其添加至"盆景"元件中。

图8-126 制作小草滴水的动画

⑧ 用同样的方法，新建"雨滴"元件，制作雨滴滴落的动画，并添加至"盆景"元件中。

⑨ 回到场景1，将"盆景"元件拖入舞台中两次，如图8-127所示，分别设置不同的实例名称。

图8-127 拖入元件

⑩ 新建空白影片剪辑，将其拖入舞台中，设置实例名称为greetings。

⑪ 新建"音乐"影片剪辑元件，绘制正圆。新建一个图层，绘制图形；在第2帧处插入关键帧，绘制图形，如图8-128所示。

图8-128 绘制图形

⑫ 新建一个图层，添加停止脚本。将元件添加至主舞台中，如图8-129所示，设置实例名称为bgsound_btn。

图8-129 添加元件

⑬ 新建一个图层，绘制镂空的图形，并转换为影片剪辑元件，为元件添加模糊滤镜，如图8-130所示。

图8-130 添加模糊滤镜

⑭ 新建一个元件，在第1帧处设置声音效果，如图8-131所示。将元件添加至主舞台中，设置实例名称为bgsound。

图8-131 设置声音

⑮ 新建一个图层，在第1帧处添加停止脚本。在第2帧处插入关键帧，输入脚本，如图8-132所示。

图8-132 输入脚本

⑯ 至此，本实例制作完成，保存并测试影片，如图8-133所示。

图8-133 测试影片

实例148 开场动画——薰衣草开场动画

本实例将介绍薰衣草开场动画的制作。

案例设计分析

设计思路

本实例使用补间制作场景由黑变亮、花瓣飘散、蝴蝶飞舞等多种动画。展现大片的薰衣草开放，蝴蝶飞舞其间，画面唯美怡人，给人一种回归自然之感。画面右下角渐渐淡入进入空间的文字，单击文字则可以进入空间。

案例效果剖析

本实例制作的薰衣草开场动画效果如图8-134所示。

开场动画

图8-134 效果展示

案例技术要点

本实例中主要用到的功能及技术要点如下。

- 传统补间：使用传统补间制作对象进入画面的动画。
- 遮罩动画：使用遮罩动画实现显示区域。

源文件路径	源文件\第8章\实例148 薰衣草开场动画.fla
素材路径	素材\第8章\实例148\背景.jpg、蝴蝶.png等
视频路径	视频\第8章\实例148 薰衣草开场动画.mp4
操作步骤路径	操作\实例148.pdf
难易程度	★★
学习时间	6分47秒

实例149 开场动画——水墨画开场

本实例将制作一副水墨开场动画。

案例设计分析

设计思路

本实例制作的开场动画是以水墨风格为主，使用遮罩和补间制作文字动画，通过创建元件动画来完成大雁纷飞的效果，展现一副活灵活现的古韵山水图。在页面右下角制作茶壶图标的按钮，当光标移至按钮上时，茶壶倾斜，显示出"进入网站"的文字。使用脚本实现光标跟随的动画，当光标移动时，周围显示出墨迹，并随着光标的移动而消失。

案例效果剖析

本实例制作的水墨开场动画效果如图8-135所示。

点击图标

图8-135 效果展示

案例技术要点

本实例中主要用到的功能及技术要点如下。

- 传统补间：使用传统补间制作对象进入画面的动画。
- 遮罩动画：使用遮罩动画实现显示区域。

源文件路径	源文件\第8章\实例149 水墨画开场.fla		
素材路径	素材\第8章\实例149\水墨背景.jpg、音乐.mp3		
视频路径	视频\第8章\实例149 水墨画开场.mp4		
难易程度	★★★★★	学习时间	4分11秒

实例150 开场动画——动物园开场

本实例将介绍动物园网站的开场动画。

案例设计分析

设计思路

本实例制作的动物园开场，制作有老虎、鸟、熊猫、狮子等动物的动作，将其分别保存在影片剪辑中，再放在舞台上进行展示。以按钮实现交互，当光标移至不同的动物上时，会出现各种动作的动画，十分有趣。

案例效果剖析

本实例制作的动物园开场动画效果如图8-136所示。

单击小鸟

老虎动画　　　　　熊猫动画

图8-136 效果展示

本实例中主要用到的功能及技术要点如下。

● 传统补间：使用传统补间制作对象进入画面的动画。
● 遮罩动画：使用遮罩动画实现显示区域。

» **案例制作步骤**

源文件路径	源文件\第8章\实例150 动物园开场.fla		
素材路径	素材\第8章\实例150\背景.jpg、熊猫.png等		
视频路径	视频\第8章\实例150 动物园开场.mp4		
难易程度	★★★★	学习时间	19分38秒

❶ 新建一个空白文档，将"背景.jpg"素材图片拖入到舞台中，按Ctrl+B组合键分离，与舞台对齐后将多余的图像删除。复制一张图，执行"修改"|"变形"|"水平翻转"菜单命令，将其水平翻转，效果如图8-137所示。

图8-137 添加图片

❷ 在第2帧处插入帧，新建一个图层，将Logo图片拖入舞台中，如图8-138所示。

图8-138 添加图片

❸ 新建"光"影片剪辑元件，绘制白色到透明的图形，如图8-139所示。新建"光线"影片剪辑元件，将"光"元件拖入舞台中，为其添加模糊滤镜，然后制作元件的移动动画。

图8-139 绘制图形

❹ 回到主舞台中，新建一个图层，在第2帧处插入关键帧，将"光线"元件拖入舞台中，如图8-140所示。

图8-140 添加元件

❺ 新建"熊猫"影片剪辑元件，分别将"熊猫1"、"熊猫2"等多个素材拖入多个关键帧中，如图8-141所示。在第24帧处插入帧。

图8-141 插入关键帧

❻ 新建一个图层，使用绘图工具根据熊猫绘制图形，将图形转换为按钮元件，如图8-142所示。双击进入元件编辑界面，将第1帧拖至第4帧上。双击图形外返回原元件中，在按钮上添加脚本。在第2帧处插入关键帧，修改按钮脚本。

图8-142 绘制按钮

❼ 新建一个图层，将"地图.png"素材图片拖入舞台中，按Ctrl+G组合键将其组合，如图8-143所示。

图8-143 添加素材图片

❽ 新建一个图层，在第1帧和最后一帧均添加停止脚本。返回主时间轴中，新建一个图层，在第2帧处插入关键帧，将"熊猫"元件拖入舞台中，如图8-144所示。

图8-144 添加元件

❾ 新建一个图层，绘制一个和地图相同形状的图形，且填充颜色为半透明的淡黄色，将其转换为影片剪辑元件，设置元件的实例名称为ditu_zhe。双击进入元件，将第1帧拖至第2帧上，并新建一个图层，在第1、2帧上添加停止脚本。

❿ 新建一个图层，根据地图绘制形状，并将其转换为按钮元件。编辑按钮元件，将第1帧拖至第4帧。回到主舞台中，在按钮上添加脚本，如图8-145所示。

图8-145 添加按钮脚本

⓫ 新建"植物"影片剪辑元件，将"植物1.png"、"植物2png"等素材图片拖入不同的图层。将"植物"元件拖入主时间轴的新建图层中，舞台效果如图8-146所示。

⓬ 用同样的方法，新建图层，并添加"花朵.png"、"素材.png"等素材图片，如图8-147所示。

图8-146 添加元件

图8-147 添加素材图片

⑬ 新建其他影片剪辑元件，将动物素材图片拖入舞台中，并添加相应的按钮元件及声音素材，最后将多个元件拖入不同的图层中，调整图层顺序，如图8-148所示。

图8-148 添加元件

⑭ 新建"声音"影片剪辑元件，将streamsound3.mp3声音素材拖入舞台中，在第3579帧处插入帧。在"属性"面板中设置声音，如图8-149所示。

图8-149 设置音乐

⑮ 将"声音"元件拖入主舞台中。新建一个图层，在第2帧处添加停止脚本。至此，本实例制作完成，保存并测试影片，如图8-150所示。

图8-150 测试影片

实例151 开场动画——游乐园开场

本实例制作的是游乐园开场动画，点击游乐场不同的地方显示不同的文字。

案例设计分析

设计思路

本实例将游乐园实时展示在网站中，通过在各建筑上添加按钮元件，实现当选择不同的建筑时显示不同的游乐项目的效果，给人一种身临其境的感觉。

案例效果剖析

本实例制作的游乐场开场动画效果如图8-151所示。

选择建筑

图8-151 效果展示

案例技术要点

本实例中主要用到的功能及技术要点如下。

- 传统补间：使用传统补间制作对象进入画面的动画。
- 遮罩动画：使用遮罩动画实现显示区域。
- 引导动画：使用引导动画制作飞船的移动。

源文件路径	源文件\第8章\实例151 游乐园开场		
素材路径	素材\第8章\实例151\素材1.png、素材2.png等		
视频路径	视频\第8章\实例151 游乐园开场.mp4		
操作步骤路径	操作\实例151.pdf		
难易程度	★★	学习时间	2分05秒

实例152 开场动画——网站主页开场动画

本实例将介绍网站主页开场动画的制作。

案例设计分析

设计思路

本实例通过制作商场两种形态，使用按钮控制，默认时静止，当光标移至建筑上时则触发，建筑发亮，再配合丰富的导航栏，来完成网站主页的开场动画。

案例效果剖析

本实例制作的网站主页开场动画效果如图8-152所示。

点击建筑　　　点击导航

图8-152 效果展示

案例技术要点

本实例中主要用到的功能及技术要点如下。

- 传统补间：使用传统补间制作对象进入画面的动画。
- 遮罩动画：使用遮罩动画实现显示区域。

源文件路径	源文件\第8章\实例152 网站主页开场动画	
素材路径	素材\第8章\实例152\素材1.jpg	
视频路径	视频\第8章\实例152 网站主页开场动画.mp4	
难易程度	★★	学习时间	1分09秒

实例153　开场动画——四季交替动画

本实例制作的是四季交替的开场动画。

案例设计分析

设计思路

本实例以一个院角为背景，通过四季切换时周围的环境发生改变，来展示四季交替的动画。在网页下方添加"跳过动画"按钮，使用脚本控制，单击按钮后跳转到相应的网站链接。

案例效果剖析

本实例制作的四季交替开场动画效果如图8-153所示。

季节变更

季节变更

图8-153　效果展示

案例技术要点

本实例中主要用到的功能及技术要点如下。

- 传统补间：使用补间制作对象进入画面的动画。
- 遮罩动画：使用遮罩动画实现显示区域。

案例制作步骤

源文件路径	源文件\第8章\实例153 四季交替动画.fla	
素材路径	素材\第8章\实例153\图1.jpg、图2.jpg等	
视频路径	视频\第8章\实例153 四季交替动画.mp4	
难易程度	★★	学习时间	4分33秒

❶ 新建一个空白文档，并新建"跳过动画"按钮元件，使用绘图工具和 T（文本工具）绘制图形，如图8-154所示。

❷ 将"跳过动画"按钮元件拖入主舞台中，在按钮上添加脚本，如图8-155所示。

图8-154　绘制图形

图8-155　添加脚本

❸ 新建一个图层，绘制矩形并将其转换为影片剪辑元件，如图8-156所示。制作淡入动画的效果。

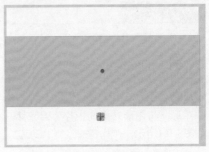

图8-156　绘制矩形

❹ 将"图1.jpg"素材图片拖入舞台中，制作淡入动画的效果，如图8-157所示。

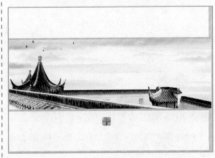

图8-157　制作淡入动画的效果

❺ 新建一个遮罩层，绘制矩形，如图8-158所示，将其转换为影片剪辑元件，并制作矩形由窄变宽的动画。

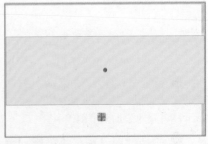

图8-158　绘制矩形

❻ 新建一个元件，制作船只漂浮的动画，将其拖入主舞台中。新建一

个图层，将"图2.jpg"素材拖入舞台中，如图8-159所示。

图8-159　添加素材

❼ 新建一个元件，将其拖入主舞台中，双击进入元件编辑界面，在不同的关键帧中绘制图形，一步步遮盖桃花，如图8-160所示。

图8-160　绘制遮罩

❽ 双击图形外，返回主舞台，设置该图层为遮罩层。

❾ 新建"花瓣"影片剪辑元件，绘制图形，将图形转换为影片剪辑元件，如图8-161所示，制作花瓣飞舞的动画。

图8-161　绘制图形

❿ 新建一个影片剪辑元件，将"花瓣"元件拖入舞台中，设置实例名称并添加脚本，如图8-162所示。

```
onClipEvent (enterFrame)
{
    if (this._x <= _parent.w)
    {
        this._x = this._x + speed;
    }
    else
    {
        setProperty("", _x, 0);
        setProperty("", _y, random(_parent.h));
        speed = random(10) + 2;
        setProperty("", _xscale, 50 + speed * 4);
        setProperty("", _yscale, 50 + speed * 4);
        this.gotoAndPlay(int(random(this._totalFrames + 1)));
        this.l.gotoAndStop(int(random(4)));
    } // end else if
}
```

图8-162　添加脚本

⓫ 新建一个图层，在第1帧处打开"动作"面板，输入脚本，如图8-163所示。将元件添加至主舞台中。

⓬ 用同样的方法，依次添加素材，制作动画效果，如图8-164所示。

⓭ 至此，本实例制作完成，保存并测试影片。

```
h = 300;
w = 2048;
max = 12;
for (i = 0; i < max; i++)
{
    if (i)
    {
        duplicateMovieClip("10", "1" + i, 16384 + i);
    } // end if
    this["1" + i]._x = w + 1;
} // end of for
stop ();
```

图8-163　输入脚本

图8-164　测试影片

实例154　开场动画——四季切换

本实例制作的开场动画是四个季节不断切换的动画。

案例设计分析

设计思路

本实例设置了4个场景，单击按钮后进行四季的切换，展现春季时满树开满粉色的花，夏季时则变成绿叶，秋季时树叶变黄飘落满地，冬季时树上积满雪花的效果。

案例效果剖析

本实例制作的四季切换开场动画效果如图8-165所示。

图8-165　效果展示

案例技术要点

本实例中主要用到的功能及技术要点如下。

● 传统补间：使用传统补间制作对象进入画面的动画。
● 遮罩动画：使用遮罩动画实现显示区域。

源文件路径	源文件\第8章\实例154 四季切换		
素材路径	素材\第8章\实例154\素材1.png、素材2.png等		
视频路径	视频\第8章\实例154 四季切换.mp4		
难易程度	★★★★	学习时间	2分35秒

实例155　开场动画——活动开场动画

本实例制作的是"寻找广告代言人"活动开场动画。

案例设计分析

设计思路

本实例制作的是活动开场动画，通过中间模特的造型变化，突出展示活动主题。在页面下方添加选择菜单，当选择不同的菜单后则跳转至活动的网页中。

案例效果剖析

本实例制作的活动开场动画效果如图8-166所示。

显示主题　　　　　动画展示

图8-166　效果展示

案例技术要点

本实例中主要用到的功能及技术要点如下。

- 传统补间：使用传统补间制作对象进入画面的动画。
- 遮罩动画：使用遮罩动画实现显示区域。
- 分离文本：将文本分离为图形后，可以调整文字的形状。

案例制作步骤

源文件路径	源文件\第8章\实例155 活动开场动画.fla	
素材路径	素材\第8章\实例155\素材1.png、素材2.jpg等	
视频路径	视频\第8章\实例155 活动开场动画.mp4	
难易程度	★★★★	学习时间	1分17秒

❶ 新建一个空白文档，将"背景.jpg"素材图片拖入舞台中，匹配舞台大小，如图8-167所示。

图8-167　拖入素材图片

❷ 新建"元件1"影片剪辑元件，使用绘图工具绘制图形，并设置填充颜色为"径向渐变"，调整渐变色，如图8-168所示。

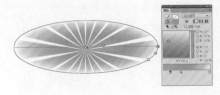

图8-168

❸ 回到主时间轴中，新建一个图层，将元件拖入舞台中，如图8-169所示。制作元件淡入动画的效果。

图8-169　拖入元件

❹ 新建一个图层，将"素材1.png"素材拖入舞台中，转换为影片剪辑元件，制作由小到大的动画效

果，如图8-170所示。

图8-170　制作动画

❺ 新建一个元件，制作星光闪烁的动画，将元件添加至主舞台中，如图8-171所示。

图8-171　添加元件

❻ 在主时间轴中新建一个图层，将"素材2.png"素材拖入舞台中，转换为影片剪辑元件，制作元件由下方进入、淡入的动画效果，如图8-172所示。

图8-172　制作动画

❼ 新建一个图层，添加"素材3.png"素材并转换为影片剪辑元件，制作动画，如图8-173所示。

❽ 新建"模特1"影片剪辑元件，将"素材4.png"拖入舞台中转换为图形元件。在第103帧处新建关键

帧，将其水平翻转，创建传统补间。

图8-173　制作动画

❾ 将元件拖入主舞台中，用同样的方法创建其他元件，并添加至主舞台中。新建一个图层，添加"素材5.png"素材图片，如图8-174所示。

图8-174　制作动画

❿ 新建"文字1"影片剪辑元件，使用 T（文本工具）输入文字。复制图层，将复制图层中的文字按Ctrl+B组合键两次，分离文字后填充线性渐变，如图8-175所示。

图8-175　填充颜色

⓫ 用同样的方法，新建其他文字元件，并添加至主舞台中，制作由小变大的效果，如图8-176所示。

图8-176　制作动画

⓬ 新建一个图层，制作导航并添加至主舞台中。新建一个图层，制作Loading动画并添加至舞台中，如图8-177所示。分别为元件添加实例名称。

图8-177　制作Loading动画

⓭ 新建一个图层，在第1帧与最后一帧处分别添加脚本。至此，本实

例制作完成，保存并测试影片，如图8-178所示。

图8-178 测试影片

实例156 开场动画——车展开场动画

本实例将介绍车展开场动画的制作。

案例设计分析

设计思路

本实例通过几组车型进行切换展示，表现车展的主题。当光标移至画面上时，画面右下角显示按钮，单击按钮可选择自主切换展示。

案例效果剖析

本实例制作的车展动画案例效果如图8-179所示。

变换车型

显示主题

图8-179 效果展示

案例技术要点

本实例中主要用到的功能及技术要点如下。

- 传统补间：使用补间制作对象进入画面的动画。
- 遮罩动画：使用遮罩动画实现显示区域。

源文件路径	源文件\第8章\实例156 车展开场动画		
素材路径	素材\第8章\实例156\汽车1.png、汽车2.png等		
视频路径	视频\第8章\实例156 车展开场动画.mp4		
难易程度	★★★★	学习时间	2分29秒

第 ⑨ 章　Flash网站全站制作

Flash网站又称纯Flash网站，是利用Flash设计网站框架，通过XML读取数据的高端网站。Flash网站在视觉效果、互动效果等多方面具有很强的优势，被广泛地应用于各行各业。

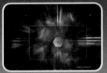    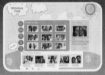 

实例157　Flash网站制作——商业公司网站

网站是企业展示自身形象、发布产品信息、联系网上客户的新平台，本实例将使用Flash制作一个完整的商业网站。

案例设计分析

设计思路

本实例制作的商业网站以简洁的界面为主，在主页中显示4个菜单，单击菜单会跳转至相应的页面，重新单击菜单则会返回主页的效果。

案例效果剖析

本实例制作的网站包含了4个页面，如图9-1所示为部分效果展示。

图9-1　效果展示

案例技术要点

本实例主要用到的功能及技术要点如下。

● 分离位图：将位图进行分离可以塑造位图的圆角效果。
● 编辑声音封套：添加声音后，编辑声音封套可以设置左右声道及声音的淡入、淡出的效果。
● 遮罩层：为相应的菜单添加遮罩，制作菜单的显现效果。

案例制作步骤

源文件路径	源文件\第9章\实例157 商业公司网站.fla		
素材路径	素材\第9章\实例157\图1.jpg、图2.jpg等		
视频路径	视频\第9章\实例157 商业公司网站.mp4		
难易程度	★★★★★	学习时间	12分28秒

❶ 新建一个空白文档，并新建Loading影片剪辑元件，绘制图形并输入文字，制作椭圆由大变小的加载动画，如图9-2所示。

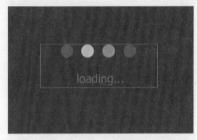

图9-2　制作加载动画

❷ 新建"开始页面"影片剪辑元件，新建一个图层，并分别将"图1.jpg"、"图2.jpg"等图片拖入舞台中，分离位图并转换为影片剪辑元件，制作多张图片旋转的动画，如图9-3所示。

图9-3　图片旋转的动画

提　示

分离位图后，绘制一个无填充颜色的圆角矩形，然后将圆角矩形边框外的图形删除，即可得到圆角的位图。

③ 新建"开始页面副本"元件，将多个元件拖入舞台中，并创建相应的遮罩，如图9-4所示。

图9-4 添加元件与遮罩

④ 新建"页面1-1"影片剪辑元件，绘制图形并输入文字，如图9-5所示。

图9-5 绘制图形并输入文字

⑤ 用同样的方法，新建其他影片剪辑元件，并制作相应的动画。

⑥ 新建"页面1"影片剪辑元件，将多个元件拖入舞台中，制作旋转显现的动画效果，如图9-6所示。

图9-6 制作旋转显现的动画效果

⑦ 用同样的方法，制作其他页面元件，如图9-7所示。

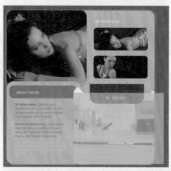

图9-7 其他页面

⑧ 将"图片9"素材拖入舞台中，按Ctrl+B组合键分离位图。选择 （矩形工具），在"属性"面板中设置边角半径为9，绘制填充颜色为无的圆角矩形。移动矩形框到图片上，选择边框周围的区域，按Delete键删除。并删除边框。

⑨ 返回舞台中，分别新建不同的图层，将不同的元件拖入相应图层中，分别设置页面元件的实例名称为page0～page4

⑩ 新建"菜单"影片剪辑元件，绘制图形并输入文字，将其转换为"菜单1"影片剪辑元件，如图9-8所示。

图9-8 绘制图形并输入文字

⑪ 用同样的方法，新建"联系

我们"、"投资项目"等其他菜单元件。将元件拖入到"菜单"影片剪辑元件中进行旋转，制作缩进动画，并为每个元件所在图层新建一个遮罩层，绘制相应的遮罩，如图9-9所示。

图9-9 制作遮罩

⑫ 将"菜单"影片剪辑元件拖入舞台中。新建"对话框"影片剪辑元件，制作对话框，并将元件拖入舞台新建的图层中，设置实例名称，如图9-10所示。

图9-10 添加元件

⑬ 新建一个图层，在"属性"面板中选择"L3-1c"声音，单击"编辑声音封套"按钮，如图9-11所示。

图9-11 单击"编辑声音封套"按钮

⑭ 在打开的对话框中调整声音效果，如图9-12所示。

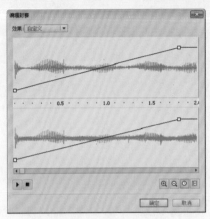

图9-12 调整声音

并测试影片，如图9-13所示。

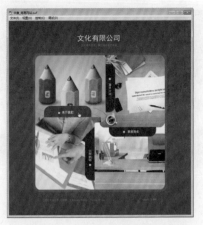

图9-13 测试影片

⑮ 至此，本实例制作完成，保存

实例158 Flash网站制作——房地产网站

Flash网站通常能表现一个大气高雅具有艺术感的优雅环境。本实例将制作房地产网站。

案例设计分析

设计思路创意

本实例制作的是房地产网站，网站以灰色为主要色调，突出显示房屋的颜色。在界面中通过菜单切换页面，光标移至菜单时弹出介绍，单击菜单后右侧区域跳转至相应的页面。

案例效果剖析

本实例制作的房地产网站效果如图9-14所示。

点击菜单　　　跳转页面

图9-14 效果展示

案例技术要点

本实例中主要用到的功能及技术要点如下。

- **实例行为**：将元件拖入舞台中即添加了一个元件实例，默认情况下相应的元件类型对应相应的实例行为，但也可以通过"属性"面板修改实例行为。
- **文本类型**：设置不同的文本类型决定了最终的文本显示效果。
- **形状补间**：由图形的形状变化创建的补间，不需将图形转换为元件。

源文件路径	源文件\第9章\实例158 房地产网站.fla	
素材路径	素材\第9章\实例158\素材1.png、素材2.png等	
视频路径	视频\第9章\实例158 房地产网站.mp4	
操作步骤路径	操作\实例158.pdf	
难易程度	★★★★★ 学习时间	8分57秒

实例159 Flash网站制作——美容网站全站

本实例制作的是美容公司的网站，多方面地展示了美容产品、效果、折扣优惠等信息。

案例设计分析

设计思路

本实例制作的是美容类网站，网站以紫色调为主，画面闪光点与特效应用都具有很强的视觉冲击力。单击菜单后，页面进行跳转，互动娱乐性强。

案例效果剖析

本实例制作的美容网站包括了多个页面，如图9-15所示为部分效果展示。

进入页面

页面3

图9-15 效果展示

案例技术要点

本实例主要用到的功能及技术要点如下。

- **"场景"面板**：在"场景"面板中可以添加多个场景，默认情况下，动画的播放顺序由上至下。

- ActionScript 3.0类：创建外部ActionScript 3.0 类文件，可以减小主文件的大小，并能在外部修改AS代码。

源文件路径	源文件\第9章\实例159 美容网站全站	
素材路径	素材\第9章\实例159\素材1.jpg、素材2.jpg等	
视频路径	视频\第9章\实例159 美容网站全站.mp4	
难易程度	★★★★★	学习时间	5分43秒

实例160 Flash网站制作——彩色全站

本实例将介绍彩色网站全站的制作。

案例设计分析

设计思路

Flash网站一个非常明显的优势就是网站与用户互动性。在用户浏览网站的过程中，Flash网站加入互动元素，轻松实现网站与用户互动，给用户带来更多的新鲜感和获得用户更多的关注度。本实例多彩的颜色是一个亮点，在首页制作多个五边形的菜单进行旋转，单击菜单则跳转至页面中。

案例效果剖析

本实例制作的彩色网站全站包含多个页面，如图9-16所示为部分效果展示。

 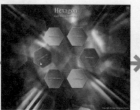 

单击菜单　　　　跳转页面

图9-16　效果展示

案例技术要点

本实例主要用到的功能及技术要点如下。

- "场景"面板：在"场景"面板中可以添加多个场景，默认情况下，动画的播放顺序由上至下。
- ActionScript 3.0类：创建外部ActionScript 3.0类文件，可以减小主文件的大小，并能在外部修改AS代码。

案例制作步骤

源文件路径	源文件\第9章\实例160 彩色全站	
素材路径	素材\第9章\实例160\背景图.jpg、声音.mp3等	
视频路径	视频\第9章\实例160 彩色全站.mp4	
难易程度	★★★★★	学习时间	6分43秒

❶ 新建一个空白文档，将"背景图.jpg"素材拖入舞台中，并转换为影片剪辑元件，如图9-17所示，设置实例名称为flashmo_hexagon_bg。

❷ 新建一个图层，绘制一个全屏图案，如图9-18所示，并将其转换为按钮元件，设置实例名称为flashmo_hexagon_bg。

图9-17　添加背景素材

图9-18　绘制图案

❸ 新建"声音控制"影片剪辑元件，绘制图形并输入文本，如图9-19所示。在第2帧处插入帧。

图9-19　绘制图形并输入文本

❹ 新建"图层2"图层，在第2帧处插入关键帧，绘制图形，如图9-20所示。

图9-20　绘制图形

❺ 新建一个图层，绘制一个填充颜色Alpha值为0%的矩形。新建一个图层，在第1帧和第2帧处均输入停止脚本。

❻ 返回"场景2"，新建一个图层，将"声音控制"影片剪辑元件拖入舞台中，设置实例名称为sound_control。

❼ 新建"按钮组"影片剪辑元件，在舞台中绘制六边形，并使用▦（渐变变形工具）调整渐变色，如图9-21所示。

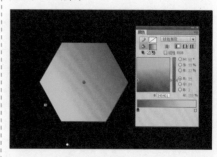

图9-21　绘制六边形

⑧ 在第2～6帧处插入关键帧，依次修改图形的填充颜色为蓝、红、绿、橙、紫。新建"图层2"图层，设置笔触颜色为白色，不透明度为25%，使用 （线条工具）沿着六边形绘制边缘线，如图9-22所示。

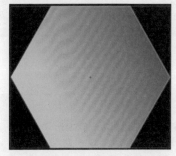

图9-22 绘制边缘线

⑨ 新建"按钮"影片剪辑元件，将"按钮组"影片剪辑元件拖入舞台中。新建"图层2"图层，输入文本，如图9-23所示，并转换为影片剪辑元件，设置实例名称为flashmo_button_label。

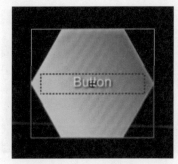

图9-23 输入文本

⑩ 在"图层1"图层和"图层2"图层的第8帧处插入关键帧，选择舞台中所有对象，按Q键将其进行旋转，如图9-24所示。

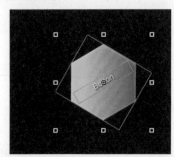

图9-24 旋转

⑪ 复制"图层1"图层，将复制的图层移至顶层，修改填充颜色为透明色，并将其转换为影片剪辑元件，设置实例名称为flashmo_click_area。

⑫ 在"库"面板中设置该影片剪辑元件的AS链接，如图9-25所示。

图9-25 设置AS链接

⑬ 新建"矩形"影片剪辑元件，绘制一个半透明的灰色矩形，将其转换为影片剪辑元件，设置实例名称为place_holder。

⑭ 在第3帧处插入空白关键帧。在第20帧处插入关键帧，绘制半透明灰色六边形，将其转换为影片剪辑元件，设置实例名称为flashmo_bg。在第36帧处插入帧。

⑮ 新建一个图层，将"按钮"影片剪辑元件拖入舞台中，如图9-26所示，设置实例名称为fm_button。

图9-26 拖入元件

⑯ 在第3帧处插入空白关键帧，在第25帧处插入关键帧。

⑰ 新建"所有页面"影片剪辑元件，设置实例名称为flashmo_pages。

⑱ 绘制图形，并将其转换为影片剪辑元件，如图9-27所示，设置实例名称为fm_hexagon。

图9-27 绘制图形

⑲ 新建"全部"影片剪辑元件，将"按钮"、"矩形"等元件拖入舞台中，分别设置实例名称，如图9-28所示。

图9-28 拖入元件

⑳ 在第25帧处插入关键帧，将"按钮"、"所有页面"元件拖入舞台中并调整大小与位置，如图9-29所示。在"属性"面板中分别设置实例名称。

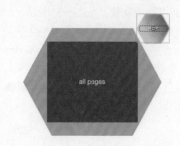

图9-29 拖入元件

㉑ 新建一个图层，在相应的帧上创建关键帧，并添加脚本与帧标签，时间轴如图9-30所示。

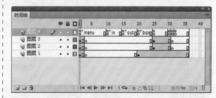

图9-30 时间轴

🏷 提示

由于代码较多，无法一一展示，具体的代码见配书光盘中的源文件。

㉒ 将"全部"元件拖入到主舞台中，并在"属性"面板中设置实例名称，如图9-31所示。新建一个图层，输入脚本（参见源文件）。

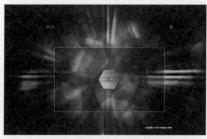

图9-31 添加元件

㉓ 执行"窗口"|"其他面

板"|"场景"命令，打开"场景"面板，修改"场景1"为"场景2"，单击底部的"添加场景"按钮新建"场景1"，并调整场景顺序，如图9-32所示。

图9-32 单击"添加场景"按钮

㉔ 在舞台中绘制图形并输入文字，制作加载动画，如图9-33所示。

㉕ 执行"文件"|"新建"命令，在打开的对话框中选择"ActionScript 3.0"类选项，并在右侧输入类名称，如图9-34所示。单击"确定"按钮创建文件后，输入脚本。

图9-33 制作加载动画

图9-34 新建ActionScript 3.0类

㉖ 用同样的方法，创建多个类文件，如图9-35所示。

图9-35 创建多个类文件

㉗ 将需要的素材图片添加到文档同一文件夹中，如图9-36所示。

图9-36 素材图片

㉘ 至此，本实例制作完成，保存并测试影片。

实例161 Flash网站制作——绿色生态网站

Flash网店的趣味性与交互性都是普通网站所不同比的，本实例将制作绿色生态Flash网站，炫酷的页面跳转十分吸引眼球。

案例设计分析

设计思路

本实例为了表现清晰自然的气息，将网站首页界面设置为绿色。为突出显示子页面内容，将子页面颜色设置为深绿色。单击顶端的菜单后，多个矩形进行翻转，最后聚集成一个页面，视觉感很强。

案例效果剖析

本实例制作的绿色生态网站包含了多个页面，如图9-37所示为部分效果展示。

点击菜单

展开子页面

图9-37 效果展示

案例技术要点

本实例主要用到的功能及技术要点如下。

- 被遮罩层：默认情况下，设置图层为遮罩层时，其下方的那个图层自动变成被遮罩层。若需要设置其他图层为被遮罩层，则需在"图层属性"对话框中设置。
- 文本类型：设置不同的文本类型决定了最终的文本显示效果。

源文件路径	源文件\第9章\实例161 绿色生态网站
素材路径	素材\第9章\实例161\背景.jpg、图标1.png等
视频路径	视频\第9章\实例161 绿色生态网站.mp4
难易程度	★★★★★
学习时间	2分09秒

实例162 **Flash网站制作——个人特色网站**

个人网站为体现特色性，使用Flash制作是最佳选择。本实例制作的是个人特色网站。

案例设计分析

设计思路

Flash网站的结构和页面布局都与普通网站有很大不同，给用户带来高端的立体感受。添加一些自己喜欢的个性元素，可以让网站成为一个展现个性的窗口。总之，Flash网站以效果和创意为最大卖点，是其他普通网站很难比拟的。本实例制作的个人网站趣味性十足，首页由绳子吊着各菜单，网站中间的眼睛会随着鼠标转动。单击菜单，则进入相应的子页面。在子页面中单击"查看更多"按钮可打开对话框。

案例效果剖析

本实例制作的个人特色网站包含多个页面，如图9-38所示为部分效果展示。

图9-38　效果展示

案例技术要点

本实例主要用到的功能及技术要点如下。

- 被遮罩层：默认情况下，设置图层为遮罩层时，其下方的那个图层自动变成被遮罩层。若需要设置其他图层为被遮罩层，则需在"图层属性"对话框中设置。
- 文本类型：设置不同的文本类型，决定了最终的文本显示效果。

案例制作步骤

源文件路径	源文件\第9章\实例162 个人特色网站.fla
素材路径	素材\第9章\实例162\图片1.jpg、图片2.jpg等
视频路径	视频\第9章\实例162 个人特色网站.mp4
难易程度	★★★★★　学习时间　7分45秒

❶ 新建一个空白文档，设置文档尺寸为766像素×700像素，背景颜色为#B8C9C3，如图9-39所示。新建"元件1"影片剪辑元件，将"图片1.jpg"素材拖入舞台中，如图9-40所示。

图9-39　设置文档

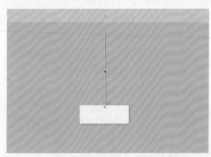

图9-40　拖入图片素材

❷ 回到"场景1"，将"元件1"影片剪辑元件拖入舞台外上方正中央，在第5帧处插入关键帧，将元件向下移动至舞台中，如图9-41所示。在第18帧处插入关键帧，将元件微微向下移动，在关键帧之间创建传统补间。将第5帧复制到第29帧处，将第1帧复制到第33帧处，在第29帧与第33帧之间创建传统补间。

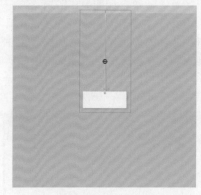

图9-41　添加元件

❸ 新建"加载"影片剪辑元件，使用▣（矩形工具）绘制矩形，在第100帧处插入帧。新建"图层2"图层，使用 T （文本工具）输入文字，如图9-42所示。

图9-42　输入文字

❹ 新建"图层3"图层，使用▣（矩形工具）绘制矩形，并为矩形填充线性渐变。然后使用▤（渐变变形工具）调整渐变色，如图9-43所示。新建"图层4"图层，在其他图形的左侧绘制一个矩形，如图9-44所示。

图9-43　绘制矩形

图9-44　绘制矩形

⑤ 在第100帧处插入关键帧，按Q键将矩形向右拖宽至覆盖其他图形。在两个关键帧之间创建补间形状，并设置该图层为遮罩层。选择"图层2"图层，双击图层前面的图标，在打开的"图层属性"对话框中单击"被遮罩"单选按钮，如图9-45所示。返回"场景1"，新建"加载"图层，在第11帧处插入关键帧，将"加载"元件拖入舞台中合适的位置，如图9-46所示。选择元件，打开"动作"面板，输入脚本，如图9-47所示。

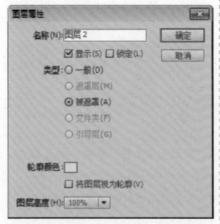

图9-45 单击"被遮罩"单选按钮

图9-46 拖入元件

图9-47 输入脚本

⑥ 在"属性"面板中设置Alpha值为0%。在第19帧、第26帧处插入关键帧。选择第19帧，在"属性"面板中修改色彩效果样式为无。在3个关键帧之间创建传统补间。用同样的方

法，新建"元件2"影片剪辑元件，将"素材3.png"图片拖入舞台中。返回"场景1"，新建"图层3"图层，在第51帧处插入关键帧，将元件拖入舞台外左下方，如图9-48所示。

图9-48 拖入元件

⑦ 在第55帧处插入关键帧，将元件向右移动至舞台中。在第81帧处插入关键帧，向右微微移动元件。在关键帧之间创建传统补间。在第245帧处插入帧。用同样的方法，新建"元件3"影片剪辑元件，将"素材4.png"图片拖入舞台中。返回场景1，新建"图层4"图层，在第48帧处插入关键帧，将元件拖入舞台外左下方，如图9-49所示。

图9-49 拖入元件

⑧ 在第52帧处插入关键帧，将元件向右移动至舞台中。在第78帧处插入关键帧，向右微微移动元件。在关键帧之间创建传统补间。新建"隐私声明"影片剪辑元件，使用T（文本工具）输入文字，使用（线条工具）绘制直线，如图9-50所示。

图9-50 输入文字

⑨ 新建一个图层，在文字上使用（矩形工具）绘制矩形，将矩形转换为"按钮1"按钮元件。进入元件，将第1帧移动至第4帧处。回到原元件中，在按钮上添加脚本，如图9-51所示。

图9-51 添加脚本

⑩ 用同样的方法，新建影片剪辑元件，并制作音频波动的效果，将其拖至"隐私声明"影片剪辑元件舞台中。新建一个图层，绘制矩形，并将其转换为影片剪辑元件。在元件上打开"动作"面板，输入脚本，如图9-52所示。

图9-52 添加脚本

⑪ 回到主时间轴中，新建"隐私"图层，在第56帧处插入关键帧，将"隐私声明"元件拖入舞台中，设置实例名称为privacy。在第72帧处插入关键帧，选择第56帧元件，设置Alpha值为0%。在关键帧之间创建传统补间。

⑫ 用同样的方法，新建其他影片剪辑元件，将"素材5.png"图片拖入舞台中。返回"场景1"，新建多个图层，分别将元件拖入舞台中，如图9-53所示，并制作动画效果。在第226帧处插入关键帧，将元件移动至左上角位置，如图9-54所示。

图9-53　拖入元件

图9-54　移动元件

⑬ 新建"进入"影片剪辑元件，选择 T（文本工具）输入文字，绘制图形，并转换为按钮元件，如图9-55所示。双击按钮元件，将第1帧拖至第4帧处，在第2帧插入关键帧，在"属性"面板中设置声音，如图9-56所示。回到主时间轴中，新建"进入"图层，在第111帧处插入关键帧，将"进入"元件拖入舞台中。

图9-55　绘制图形

图9-56　设置声音

⑭ 新建"吊饰"影片剪辑元件，将"吊饰素材.png"拖入舞台中。返回"场景1"，将元件拖入舞台，如图9-57所示。新建"眼珠"影片剪辑

元件，将"眼珠素材.png"拖入舞台中。新建"眼睛"影片剪辑元件，绘制椭圆并转换影片剪辑为元件，如图9-58所示，设置元件的名称为circle、circle2。

图9-57　拖入元件

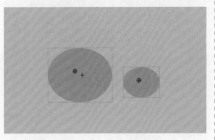

图9-58　绘制椭圆并转换为元件

⑮ 新建一个图层，将"素材.png"图片拖入舞台中。新建一个图层，将"眼珠"影片剪辑元件拖入舞台中，如图9-59所示。在元件上添加脚本，如图9-60所示。选择另一个元件，添加相同的脚本，修改第3行代码为"ab = _parent.circle2;"。

图9-59　拖入元件

图9-60　添加脚本

⑯ 新建"眼睛2"影片剪辑元件，将"眼睛"影片剪辑元件拖入舞台中，制作从右向左移动的动画。新建一个图层，设置该图层为遮罩层，绘制图形，如图9-61所示。新建一个图层，在第2帧处插入关键帧，在"属性"面板中设置声音，如图9-62所示。回到"场景1"，将"眼睛2"元件拖入舞台中，如图9-63所示。

图9-61　绘制图形

图9-62　设置声音

图9-63　拖入元件

⑰ 新建"关于我们"影片剪辑元件，将图片拖入舞台中并转换为影片剪辑元件，如图9-64所示。双击进入元件，新建一个图层，使用 T（文本工具）输入文字，制作元件的上下抖动的动画，并在关键帧之间创建传统补间。

⑱ 双击图形外，返回原元件舞台中。新建一个图层，使用 □（矩形工具）绘制矩形，将矩形转换为按钮元件，如图9-65所示。在按钮上添加脚本，如图9-66所示。

图9-64　拖入图片

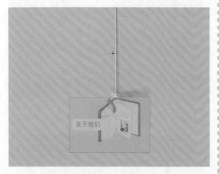

图9-65　绘制按钮

图9-66　添加脚本

⑲ 返回主时间轴中，新建一个图层，将"关于我们"元件拖入舞台，如图9-67所示，实例名称为item1。制作元件从舞台外到舞台中再到舞台外的动画效果。

图9-67　拖入元件

⑳ 直接复制元件，得到"作品展示"影片剪辑元件。交换图片，并修改按钮第10行的代码为"_root.link = 2;"。将元件拖入"场景1"的舞台中，如图9-68所示，并设置实例名称为item2。用同样的的方法，直接复制

得到"联系我们"影片剪辑元件，并制作相应的动画，拖入主舞台中的效果如图9-69所示。

图9-68　拖入元件

图9-69　拖入元件

㉑ 新建"分类"影片剪辑元件，在第1～3帧处插入关键帧，分别将"关于我们"、"作品展示"、"联系我们"元件拖入不同的关键帧中。新建"图层2"图层，在第1帧处添加停止脚本。

㉒ 返回主舞台中，将"分类"影片剪辑元件拖入舞台中，设置实例名称为selected_item。制作其由上到下的动画。用同样的方法，新建"返回主页"影片剪辑元件，并拖入主舞台中，如图9-70所示。

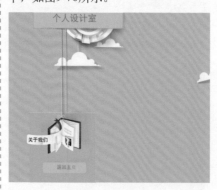

图9-70　拖入元件

㉓ 新建"页面"影片剪辑元件，在第1～3帧处插入关键帧，将"框1.png"、"框2.png"、"框3.png"

素材图片拖入舞台中，如图9-71所示。新建一个图层，将多个素材拖入舞台中并输入文字，如图9-72所示。同样的方法，添加其他页面，如图9-73所示。

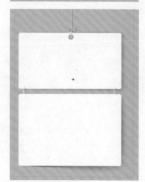

图9-71　拖入素材

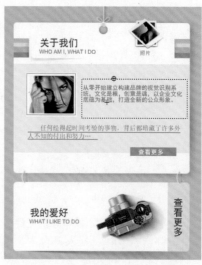

图9-72　拖入素材并输入文字

图9-73　添加其他页面

㉔ 将"页面"影片剪辑元件拖入主舞台中，并制作由上下移动的动画效果，如图9-74所示。

图9-74　添加元件

㉕ 至此，本实例制作完成，保存并测试影片，如图9-75所示。

图9-75　测试影片

实例163　Flash网站全站——餐饮公司网站

本实例制作的是餐饮公司Flash网站。

案例设计分析

设计思路

本实例在网站首页添加4个菜单，将光标移至菜单上时，菜单图案颜色加深。菜单上显示相应的菜单文字，单击菜单则转至相应的子页面中。单击右上角的关闭按钮，则可关闭页面。

案例效果剖析

本实例制作的餐饮公司网站包含了多个页面，如图9-76所示为部分效果展示。

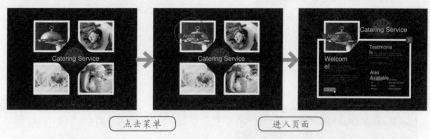

点击菜单　　进入页面

图9-76　效果展示

案例技术要点

本实例主要要用到的功能及技术要点如下。

● "变形"面板：使用变形面板可以设置旋转。
● 补间旋转：在"属性"面板中可以选择补间旋转的方向为顺时针或逆时针。

案例制作步骤

源文件路径	源文件\第9章\实例163 餐饮公司网站		
素材路径	素材\第9章\实例163\图1.png、图2.png等		
视频路径	视频\第9章\实例163 餐饮公司网站.mp4		
难易程度	★★★★★	学习时间	7分29秒

① 新建ActionScript 2.0文档，设置文档尺寸为980像素×750像素，背景颜色为#1D1312。新建"元件1"影片剪辑元件，将"图1.png"素材拖入舞台中并转换为影片剪辑元件，如图9-77所示。

② 在第90帧处插入关键帧，在"变形"面板中设置旋转参数为180°，如图9-78所示。在第91帧处插入关键帧，复制第1帧到第180帧处。在关键帧之间创建传统补间。

图9-77　添加素材

图9-78　设置旋转参数

③ 选择第2个补间，在"属性"面板中设置旋转为"逆时针"，如图9-79所示。

图9-79 设置旋转

④ 新建一个图层，绘制一个矩形，以遮盖"图层1"图层的上半部，设置该图层为遮罩层，效果如图9-80所示。

图9-80 绘制遮罩

⑤ 新建"加载"影片剪辑元件，使用 ◯（椭圆工具）绘制椭圆，如图9-81所示。将其转换为"椭圆"影片剪辑元件。在第100帧处插入关键帧，将元件缩小，并创建传统补间。

图9-81 制作椭圆

⑥ 新建一个图层，绘制矩形，如图9-82所示。复制图层，修改矩形的颜色。新建遮罩图层，在左侧绘制矩形，在第100帧处插入关键帧，将元件向右拉动，创建补间形状，制作加载的动画。

图9-82 绘制矩形

⑦ 新建一个图层，输入文字。新建一个图层，输入停止脚本。将元件拖入主舞台中，在元件上添加脚本，如图9-83所示。

图9-83 添加脚本

⑧ 在第2帧处插入关键帧，修改元件脚本，如图9-84所示。在第13帧处插入关键帧，将其向下移动，并设置Alpha值为0%，并在关键帧之间创建传统补间。在第141帧处插入帧。

图9-84 修改脚本

⑨ 新建"版权"影片剪辑元件，输入文字，并添加按钮，如图9-85所示。

图9-85 添加按钮

⑩ 新建一个图层，绘制图形并转换为影片剪辑元件，在元件上添加脚本，如图9-86所示。

图9-86 添加脚本

⑪ 将"版权"影片剪辑元件拖入舞台的下方。

⑫ 新建影片剪辑元件，添加"图2.png"素材图片与按钮元件，制作旋转的动画效果。将元件拖入到主舞台中，如图9-87所示。

图9-87 添加元件

⑬ 新建一个图层，绘制矩形，并设置该图层为遮罩层，如图9-88所示。

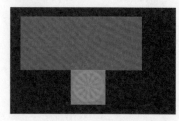

图9-88 绘制遮罩

⑭ 新建一个图层，使用 T（文本工具）输入文字，转换文字为影片剪辑元件，制作元件的模糊隐出效果。

⑮ 新建一个图层，绘制图形，如图9-89所示。将图片转换为影片剪辑元件，双击进入元件，新建关键帧，在相应的关键帧中绘制图形，如图9-90所示。

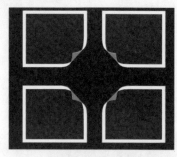

图9-89 绘制图形

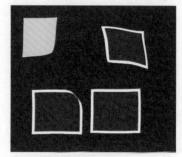

图9-90 绘制图形

⑯ 新建"图片"影片剪辑元件，在第1～4帧处分别添加图片。

⑰ 新建"菜单"影片剪辑元件，将元件拖入舞台中，并新建图层，添加一个按钮元件，如图9-91所示。

图9-91 添加按钮

⑱ 选择按钮元件，在按钮上添加脚本。回到主舞台中，添加多个"菜单"影片剪辑元件，如图9-92所示。分别为元件添加实例名称，并在元件上添加脚本（参见源文件）。

图9-92 添加元件

⑲ 新建"对话框"影片剪辑元件，制作对话框，如图9-93所示。将元件拖入主舞台的舞台外。

图9-93 制作对话框

⑳ 在主时间轴中新建一个图层，添加按钮元件并调整至舞台大小，如图9-94所示。设置按钮的实例名称为hit_f。

㉑ 新建多个图层，输入脚本（参见源文件）并设置帧标签。

㉒ 至此，本实例制作完成，保存并测试影片。

图9-94 添加元件

实例164 Flash网站全站——菱形公司网站

本实例将介绍菱形公司网站全站。

案例设计分析

设计思路
本实例制作的菱形界面网站，以蓝色为主色调。首页中网站Logo与4个菜单均为菱形方格，单击菜单则展开该菜单下的页面，单击中间的Logo区域则关闭该菜单，互动性很强。

案例效果剖析
本实例制作的菱形公司网站包含了首页和4个子页面，如图9-95所示为部分效果展示。

打开子页面　　弹出对话框

图9-95 效果展示

案例技术要点

本实例主要用到的功能及技术要点如下。

● 被遮罩层：默认情况下，设置图层为遮罩层时，其下方的那个图层自动变成被遮罩层。若需要设置其他图层为被遮罩层，则需在"图层属性"对话框中设置。
● 补间动画：使用补间动画制作多种网页动画。

源文件路径	源文件\第9章\实例164 菱形公司网站.fla		
素材路径	素材\第9章\实例164\图片1.jpg、图片2.jpg等		
视频路径	视频\第9章\实例164 菱形公司网站.mp4		
难易程度	★★★★★	学习时间	4分50秒

实例165 Flash网站全站——黑色商务公司网站

本实例将介绍黑色商务公司网站的制作。

案例设计分析

设计思路
本实例制作的是黑色商务网站，黑色的界面酷感十足，通过将Logo设置为与背景对比明显的绿色，能让人印象深刻。将菜单设置为环形，单击菜单则会在下方展开相应的页面。页面效果并不复杂，却给人很好的体验感。

案例效果剖析

本实例制作的黑色商务网站包含了多个页面，如图9-96所示为部分效果展示。

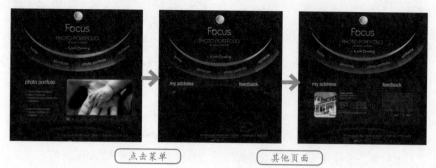

点击菜单　　　　其他页面

图9-96　效果展示

案例技术要点

本实例主要用到的功能及技术要点如下。

- 按钮元件：在菜单文字上添加按钮元件，实现按钮的交互。
- 补间动画：使用补间动画制作页面展开与关闭的效果。

源文件路径	源文件\第9章\实例165 黑色商务公司网站.fla		
素材路径	素材\第9章\实例165\图片1.jpg、图片2.jpg等		
视频路径	视频\第9章\实例165 黑色商务公司网站.mp4		
操作步骤路径	操作\实例165.pdf		
难易程度	★★★★★	学习时间	3分43秒

实例166　　Flash网站全站——圆形界面网站

很多网站喜欢使用圆形或与圆形相关的元素，本实例将展示圆形界面网站。

案例设计分析

设计思路

本实例制作的网页界面炫彩简单，突出了网站的主要特色。以多个圆形组成，首页中漂浮着圆形菜单，单击菜单后则展开一个圆形的子页面。

案例效果剖析

本实例制作的圆形界面网站包含多个页面，如图9-97所示为部分效果展示。

展开子页面　　　　单击菜单

图9-97　效果展示

案例技术要点

本实例主要用到的功能及技术要点如下。

- 被遮罩层：默认情况下，设置图层为遮罩层时，其下方的那个图层自动变成被遮罩层。若需要设置其他图层为被遮罩层，则需在"图层属性"对话框中设置。
- 补间动画：使用补间动画制作页面效果。

源文件路径	源文件\第9章\实例166 圆形界面网站		
素材路径	素材\第9章\实例166\图1.jpg、图2.jpg等		
视频路径	视频\第9章\实例166 圆形界面网站.mp4		
难易程度	★★★★★		
学习时间	2分34秒		

实例167　　Flash网站全站——简易公司网站

对于追求简洁明了的公司来说，简易网站是最佳选择。本实例将介绍简易公司网站的制作。

案例设计分析

设计思路

公司网站最主要是展示公司的文化、产品等内容，因此界面不需很复杂，简单的界面能获得更好的体验感。本实例制作的公司网站界面为左右布局，左侧为菜单，菜单颜色为橙色，十分显眼；右侧为页面展示，以灰色为主。在页面与页面跳转之间，以遮罩展示公司形象。

案例效果剖析

本实例制作的简易公司网站效果如图9-98所示。

网站子页面

页面跳转

图9-98　效果展示

果如图9-105所示。

图9-105 页面效果

本实例主要用到的功能及技术要点如下。

● 遮罩层：使用遮罩层制作遮罩动画。
● 编辑元件：选择舞台中的元件实例后，双击即可进入元件编辑界面。

案例制作步骤

源文件路径	源文件\第9章\实例167 简易公司网站
素材路径	素材\第9章\实例167\图1.jpg、图2.jpg等
视频路径	视频\第9章\实例167 简易公司网站.mp4
难易程度	★★★★★	学习时间	3分24秒

❶ 新建一个空白文档，绘制矩形将其转换为影片剪辑元件，如图9-99所示。

图9-99 绘制矩形

❷ 新建"菜单"影片剪辑元件，将"图1.png"素材图片拖入舞台中，绘制图形并输入文字，如图9-100所示。

图9-100 绘制图形并输入文字

❸ 将文字转换为影片剪辑元件，双击进入元件，插入多个关键帧，修改文字内容。

❹ 双击退出元件编辑。新建"遮罩"图层，绘制矩形作为遮罩，如图9-101所示。

图9-101 绘制遮罩

❺ 将"菜单"影片剪辑元件拖入主舞台中，如图9-102所示。

❻ 新建一个图层，将"图2.jpg"素材图片拖入舞台中，如图9-103所示。

图9-102 添加元件

图9-103 添加素材图片

❼ 将素材图片转换为影片剪辑元件。双击进入元件，在第2帧处插入空白关键帧，添加文字与图片，如图9-104所示。

图9-104 添加文字与图片

❽ 用同样的方法，依次新建4个空白关键帧并制作页面，部分页面效

❾ 返回主舞台中，添加按钮元件，如图9-106所示。

图9-106 添加按钮元件

❿ 至此，本实例制作完成，保存并测试影片，如图9-107所示。

图9-107 测试影片

实例168 Flash网站全站——结婚网站

本实例将展示结婚网站Flash全站的制作。

案例设计分析

设计思路

本实例制作的结婚网站，片头通过补间将Logo展示，首页通过一对新人的结婚照表明公司主旨。在页面上方设置弧形的菜单，单击菜单后则跳转至相应的页面。

案例效果剖析

本实例制作的Flash网站包含了多个页面，如图9-108所示为部分效果展示。

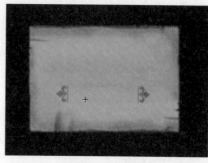

材图片拖入舞台中，如图9-110所示。

图9-110 拖入素材

图9-108 效果展示

» 案例技术要点

本实例主要用到的功能及技术要点如下。

● 遮罩层：使用遮罩层制作遮罩动画。

● 编辑元件：选择舞台中的元件实例后，双击即可进入元件编辑界面。

源文件路径	源文件\第9章\实例168 结婚网站		
素材路径	素材\第9章\实例168\图1.jpg、图2.jpg等		
视频路径	视频\第9章\实例168 结婚网站.mp4		
难易程度	★★★★★	学习时间	2分13秒

实例169 Flash网站全站——复古型网站

本实例是复古型网站，开场动画结束后，可以随意翻页。

» 案例设计分析

◎ 设计思路

本实例制作的复古型网站是以牛皮纸的书本为主要背景，使用脚本实现书本翻页的效果。单击右下角的页脚，即可进行翻页，查看其他网页效果。或者单击底部的菜单，可直接转至相应的页面中。

◎ 案例效果剖析

本实例制作的复古型网站包含多个页面，如图9-109所示为部分效果展示。

点击右下角   翻页效果

图9-109 效果展示

» 案例技术要点

本实例主要用到的功能及技术要点如下。

● 遮罩层：使用遮罩层制作加载等动画。

● 色彩效果：为元件添加色彩效果，制作入画或出画的特效。

● 按钮元件：多处添加按钮元件，实现交互。

» 案例制作步骤

源文件路径	源文件\第9章\实例169 复古型网站.fla		
素材路径	素材\第9章\实例169\图1.png、图2.png等		
视频路径	视频\第9章\实例169 复古型网站.mp4		
难易程度	★★★★★	学习时间	3分15秒

① 新建一个空白文档，并新建"加载"影片剪辑元件，将"背景1.png"素

② 新建一个图层，将"图1.png"素材图片拖入舞台中，如图9-111所示。

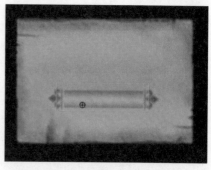

图9-111 拖入素材

③ 新建遮罩图层，绘制矩形作为遮罩，如图9-112所示。将其转换为影片剪辑元件，从左向右移动。

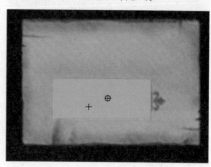

图9-112 绘制遮罩

④ 新建一个图层，输入文字，将其转换为影片剪辑元件。双击进入元件，设置文字的遮罩图层，绘制矩形作为遮罩，如图9-113所示。将矩形从左至右移动，至覆盖位置为止。

图9-113 绘制遮罩

⑤ 将"加载"影片剪辑元件拖入主舞台中，如图9-114所示。

⑥ 新建一个图层，添加"图2.png"素材图片，如图9-115所示。

图9-114　拖入元件

图9-115　添加素材

⑦ 新建一个图层，将"图3.png"素材图片拖入舞台中，并转换为影片剪辑元件，制作元件移入画面的效果，如图9-116所示。

图9-116　添加素材

⑧ 用同样的方法，继续添加多个素材图片，如图9-117所示。

图9-117　添加素材

⑨ 新建一个图层，将"书本.png"素材图片拖入舞台中，并转换为影片剪辑元件，如图9-118所示。插入关键帧，设置色彩效果，如图9-119所示。制作元件淡入动画的效果。

图9-118　添加素材

图9-119　设置色彩效果

⑩ 新建一个图层，将"书本2.png"素材图片拖入舞台中并转换为影片剪辑元件，如图9-120所示。

图9-120　添加素材

⑪ 在该图层上新建遮罩图层，绘制矩形作为遮罩，如图9-121所示。制作遮罩由上向下移动的动画。

图9-121　绘制遮罩

⑫ 新建影片剪辑元件，制作页面，将其拖入主舞台中。双击再次进入元件，对元件进行编辑，如图9-122所示。

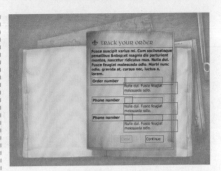

图9-122　编辑元件

⑬ 用同样的方法，新建页面的其他元件，如图9-123所示。

图9-123　新建其他元件

⑭ 新建影片剪辑元件，制作导航，如图9-124所示。将导航元件拖入主舞台中。

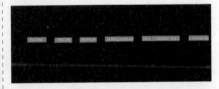

图9-124　制作导航

⑮ 新建影片剪辑元件，制作页面1，如图9-125所示。在"库"面板中设置AS链接为page1。

图9-125　制作页面

⑯ 用同样的方法，新建其他页面元件，如图9-126所示。在"库"面板中设置AS链接为page2～page8。

图9-126 制作其他页面

⑰ 至此，本实例制作完成，保存并测试影片。

提 示

在"库"面板中直接复制元件，可以快速得到其他页面。进入相应的页面中修改内容即可。

实例170　Flash网站全站——卡通风格网站

本实例将介绍卡通风格网站的制作。

案例设计分析

设计思路

Flash 网站多以动漫动画为主要表现形式，在视觉效果和互动效果上与普通网站相比，更加美观动感，能够获得较高的用户体验。本实例的卡通风格网站以卡通的手绘图形表现特色，通过左侧的图标式菜单来切换页面。

案例效果剖析

本实例制作的卡通风格网站包含多个页面，如图9-127所示为部分效果展示。

图9-127 效果展示

案例技术要点

本实例主要用到的功能及技术要点如下。

- 文本类型：不同的文本需要设置不同的文本类型。
- 变量：在文本的"属性"面板中设置变量，以脚本实现加载动画的数字变化。

案例制作步骤

源文件路径	源文件\第9章\实例170 卡通风格网站.fla		
素材路径	素材\第9章\实例170\背景图.jpg、图1.png等		
视频路径	视频\第9章\实例170 卡通风格网站.mp4		
难易程度	★★★★★	学习时间	3分01秒

① 新建一个空白文档，将"背景图.jpg"素材图片拖入舞台中，调整至舞台大小并转换为图形元件，如图9-128所示。在第541帧处插入帧。

图9-128 拖入素材

② 新建一个图层，将"图1.png"素材图片拖入舞台中，转换为影片剪辑元件，双击进入元件，输入文本及动态文本，设置动态文本的变量为text，如图9-129所示。

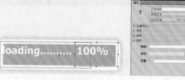

图9-129 输入文本

③ 新建图层，将"太阳.png"素材图片拖入舞台中，转换为影片剪辑元件，如图9-130所示。

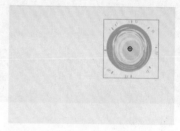

图9-130 添加素材

④ 在该图层上方创建传统运动引导层，绘制路径。选择被引导层，创建关键帧，移动元件到路径的另一端，如图9-131所示。创建传统补间。

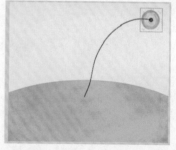

图9-131 移动

提 示

引导层中的路径不能为封闭的路径。被引导层中的元件实例中心点需与引导层中的路径对齐。

⑤ 新建一个图层，将云拖入舞台中，制作移动的动画，如图9-132所示。

图9-132 制作移动的动画

⑥ 新建一个图层，将"背景.png"素材图片拖入舞台中，如图9-133所示。

图9-133 添加素材图片

⑦ 新建按钮元件，制作按钮，将按钮拖入主舞台中，如图9-134所示。

图9-134 添加按钮元件

⑧ 新建影片剪辑元件，制作页面，如图9-135所示。用同样的方法，制作其他页面，并将多个元件拖入舞台中。

图9-135 制作页面

⑨ 至此，本实例制作完成，保存并测试影片，如图9-136所示。

图9-136 测试影片

实例171 Flash网站全站——摄影网站

本实例将展示摄影网Flash全站的制作。

案例设计分析

设计思路

本实例制作的摄影网站，重点在于展示摄影作品，因此需要留出较大空间，便于大图展示。在网站左侧和顶端分别添加导航菜单。单击左侧的作品列表可对作品进行选择展示，单击顶端的菜单可显示不同类型的作品。

案例效果剖析

本实例制作的摄影网站全站包含多个页面，如图9-137所示为部分效果展示。

单击左侧列表   单击顶端菜单

图9-137 效果展示

案例技术要点

本实例主要用到的功能及技术要点如下。

- 遮罩层：使用遮罩动画制作图片切换时的效果。
- 按钮元件：使用按钮元件实现交互功能。

源文件路径	源文件\第9章\实例171 摄影网站		
素材路径	素材\第9章\实例171\图1.jpg、图2.jpg等		
视频路径	视频\第9章\实例171 摄影网站.mp4		
难易程度	★★★★★	学习时间	1分15秒

实例172 Flash网站全站——极简网站

本实例是极简网站的制作，以简单的文字展示为主。

案例设计分析

设计思路

本实例制作的是极简网站，网站导航为矩形方块，单击导航菜单后进入子页面，子页面没有复杂的布局与动画，以纯文字介绍为主。通过返回按钮可以关闭子页面，重新回到主页中。

案例效果剖析

本实例制作的Flash网站的效果如图9-138所示。

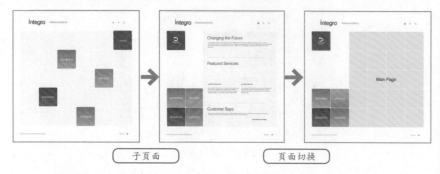

图9-138 效果展示

案例技术要点

本实例主要用到的功能及技术要点如下。

- 直接复制元件：直接复制元件可以制作多个类似的菜单。
- 按钮元件：使用按钮元件完成交互动画的设计。

源文件路径	源文件\第9章\实例172 极简网站.fla		
素材路径	素材\第9章\实例172\素材1.png、素材2.png等		
视频路径	视频\第9章\实例172 极简网站.mp4		
操作步骤路径	操作\实例172.pdf		
难易程度	★★★★★	学习时间	2分04秒

实例173　Flash网站全站——旅游网站

本实例将介绍旅游网站的制作。

案例设计分析

设计思路

本实例制作的是旅游网站，以海滩比基尼为背景，在首页中设置箭头，吸引人点击。点击箭头后进入照片展示页面，使用代码实现单击照片小图展开大图、单击左右的箭头切换图片、单击右上角的关闭按钮关闭照片的效果。

案例效果剖析

本实例制作的旅游网站包含多个页面，如图9-139所示为部分效果展示。

照片展示　　　大图展示

图9-139 效果展示

案例技术要点

本实例主要用到的功能及技术要点如下。

- 编辑元件：双击舞台中的元件，可以进入元件的编辑界面。
- 交换元件：使用交换元件功能可以替换元件，但保留原元件的属性。

- 实例名称：为元件添加实例名称，使用脚本设置该元件为遮罩。

案例制作步骤

源文件路径	源文件\第9章\实例173 旅游网站
素材路径	素材\第9章\实例173\背景.jpg、照片1.jpg等
视频路径	视频\第9章\实例173 旅游网站.mp4
难易程度	★★★★★
学习时间	3分37秒

❶ 新建一个空白文档，设置舞台颜色为淡绿色，制作加载动画，如图9-140所示。

图9-140 制作加载动画

❷ 新建一个图层，将"背景.jpg"素材图片拖入舞台中，转换为影片剪辑元件，如图9-141所示。制作元件由大变小淡入的动画。

图9-141 添加素材

❸ 新建一个图层，将"背景2.jpg"素材图片拖入舞台中，调整与底层图像同等大小，如图9-142所示。

图9-142 添加素材

④ 新建"海鸥"影片剪辑元件，制作海鸥飞翔的动画。新建"海鸥飞"影片剪辑元件，将"海鸥"影片剪辑元件拖入舞台中，制作从右向左移动的补间。

⑤ 将"海鸥"影片剪辑元件拖入主舞台中，转换为影片剪辑元件。双击进入元件，复制一个元件实例，如图9-143所示。

图9-143　复制元件实例

⑥ 新建一个图层，新建遮罩图层，绘制遮罩图形，如图9-144所示。

图9-144　绘制遮罩

⑦ 新建"图片"影片剪辑元件，绘制白色的矩形。新建一个图层，将"图片1.jpg"拖入舞台中，如图9-145所示。

图9-145　添加图片

⑧ 在第2～9帧处插入关键帧，分别选择关键帧中的图片，在"属性"面板中单击"交换"按钮，如图9-146所示。

⑨ 在打开的对话框中选择其他的图片元件，如图9-147所示。

⑩ 新建"图片投影"影片剪辑元件，将"图片"影片剪辑元件拖入舞台中，在"属性"面板中设置实例名称并添加滤镜，如图9-148所示。

图9-146　单击"交换"按钮

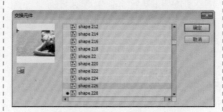

图9-147　选择

图9-148　设置属性

⑪ 此时的图像效果如图9-149所示。依次创建关键帧，修改滤镜参数。

图9-149　图形效果

⑫ 新建"页面"影片剪辑元件，将"图片投影"元件拖入舞台中。在第2帧处插入空白关键帧，制作页面效果，如图9-150所示。

图9-150　制作页面

⑬ 在第3帧处插入空白关键帧，制作页面效果，如图9-151所示。

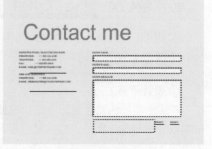

图9-151　制作页面

⑭ 回到主舞台中，将元件拖入舞台中，如图9-152所示。

图9-152　拖入元件

⑮ 新建一个图层，绘制图形并转换为影片剪辑元件，如图9-153所示。设置元件的实例名称为mask。

图9-153　绘制图形

⑯ 新建"菜单"按钮元件，制作菜单。将"菜单"按钮元件拖入主舞

台中，如图9-154所示。

图9-154 拖入元件

⑰ 用同样的方法，制作其他按钮元件，将元件拖入主舞台中，如图9-155所示。

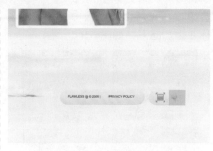

图9-155 拖入元件

⑱ 新建一个图层，添加声音到舞台中。新建一个图层，添加关键帧并输入相应的脚本（参见源文件）。

⑲ 至此，本实例制作完成，保存并测试影片。

实例174　　Flash网站全站——蓝色星际网站

本实例将介绍蓝色星际网站的制作。

案例设计分析

设计思路

本实例制作的蓝色星际网站，设置背景为蓝色，体现一种神秘感。在首页中零散分布着菜单图标，如同星空般，单击菜单后跳转至页面，展示网站的具体内容。

案例效果剖析

本实例制作的蓝色星际网站包含多个页面，如图9-156所示为部分效果展示。

点击菜单　　　　网站子页面

图9-156　效果展示

案例技术要点

本实例主要用到的功能及技术要点如下。

● 按钮元件：使用按钮元件控制菜单跳转的页面。
● 补间：使用补间完成多个动画的制作。

源文件路径	源文件\第9章\实例174 蓝色星际网站.fla		
素材路径	素材\第9章\实例174\背景.jpg、小图.jpg等		
视频路径	视频\第9章\实例174 蓝色星际网站.mp4		
操作步骤路径	操作\实例174.pdf		
难易程度	★★★★★	学习时间	4分43秒

实例175　　Flash网站全站——美容网站

本实例制作的是美容网站，各类美容效果令人应接不暇。

案例设计分析

设计思路

本实例制作的美容网站，为突出主体，在黑色的背景下添加五彩的图片菜单，单击菜单进入相应的子网页中。同时在顶部设置导航，单击顶部的菜单，实现页面的跳转。

案例效果剖析

本实例制作的美容网站包含多个页面，如图9-157所示为部分效果展示。

网站子页

单击菜单

图9-157　效果展示

案例技术要点

本实例中主要用到的功能及技术要点如下。

● 补间动画：使用补间动画制作加载。
● AS链接：在"库"面板中添加元件的AS链接，实现脚本调用。

案例制作步骤

源文件路径	源文件\第9章\实例175 美容网站
素材路径	素材\第9章\实例175\图1.jpg、图2.jpg等
视频路径	视频\第9章\实例175 美容网站.mp4
难易程度	★★★★★
学习时间	3分12秒

❶ 新建一个空白文档，新建"加载"元件，绘制矩形并输入文字，使用补间制作加载动画，如图9-158所示。

图9-158　制作加载动画

❷ 新建"菜单"元件，绘制图形，新建图层，添加"图1.png"素材图片。将素材图片转换为影片剪辑元件，双击进入元件，在第2～4帧处插入空白关键帧，分别拖入其他图片。双击退出元件编辑，复制多个到舞台中，如图9-159所示。

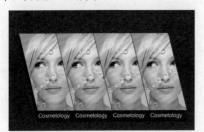

图9-159　拖入图片

❸ 新建一个图层，添加"素材2.png"图片并制作动画，如图9-160所示。

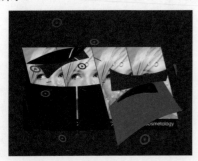

图9-160　添加素材

❹ 新建一个图层，绘制图形，如图9-161所示。

图9-161　添加图形

❺ 新建"页面1"影片剪辑元件，添加图片与文字，制作页面，如图9-162所示。

❻ 用同样的方法，制作其他页面，如图9-163所示。

❼ 在"库"面板中设置元件的AS链接。至此，本实例制作完成，保存并测试影片。

图9-162　制作页面

图9-163　制作其他页面

实例176　Flash网站全站——轮滑俱乐部

本实例将介绍轮滑俱乐部网站的制作。

案例设计分析

◉ 设计思路

本实例制作的是轮滑俱乐部网站，将界面设置为黄色，将菜单设置为卡通风格的图形，体现别具一格的网站风格。页面左侧占较大篇幅的动漫人物十分吸引眼球，体现轮滑的嘻哈风格。

◉ 案例效果剖析

本实例制作的Flash网站包含多个页面，如图9-164所示为部分效果展示。

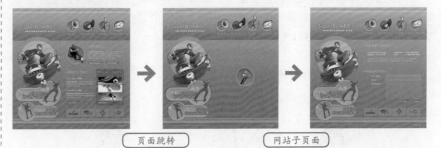

页面跳转　　网站子页面

图9-164　效果展示

案例技术要点

本实例主要用到的功能及技术要点如下。

● 遮罩：使用遮罩与补间制作加载动画。
● 按钮元件：为菜单添加按钮元件实现交互。
● 视频：导入视频制作相应的动画效果。

源文件路径	源文件\第9章\实例176 轮滑俱乐部.fla		
素材路径	素材\第9章\实例176\图1.png、图2.png等		
视频路径	视频\第9章\实例176 轮滑俱乐部.mp4		
操作步骤路径	操作\实例176.pdf		
难易程度	★★★★★	学习时间	3分49秒

第 ⑩ 章 游戏角色与场景动画的制作

角色与场景都是游戏中必不可少的部分，它们决定了一个游戏的成败。好的游戏角色能深入人心、让人印象深刻，好的场景动画是游戏的关键，两者是相互影响、相互作用的。

实例177 人物角色动作——角色转身

在游戏界面中，一个游戏角色的展示不仅仅是正面形象，还包括侧面、斜侧面、背面等，不同面的连续动作则形成转身。游戏角色的转身是游戏角色设定中必不可少的一个环节。角色的多面展示能使一个游戏角色展现三维立体效果，使其具有生命。

案例设计分析

设计思路

为达到更好的游戏体验，赋予游戏角色的全方位展示，是体现游戏角色的个性特点及立体感、真实感的手法之一。本实例通过制作角色转身的动作表现角色的全方位。本实例制作的关键在于掌握时间轴中的绘图纸外观功能，在该功能下绘制不同关键帧的人物转面。

案例效果剖析

本实例制作的人物转身效果如图10-1所示。

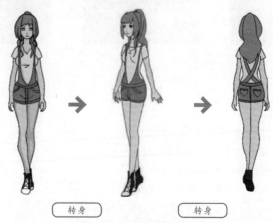

转身　　转身

图10-1　效果展示

案例技术要点

本实例中主要用到的功能及技术要点如下。

● 铅笔工具与椭圆工具：使用两种工具绘制人物结构图。
● 锁定图层：将图层锁定，方便其他图层的操作。

● 隐藏图层：隐藏图层后，该图层的舞台内容将不可视，但测试影片时隐藏的图层仍然会被测试出来。
● 绘图纸外观：打开图层中的绘图纸外观，可以同时显示多个关键帧中的内容。
● 图层文件夹：使用图层文件夹，可以将多个图层整理到一个图层中。

案例制作步骤

源文件路径	源文件\第10章\实例177 角色转身.fla
视频路径	视频\第10章\实例177 角色转身.mp4
难易程度	★★
学习时间	5分54秒

❶ 新建一个空白文档，使用 ✐（铅笔工具）及 ⬭（椭圆工具）大致绘制人物结构线稿，椭圆代表关节，如图10-2所示。

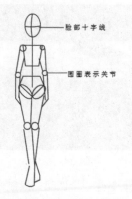

　　　　脸部十字线

　　　　圈圈表示关节

图10-2　绘制结构线稿

❷ 在"图层"面板中锁定"图层1"图层，新建"图层2"图层，如图10-3所示。

图10-3 锁定并新建图层

提示

锁定图层后该图层中的内容不可编辑。

❸ 修改笔触颜色，根据"图层1"图层的线稿，在"图层2"图层中使用 （铅笔工具）绘制身体躯干，如图10-4所示。

图10-4 绘制躯干

❹ 新建"图层3"图层，根据躯干，将人物的头发、服饰绘制出来，隐藏"图层1"图层和"图层2"图层，效果如图10-5所示。

图10-5 绘制头发与服饰

提示

绘制上一图层时，将下一图层的线稿修改不透明度，便于绘制。

❺ 复制"图层3"图层，在"图层3副本"图层中使用 （颜料桶工具）为人物填充基本色，如图10-6所示。

图10-6 绘制躯干

❻ 使用红色的笔触颜色，绘制明暗分界线，并填充明暗色，如图10-7所示。

图10-7 填充明暗色

❼ 使用 （选择工具），选择明暗分界线，按Delete键删除，效果如图10-8所示。

图10-8 删除明暗分界线

❽ 在"图层"面板中单击"新建文件夹"按钮，重命名文件夹为"正面"，将所有图层拖入到文件夹中，如图10-9所示。

图10-9 将所有图层拖入到文件夹中

❾ 新建"背面"文件夹，新建一个图层，打开绘图纸外观，在第20帧处插入空白关键帧。在第24帧处插入帧，如图10-10所示。

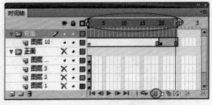

图10-10 打开绘图纸外观

❿ 根据正面图绘制出背面图，如图10-11所示。

图10-11 绘制出背面图

⑪ 用同样的方法，新建其他图层，每隔5帧插入关键帧，绘制人物的侧面与斜侧面图，如图10-12所示。

图10-12　绘制人物的侧面与斜侧面图

⑫ 至此，本实例制作完成，保存并测试影片。

实例178　人物角色动作——侧面奔跑

在前面的章节中介绍过人物的动作绘制，本实例将介绍如何让静态动作动起来。

案例设计分析

设计思路

本实例制作的是人物奔跑的动作，采用一拍三的形式，将人物跑步分解。只需绘制两个动作，然后在其他关键帧中将两个动作进行手臂与腿的左右交换，最后重复动作1，实现跑步的交替动作。

案例效果剖析

本实例制作的人物角色侧面奔跑的效果如图10-13所示。

图10-13　效果展示

案例技术要点

本实例中主要用到的功能及技术要点如下。

● 绘图纸外观：打开图层中的绘图纸外观，可以同时显示多个关键帧中的内容。

● 复制粘贴帧：选择关键帧，单击鼠标右键，执行快捷菜单中的"复制帧"命令即可复制该关键帧。选择其他关键帧，单击鼠标右键，执行快捷菜单中的"粘贴帧"命令即可粘贴关键帧。

源文件路径	源文件\第10章\实例178 侧面奔跑.fla
视频路径	视频\第10章\实例178 侧面奔跑.mp4
难易程度	★★
学习时间	6分27秒

❶ 新建一个空白文档，使用绘图工具绘制人物跑步的第1个动作，如图10-14所示。

图10-14　绘制人物跑步的第1个动作

❷ 在时间轴的第5帧处插入关键帧，将左右手及左右腿进行修改，如图10-15所示。

图10-15　将左右手及左右腿进行修改

❸ 在第3帧处插入空白关键帧，打开绘图纸外观，绘制第2个动作，如图10-16所示。

图10-16　绘制第2个动作

❹ 在第7帧处粘贴第3帧的图形，并修改图形，如图10-17所示。

图10-17　修改图形

⑤ 复制第1帧到第9帧处，并调整位置，如图10-18所示。在第11帧处插入帧。

图10-18　复制第1帧到第9帧处

⑥ 本实例绘制完成，保存并测试影片。

实例179　动物角色动作——老鹰飞翔

游戏角色除了人物角色还有动物角色。世界上的动物种类非常多，动物们的行走、奔跑、游动或者跳跃的姿势都大不相同，动物动画对于动画行业来说也占据了比较重要的地位。动物的动作和人物的动作有些不太一样，本实例将介绍老鹰飞翔的角色动画制作。

案例设计分析

设计思路

鸟类的品种比较多，但是飞翔的动作都相似，而鸟类最常见的动作则是飞翔，本实例绘制的是老鹰飞翔的动画。通过绘制老鹰飞翔的多个动作，并以补间实现老鹰与云朵的反方向移动，实现老鹰在空中飞翔的真实效果。

案例效果剖析

本实例制作的老鹰飞翔动作的效果如图10-19所示。

图10-19　效果展示

案例技术要点

本实例中主要用到的功能及技术要点如下。

● 绘图纸外观：使用绘图纸外观绘制多个动作。
● 传统运动补间：使用传统运动补间实现移动。

● 元件滤镜：为太阳元件添加"发光"滤镜制作发光的效果。

案例制作步骤

源文件路径	源文件\第10章\实例179老鹰飞翔.fla
视频路径	视频\第10章\实例179老鹰飞翔.mp4
难易程度	★★
学习时间	6分52秒

① 新建一个空白文档，并新建"老鹰"影片剪辑元件，绘制老鹰，如图10-20所示。

图10-20　绘制老鹰

② 依次逐帧插入关键帧，绘制老鹰飞翔的动作。复制第1帧到第5帧，在第6帧处继续绘制，如图10-21所示。

图10-21　绘制其他形态的老鹰

③ 新建"老鹰2"影片剪辑元件，将"老鹰"影片剪辑元件拖入舞台左侧，新建关键帧，移至右侧，创建传统运动补间。

④ 在主舞台中绘制图形作为背景。新建一个图层，绘制太阳，并转换为影片剪辑元件，为元件添加滤镜，如图10-22所示。

图10-22 为元件添加滤镜

图10-23 添加白云与"老鹰2"元件

⑤ 新建一个图层，添加白云与"老鹰2"影片剪辑元件元件，如图10-23所示。

⑥ 新建一个图层，绘制和舞台同等大小的矩形，将该图层设置为遮罩层。

⑦ 至此，本实例制作完成，保存并测试影片，如图10-24所示。

图10-24 测试影片

实例180 动物角色动作——白马奔跑

与鸟类不同，四肢动物的动作更为复杂。本实例将介绍白马奔跑的动作。

案例设计分析

设计思路

四足动物奔跑时的身体起伏明显，收缩和伸展的动作比较大，在快速奔跑的过程中，会形成四脚离地、腾空的跳跃状。一般的奔跑步骤是：后左、后右、前左、前右。本实例根据这一规律绘制马跑的多个动作，形成动画。

案例效果剖析

本实例制作的白马奔跑动画效果如图10-25所示。

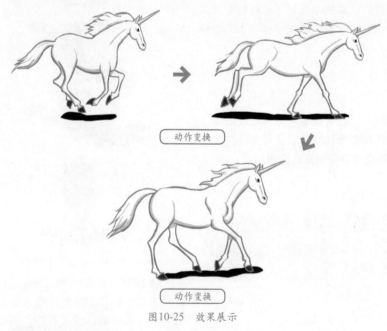

图10-25 效果展示

案例技术要点

本实例中主要用到的功能及技术要点如下。

- 绘图纸外观：使用绘图纸外观绘制多个动作。
- 帧频：调整帧频改变动画的快慢速度。

案例制作步骤

源文件路径	源文件\第10章\实例180 白马奔跑.fla
视频路径	视频\第10章\实例180 白马奔跑.mp4
难易程度	★★
学习时间	7分11秒

① 新建一个空白文档，使用绘图工具绘制马，如图10-26所示。

图10-26 绘制马

② 在"图层"面板中打开绘图纸外观，如图10-27所示。

图10-27 打开绘图纸外观

③ 在第3帧处插入空白关键帧，绘制马的第2个动作，如图10-28所示。

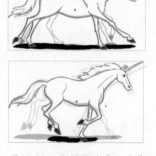

图10-28 绘制马的第2个动作

④ 用同样的方法，绘制马的其他动作，如图10-29所示。

图10-29 绘制马的其他动作

⑤ 至此，本实例制作完成，保存并测试影片。

实例181 动物拟人动作——正面行走

在动画片中，动物的拟人化因其生动的表情深得广大观众的喜爱。掌握人物的动作后，动物的拟人化就很容易表现。在制作时，只需将人物的肢体造型更换为动物的样子。因此，动物的拟人化不仅要求作者对动物的外型特征和性格有深入的了解，更需要对人物的表情动作把握得透彻。

》案例设计分析

⑥ 设计思路

动物拟人化行走即将动物以人的姿态行走，因此需要将动物直立。本实例绘制的是老虎拟人化行走，拟人化的老虎直立如同人一般。采用一拍二的形式制作，将老虎身体分解为多个区域，并按部位分层绘制，对无需调整的头、身体部分保持静止，对四肢及尾巴则设置动作，实现行走的动画。使用传统补间实现老虎从远处走来，根据近大远小的原理，制作老虎逐渐走近并逐渐变大的动画。

⑥ 案例效果剖析

本实例制作的动物拟人化正面行走动画效果如图10-30所示。

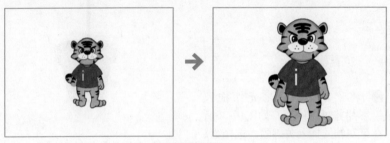

远小近大

图10-30　效果展示

》案例技术要点

本实例中主要用到的功能及技术要点如下。

- 图层：新建不同的图层，使角色的各个身体部位位于不同的图层，方便动作的制作。
- 传统补间：使用传统补间制作从远处走来的动画。

源文件路径	源文件\第10章\实例181 正面行走.fla		
视频路径	视频\第10章\实例181 正面行走.mp4		
操作步骤路径	操作\实例181.pdf		
难易程度	★★	学习时间	3分14秒

实例182 动物拟人动作——侧面行走

人物侧面行走时手脚交替，动作幅度较小。动物拟人化行走也应遵循这一特性，但还需要添加动物本身的特色。

》案例设计分析

⑥ 设计思路

本实例绘制的动画是松鼠，将松鼠拟人化后如同人物站立行走，在制作行走动画时保留了松鼠原有的特征，即尾巴。本实例绘制的关键在于尾巴运动时应遵循跟随运动。

⑥ 案例效果剖析

本实例制作的动物拟人侧面行走动画效果如图10-31所示。

动作变换

动作变换

图10-31　效果展示

》案例技术要点

本实例中主要用到的功能及技术要点如下。

- 图层：新建不同的图层，使角色的各个身体部位位于不同的图层，方便动作的制作。
- 传统补间：使用传统补间制作从远处走来的动画。

源文件路径	源文件\第10章\实例182 侧面行走.fla
视频路径	视频\第10章\实例182 侧面行走.mp4
难易程度	★★
学习时间	6分50秒

实例183 场景动画——向日葵生长

植物生长是自然界最常见的，本实例将向日葵生长的动画制作出来。

》案例设计分析

⑥ 设计思路

植物生长是由发芽到慢慢长大，

直至开花的过程，本实例将这一过程绘制出来，通过传统补间实现花瓣由小变大的动画，使用引导动画实现树叶的生长。

案例效果剖析

本实例制作的向日葵生长动画效果如图10-32所示。

图10-32　效果展示

案例技术要点

本实例中主要用到的功能及技术要点如下。

- 线性渐变：使用线性渐变填充颜色。
- 传统补间：使用传统补间制作植物由小到大的动画。
- 遮罩：使用遮罩图形显示展示部分。
- 引导动画：使用引导动画制作树叶的运动路径。

案例制作步骤

源文件路径	源文件\第10章\实例183 向日葵生长.fla		
视频路径	视频\第10章\实例183 向日葵生长.mp4		
难易程度	★★	学习时间	15分32秒

❶ 创建一个空白文档，新建"花"影片剪辑元件，使用绘图工具绘制花盆，如图10-33所示。在第154帧处插入帧。

图10-33　绘制花盆

❷ 新建"花茎"图形元件，使用绘图工具绘制图形，并设置填充颜色为"线性渐变"，如图10-34所示。

图10-34　设置填充颜色为"线性渐变"

❸ 将"花茎"图形元件拖入"花"影片剪辑元件中，如图10-35所示。在第74帧处插入关键帧。选择第1帧的"花"元件，将其缩小，如图10-36所示。在关键帧之间创建传统补间。

图10-35　添加元件

图10-36　缩小

❹ 新建一个遮罩图层，绘制图形作为遮罩，如图10-37所示。

❺ 新建"树叶"影片剪辑元件，绘制树叶。回到主时间轴中，新建一

个图层，将新图层向下移动一层，将"树叶"影片剪辑元件拖入舞台中，如图10-38所示。

图10-37　绘制图形作为遮罩

图10-38　将"树叶"元件拖入舞台

❻ 新建传统运动引导层，绘制路径。在被引导层上添加多个关键帧，分别调整树叶的大小与位置，调整树叶的中心点与路径对齐。在关键帧之间创建传统补间。

❼ 新建一个图层，将"树叶"影片剪辑元件拖入舞台中，进行水平翻转，调整位置，如图10-39所示。制作树叶由小变大的补间动画。

图10-39　调整位置

❽ 新建"花瓣"图形元件，绘制图形，如图10-40所示。

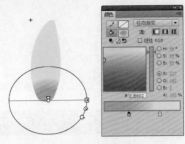

图10-40 绘制图形

❾ 复制图层，修改填充颜色，如图10-41所示。

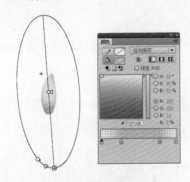

图10-41 修改填充颜色

❿ 将"花瓣"图形元件拖入主舞台中，如图10-42所示。创建关键帧，制作花瓣由小变大的补间。

图10-42 将元件拖入主舞台中

⓫ 新建一个图层，将"花瓣"图形元件拖到图层的不同中，调整角度与位置，如图10-43所示。创建关键帧，制作花瓣由小变大的动画。

图10-43 调整角度与位置

⓬ 新建一个图层，绘制图形并将其转换为影片剪辑元件，如图10-44所示。制作由小变大的动画，如图10-45所示。

图10-44 绘制图形并将其转换为元件

图10-45 制作由小变大的动画

⓭ 新建一个图层，添加星光。回到"场景1"，绘制背景。新建图层，将"花"影片剪辑元件拖入主舞台中，如图10-46所示。

图10-46 将元件拖入主舞台

⓮ 新建一个图层，将其调整至下一层，绘制阴影，如图10-47所示。

图10-47 绘制阴影

⓯ 新建一个图层，绘制太阳光，如图10-48所示。

图10-48 绘制太阳光

⓰ 至此，本实例制作完成，保存并测试影片，如图10-49所示。

图10-49 测试影片

实例184 场景动画——树叶生长

树叶生长并不是真正意义上的生长，而是通过遮罩完成的动画效果。

案例设计分析

◐ 设计思路

本实例将全部树叶绘制出来，通过设置遮罩并逐渐调整遮罩创建传统补间来实现树叶的生长动画。因此，本实例制作的关键在于熟练使用遮罩动画。

◐ 案例效果剖析

本实例制作的树叶生长动画效果如图10-50所示。

树叶生长

图10-50 效果展示

案例技术要点

本实例中主要用到的功能及技术要点如下。

- 传统补间：使用传统补间制作植物由小到大的动画。
- 遮罩：使用遮罩图形显示展示部分。

源文件路径	源文件\第10章\实例184 树叶生长.fla
视频路径	视频\第10章\实例184 树叶生长.mp4
难易程度	★★
学习时间	8分15秒

实例185 场景动画——海浪涛涛

海浪在海边场景中最为常见，本实例将介绍海浪拍打海岸的动画。

案例设计分析

设计思路

海浪的动画比较复杂，由于海水的作用，海浪高低起伏地连续拍打着海岸。本实例根据掌握的这一原理，绘制出海浪的运动动画。

案例效果剖析

本实例绘制的海浪涛涛动画效果如图10-51所示。

海浪运动

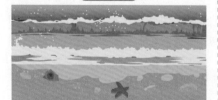

图10-51 效果展示

案例技术要点

本实例中主要用到的功能及技术要点如下。

- 传统补间：使用传统补间制作

海浪由小到大的动画。

- 遮罩：使用遮罩图形显示展示部分。

源文件路径	源文件\第10章\实例185 海浪涛涛.fla	
视频路径	视频\第10章\实例185 海浪涛涛.mp4	
难易程度	★★	学习时间	3分50秒

实例186 场景动画——雪花堆积

下雪时路边的房子上都堆满了雪花，这一动画效果在Flash中可以使用脚本轻松制作。

案例设计分析

设计思路

雪花的形态在人眼观察下为白色的椭圆，本实例通过绘制雪花并添加脚本，实现当雪花飘至建筑物上时堆积在上面的效果。

案例效果剖析

本实例制作的雪花堆积场景动画效果如图10-52所示。

堆积效果

图10-52 效果展示

案例技术要点

本实例中主要用到的功能及技术要点如下。

- 编辑元件：双击舞台中的元件可以进入元件编辑界面。
- 实例名称：为元件添加实例名称，使用脚本控制元件。

案例制作步骤

源文件路径	源文件\第10章\实例186 场雪花堆积.fla	
素材路径	素材\第10章\实例186\木屋.jpg	
视频路径	视频\第10章\实例186 雪花堆积.mp4	
难易程度	★★★	学习时间	5分02秒

❶ 创建一个空白文档，新建"雪"影片剪辑元件，绘制一个随意的形状，调整大小为1像素×1像素。

❷ 回到主舞台中，将"木屋.jpg"素材拖入舞台中，如图10-53所示。

❸ 新建一个图层，在舞台中绘制图形并转换为影片剪辑元件。双击进入元件，使用画笔在需要积雪的区域涂抹，如图10-54所示。在"属性"面板中设置实例名称为outline，并修改Alpha值为0%。

图10-53 将背景素材拖入舞台中

图10-54　绘制图形并转换为元件

④ 在第1帧处添加脚本，如图10-55所示。新建一个空白影片剪辑元件，将其添加至主舞台中，设置实例名称为birikinti，并在第1帧处添加脚本。

图10-55　在第1帧处添加脚本

⑤ 新建一个图层，将"雪"影片剪辑元件添加至舞台中，设置元件的实例名称为snowflake。在元件上添加脚本（参见源文件）。

⑥ 至此，本实例制作完成，保存并测试影片，如图10-56所示。

图10-56　测试影片

实例187　场景动画——水花溅起

本实例将介绍水花溅起的动画效果。

案例设计分析

设计思路

本实例绘制有水花的多形态，即由溅起到扩展到消失，将其转换为元件。在主场景中添加多个元件实例，并添加海豚的动作，实现当海豚跳起再落入水中时，水花溅起的动画。

案例效果剖析

本实例制作的水花溅起动画效果如图10-57所示。

水花溅起　　水花扩散

图10-57　效果展示

案例技术要点

本实例中主要用到的功能及技术要点如下。

- 遮罩层：使用遮罩图形显示动画。
- 传统补间：使用传统补间制作海豚跳水的动画。

案例制作步骤

源文件路径	源文件\第10章\实例187 水花溅起.fla		
素材路径	素材\第10章\实例187\海洋.jpg、海豚.png		
视频路径	视频\第10章\实例187 水花溅起.mp4		
难易程度	★★★	学习时间	8分57秒

① 新建一个空白文档，将"海洋.jpg"素材图片拖入舞台中，如图10-58所示，在第45帧处插入帧。复制"图层1"图层，得到"图层2"图层，将其转换为影片剪辑元件，制作元件上下移动的动画。

图10-58　将素材图片拖入舞台中

② 新建一个遮罩层，绘制矩形作为遮罩，如图10-59所示。

③ 新建"水花"影片剪辑元件，逐帧绘制水花的形态，如图10-60所示。

图10-59　绘制矩形作为遮罩

图10-60　逐帧绘制水花的形态

④ 回到主场景中，将"海豚.png"图片拖入舞台中转换为影片剪辑元件，制作跳跃的动画，如图10-61所示。

图10-61　制作跳跃的动画

⑤　新建一个图层，将"水花"元件拖入舞台中，并与海豚对齐，如图10-62所示。

图10-62　将"水花"元件拖入舞台中

⑥　用同样的方法，新建图层，在舞台其他位置添加海豚与水花，如图10-63所示。

图10-63　在舞台其他位置添加海豚与水花

⑦　至此，本实例制作完成。保存并测试影片，如图10-64所示。

图10-64　测试影片

实例188　场景动画——日出

本实例将介绍日出的场景动画。

案例设计分析

设计思路

本实例制作多个对象元件，修改元件的色彩效果，使用传统补间实现太阳从山头生起、周围事物由黑变亮的效果，并使用遮罩动画实现太阳发光的效果。

案例效果剖析

本实例制作的日出场景动画效果如图10-65所示。

图10-65　效果展示

案例技术要点

本实例中主要用到的功能及技术要点如下。

- 色彩效果：调整元件的色彩效果，实现图形的不同效果。
- 遮罩：使用遮罩图形制作显示的动画。

源文件路径	源文件\第10章\实例188 日出.fla	
素材路径	素材\第10章\实例188\素材1.jpg、素材2.png等	
视频路径	视频\第10章\实例188 日出.mp4	
操作步骤路径	操作\实例188.pdf	
难易程度	★★★	学习时间	23分17秒

实例189　场景动画——春天郊外风光

本实例是春天郊外风光。

案例设计分析

设计思路

本实例通过传统补间实现小溪流动、蜻蜓飞舞花间，风水花草摇曳的动画。

案例效果剖析

本实例制作的春天郊外风光效果如图10-66所示。

郊外风光

图10-66　效果展示

案例技术要点

本实例中主要用到的功能及技术要点如下。

- 传统补间：使用传统补间制作云朵移动、蜻蜓飞舞等动画。
- 任意变形工具：按Q键可以快速调用任意变形工具，制作小草摇曳的动画。

案例制作步骤

源文件路径	源文件\第10章\实例189 春天郊外风光.fla
视频路径	视频\第10章\实例189 春天郊外风光.mp4
难易程度	★★★
学习时间	8分10秒

①　创建一个空白文档，新建"元件1"影片剪辑元件，使用绘图工具绘制蓝天与草地，如图10-67所示。

图10-67 绘制蓝天与草地

❷ 新建一个图层，绘制花朵并转换为影片剪辑元件，添加多个元件，如图10-68所示。

图10-68 添加多个元件

❸ 新建一个元件，用前面章节中介绍的方法绘制云朵，如图10-69所示。制作云朵由右往左运动的动画。

图10-69 绘制云朵

❹ 将云朵拖入"元件1"舞台中多次，并调整至不同的大小与位置，如图10-70所示。

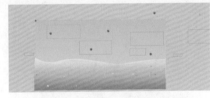

图10-70 调整至不同的大小与位置

❺ 新建一个图层，绘制河流，如图10-71所示。

图10-71 绘制河流

❻ 新建一个影片剪辑元件，制作

水流的动画，将该元件添加至"元件1"舞台中，如图10-72所示。

图10-72 将元件添加至"元件1"舞台中

❼ 新建多个影片剪辑元件，绘制石头。将多个元件拖入"元件1"舞台中，如图10-73所示。

图10-73 绘制石头

❽ 新建一个影片剪辑元件，绘制花朵，并制作花朵随风摇曳的动画。将该元件添加至"元件1"舞台中。

❾ 用同样的方法添加其他元件，如图10-74所示。

图10-74 绘制花朵

❿ 用同样的方法，制作小草摇曳的元件，添加至"元件1"舞台中，按Q键对齐进行旋转，如图10-75所示。

⓫ 新建一个影片剪辑元件，绘制蜻蜓，并创建传统补间制作蜻蜓飞的动画。将该元件添加至"元件1"舞台中，如图10-76所示。

图10-75 制作小草摇曳的元件

图10-76 绘制蜻蜓

⓬ 新建一个影片剪辑元件元件，制作蝴蝶飞舞的动画，并将该元件拖入"元件1"舞台中，如图10-77所示。

图10-77 制作蝴蝶飞舞的动画

⓭ 至此，本实例制作完成，保存并测试影片，如图10-78所示。

图10-78 测试影片

实例190 场景动画——秋天麦田风光

本实例将介绍秋天麦田风光的场景动画。

案例设计分析

设计思路

本实例通过传统补间制作动画，描绘出一副秋景动态图，麦子成熟，麦穗在田间摇曳，天空星光闪闪，蜻蜓在空中飞舞，一切安静祥和。

案例效果剖析

本实例制作的秋天麦田风光动画效果如图10-79所示。

秋景动画

图10-79　效果展示

案例技术要点

本实例中主要用到的功能及技术要点如下。

- 传统补间：使用传统补间制作蜻蜓飞舞的动画。
- Alpha值：修改Alpha值制作星光闪烁的动画。

源文件路径	源文件\第10章\实例190 秋天麦田风光.fla		
视频路径	视频\第10章\实例190 秋天麦田风光.mp4		
操作步骤路径	操作\实例190.pdf		
难易程度	★★★	学习时间	9分18秒

实例191　场景动画——樱花飘落

本实例将介绍樱花飘落场景动画的制作。

案例设计分析

🅑 设计思路

花瓣飘落、树叶飘落都是很常见的场景动画，本实例制作的是樱花飘落的动画，满树的樱花飘散，落在地上，十分逼真。

🅑 案例效果剖析

本实例制作的樱花飘落动画效果如图10-80所示。

樱花飘落

图10-80　效果展示

案例技术要点

本实例中主要用到的功能及技术要点如下。

- 渐变变形工具：使用渐变变形工具调整渐变色。
- 色彩效果：为元件调整色彩效果。
- 遮罩层：使用遮罩图形遮盖显示区域。

案例制作步骤

源文件路径	源文件\第10章\实例191 樱花飘落.fla		
视频路径	视频\第10章\实例191 樱花飘落.mp4		
难易程度	★★★	学习时间	9分28秒

❶ 新建一个空白文档，使用绘图工具绘制场景，并调整填充颜色，如图10-81所示。

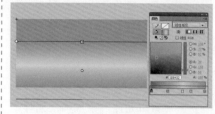

图10-81　绘制场景

❷ 新建一个图层，使用绘图工具绘制草地，并调整填充颜色，如图10-82所示。

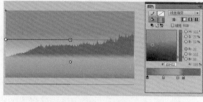

图10-82　绘制草地

❸ 新建一个图层，绘制花朵与篱笆，如图10-83所示。

图10-83　绘制花朵与篱笆

❹ 新建"樱花树"影片剪辑元件，在舞台中绘制树干，如图10-84所示。

图10-84　绘制树干

❺ 新建一个图层，绘制树叶并将树叶转换为影片剪辑元件，在"属性"面板中调整色彩效果，如图10-85所示。

❻ 调整该图层至最底层。新建一个图层，将图层移至最顶层，并添加树叶元件，如图10-86所示。

图10-85　在"属性"面板中调整色彩效果

图10-86　添加元件

⑦ 新建一个图层，绘制樱花并将其转换为影片剪辑元件，复制多个该元件到舞台中，并为部分元件设置色彩效果，如图10-87所示。

图10-87　绘制樱花将其转换为元件

⑧ 新建一个图层，绘制花瓣，如图10-88所示。

图10-88　制花瓣

⑨ 新建一个影片剪辑元件，制作花瓣飘落的动画。将该元件添加至"樱花树"影片剪辑元件舞台中两次，如图10-89所示。

图10-89　制作花瓣飘落的动画

⑩ 新建一个图层，绘制矩形，如图10-90所示，设置该图层为遮罩层。

图10-90　绘制矩形

⑪ 将"樱花树"影片剪辑元件添加至主舞台中，调整位置与大小，如图10-91所示。

图10-91　将"樱花树"元件添加至主舞台中

⑫ 至此，本实例制作完成，保存并测试影片，如图10-92所示。

图10-92　测试影片

实例192　场景动画——窗外风景

本实例是窗外风景，主要制作移动火车上的窗外风景。

案例设计分析

设计思路

本实例制作的火车运动时窗外的风景移动，根据近景、中景、远景的物体移动速度不同来设置动画的快慢。使用遮罩动画实现风景在窗外移动。

案例效果剖析

本实例制作的窗外风景场景动画效果如图10-93所示。

风景移动

图10-93　效果展示

案例技术要点

本实例中主要用到的功能及技术要点如下。

● 遮罩动画：使用遮罩动画制作窗外风景。
● 传统补间：使用传统补间制作风景移动的动画。

>> 案例制作步骤

源文件路径	源文件\第10章\实例192 窗外风景.fla	
素材路径	素材\第10章\实例192\素材1.jpg、素材2.jpg等	
视频路径	视频\第10章\实例192 窗外风景.mp4	
难易程度	★★★	学习时间	14分58秒

① 新建一个空白文档，将"素材1.jpg"图片拖入舞台中，如图10-94所示。

图10-94 将素材图片拖入舞台中

② 新建"元件1"图形元件，将"素材2.jpg"图片拖入舞台中多次，如图10-95所示。

图10-95 将素材图片拖入舞台中多次

③ 新建"元件2"影片剪辑元件，将"元件1"影片剪辑元件拖入舞台中，制作元件从左向右移动的动画。将"元件2"影片剪辑元件拖入主舞台中，如图10-96所示。

图10-96 制作元件从左向右移动的动画

④ 新建"元件3"影片剪辑元件，将"素材3.png"图片拖入舞台中两次，如图10-97所示。将其转换为图形元件，制作元件由左向右移动的动画。

⑤ 将"元件3"元件添加至主舞台中。用同样的方法，新建元件并制作动画，添加至主舞台中，如图10-98所示。

图10-97 制作元件由左向右移动的动画　　图10-98 制作动画

⑥ 新建一个图层，将其他图层隐藏，绘制图形，如图10-99所示。设置该图层为遮罩层。

图10-99 绘制图形

⑦ 至此，本实例制作完成，保存并测试影片，如图10-100所示。

图10-100 测试影片

实例193　场景动画
——下雨

本实例将介绍下雨的场景动画。

>> 案例设计分析

◎ 设计思路

下雨是最常见的场景动画之一。本实例为了更清楚地展示下雨的效果，选择一张海面图。将雨形象化，以线条表现雨丝，当雨丝落入水中，溅起波纹，波纹逐渐扩散。

◎ 案例效果剖析

本实例制作的下雨动画效果如图10-101所示。

图10-101 效果展示

>> 案例技术要点

本实例中主要用到的功能及技术要点如下。

● 补间形状动画：使用补间形状动画制作雨丝下落及制作水纹扩散的动画的动画。

● 停止脚本：在关键帧中添加脚本"stop();"停止播放。

源文件路径	源文件\第10章\实例193 下雨.fla
素材路径	素材\第10章\实例193\背景.jpg
视频路径	视频\第10章\实例193 下雨.mp4
操作步骤路径	操作\实例193.pdf
难易程度	★★★
学习时间	8分21秒

⑤ 创建多个关键帧，并在不同的关键帧中绘制风的形态，如图10-107所示。

实例194　场景动画——风吹动画

本实例将介绍风吹树叶的场景动画。

案例设计分析

设计思路

树叶随风飘动是体现起风的最重要部分，本实例制作的风吹动画将无形的风以线条的形式处理，表现风的动作。

案例效果剖析

本实例制作的风吹动画效果如图10-102所示。

图10-102　效果展示

案例技术要点

本实例中主要用到的功能及技术要点如下。

- 传统补间：使用传统补间制作树叶飘动的动画。
- 逐帧动画：在各关键帧中绘制风的形态，完成整个动画。

案例制作步骤

源文件路径	源文件\第10章\实例194 风吹动画.fla	
视频路径	视频\第10章\实例194 风吹动画.mp4	
难易程度	★★★	学习时间	4分10秒

① 新建一个空白文档，绘制图形，如图10-103所示。

图10-103　绘制图形

② 新建一个图层，绘制树叶，并将其转换为影片剪辑元件，如图10-104所示。

图10-104　绘制树叶

③ 创建多个关键帧，制作树叶摇摆至飘落的动画，如图10-105所示。

图10-105　制作树叶摇摆至飘落的动画

④ 新建"风"影片剪辑元件，绘制图形，如图10-106所示。

图10-106　绘制图形

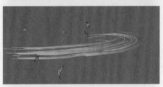

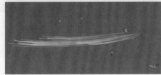

图10-107　绘制风的形态

⑥ 将"风"影片剪辑元件拖入主舞台中。至此，本实例制作完成，保存并测试影片，如图10-108所示。

图10-108　测试影片

实例195 场景动画——雷电交加

本实例将介绍雷电交加的场景动画。

案例设计分析

设计思路

雷鸣电闪的动画制作重点在于体现闪电与雷鸣的效果。雷电交加通常代表着暴雨的即将来临，天空逐渐暗沉下来，如同黑夜般。在制作闪电出现时，黑色场景瞬间变亮。在动画中导入声音素材，在电闪的同时加入打雷的声音，使效果更逼真。

案例效果剖析

本实例制作的雷电交加动画效果如图10-109所示。

闪电

图10-109 效果展示

案例技术要点

本实例中主要用到的功能及技术要点如下。

- 渐变变形工具：使用渐变变形工具调整渐变色。
- 滤镜：使用元件滤镜制作闪电的发光效果。
- 传统补间：使用传统补间制作闪光的场景变化。

源文件路径	源文件\第10章\实例195 雷电交加.fla		
视频路径	视频\第10章\实例195 雷电交加.mp4		
难易程度	★★★	学习时间	10分05秒

实例196 场景动画——下雪

本实例将介绍下雪的场景动画。

案例设计分析

设计思路

在各种作用下，雪花是以S型运动的。本实例的下雪动画通过引导动画，绘制S型的路径，并以传统补间制作使雪花向下飘落的效果。

案例效果剖析

本实例制作下雪动画效果如图10-110所示。

下雪

图10-110 效果展示

案例技术要点

本实例中主要用到的功能及技术要点如下。

- 引导动画：使用引导动画制作雪花移动的路径。
- 任意变形工具：使用任意变形工具调整雪花大小。
- 传统补间：使用传统补间制作雪花的运动。

案例制作步骤

源文件路径	源文件\第10章\实例196下雪.fla
素材路径	素材\第10章\实例196\雪景.jpg
视频路径	视频\第10章\实例196 下雪.mp4
难易程度	★★★
学习时间	9分12秒

❶ 创建一个空白文档，新建"雪花"影片剪辑元件，在舞台中绘制雪花，如图10-111所示。

图10-111 绘制雪花

❷ 将其转换为影片剪辑元件。在图层上单击鼠标右键，执行快捷菜单中的"添加传统运动引导层"命令。在舞台中绘制路径。

❸ 在"图层1"图层中创建关键帧，将雪花向下移动，中心点与路径对齐，如图10-112所示。

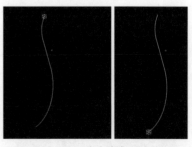

图10-112 将雪花向下移动

❹ 新建"雪花2"影片剪辑元件，将"雪花"影片剪辑元件拖入舞台中4次，如图10-113所示。

图10-113 将"雪花"元件拖入舞台中4次

⑤ 新建"雪花3"影片剪辑元件，将"雪花2"影片剪辑元件拖入舞台中多次，并使用 ▨（任意变形工具）调整大小与位置，如图10-114所示。

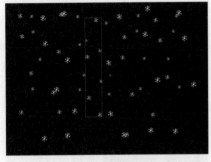

图10-114 将"雪花2"元件拖入舞台中多次

⑥ 回到主场景中，将"雪景.jpg"素材图片拖入舞台中。新建一个图层，将"雪花3"影片剪辑元件拖入舞台中，如图10-115所示。

图10-115 将"雪花3"元件拖入舞台

⑦ 至此，本实例制作完成，保存并测试影片，如图10-116所示。

图10-116 测试影片

实例197 场景动画——燃烧的火焰

本实例将介绍燃烧的火焰场景动画。

案例设计分析

● 设计思路

火焰的形状有多种，把握火焰运动的趋势及形态即可绘制出燃烧的火焰。本实例通过添加滤镜制作逼真的火焰效果，通过改变火的形态形成燃烧动画。

● 案例效果剖析

本实例制作的燃烧的火焰效果如图10-117所示。

火形态变化

图10-117 效果展示

案例技术要点

本实例中主要用到的功能及技术要点如下。

● 渐变变形工具：使用渐变变形工具调整渐变色。
● 滤镜：为元件添加滤镜，制作火光的效果。

案例制作步骤

源文件路径	源文件\第10章\实例197 燃烧的火焰.fla		
视频路径	视频\第10章\实例197 燃烧的火焰.mp4		
难易程度	★★★	学习时间	13分32秒

① 创建一个空白文档，新建"外层火"影片剪辑元件，在舞台中绘制火，如图10-118所示。

图10-118 绘制火

② 每隔一帧创建一个空白关键帧，打开绘图纸外观，绘制火的其他形态，如图10-119所示。

③ 新建"火"影片剪辑元件，将"火"元件拖入舞台中，并在"属性"面板中添加滤镜效果，如图10-120所示。

图10-119 绘制火的其他形态

图10-120　添加滤镜

④ 添加滤镜后的元件效果如图10-121所示。

图10-121　添加滤镜后的元件效果

⑤ 新建"内层火"影片剪辑元件，用同样的方法每隔一帧创建关键帧，绘制火的形态。

⑥ 将"内层火"影片剪辑元件拖入"火"影片剪辑元件中，在"属性"面板中添加滤镜效果，如图10-122所示。元件的效果如图10-123所示。

图10-122　添加滤镜

图10-123　元件的效果

⑦ 用同样的方法，创建"火星"影片剪辑元件，并绘制火星。将该元件拖入"火"影片剪辑元件舞台中，为其添加滤镜效果，如图10-124所示。

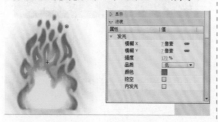

图10-124　绘制火星

⑧ 回到主场景中，绘制背景。新建一个图层，将"火"影片剪辑元件拖入舞台中，如图10-125所示。

图10-125　将"火"元件拖入舞台

⑨ 新建一个图层，绘制图形，并调整填充颜色，如图10-126所示。

图10-126　调整填充颜色

⑩ 新建一个图层，绘制图形并转换为影片剪辑元件，为元件添加滤镜，效果如图10-127所示。

⑪ 新建"外光"影片剪辑元件，使用 ⊙（椭圆工具）绘制圆，并调整填充颜色，如图10-128所示。

图10-127　为元件添加滤镜

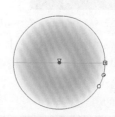

图10-128　绘制圆

⑫ 将"外光"影片剪辑元件拖入舞台中，设置混合模式为"增加"，为元件添加"调整颜色"滤镜，如图10-129所示。

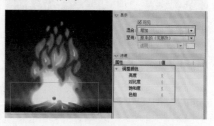

图10-129　添加"调整颜色"滤镜

⑬ 制作"星光"影片剪辑元件。在主时间轴中新建一个图层，添加星光，如图10-130所示。

图10-130　添加星光

⑭ 新建一个图层，绘制图形并转换为影片剪辑元件，为元件添加模糊滤镜，效果如图10-131所示。

图10-131　为元件添加模糊滤镜

⑮ 新建一个影片剪辑元件，绘制草丛剪影，如图10-132所示。将该元件添加至主舞台中，添加"模糊"滤镜，如图10-133所示。

图10-132 绘制草丛剪影

图10-133 添加"模糊"滤镜

⑯ 至此，本实例制作完成，保存并测试影片。

实例198 场景动画——燃烧的火焰2

本实例制作了各种颜色的火焰特效。

案例设计分析

设计思路

本实例为了体现对象的快速移动，通过制作翻滚的球，并在球周围绘制熊熊的火焰来实现。为了展示效果的多种应用，使用按钮切换不同的效果，每种效果中火的颜色不同。

案例效果剖析

本实例制作的燃烧的火焰效果如图10-134所示。

效果切换
图10-134 效果展示

案例技术要点

本实例中主要用到的功能及技术要点如下。

- 渐变变形工具：使用渐变变形工具调整渐变色。
- 传统补间：使用传统运动补间制作运动动画。

源文件路径	源文件\第10章\实例198 燃烧的火焰2.fla	
素材路径	素材\第10章\实例198 篮球.png、足球.png等	
视频路径	视频\第10章\实例198 燃烧的火焰2.mp4	
难易程度	★★★ 学习时间	13分18秒

实例199 场景动画——燃放鞭炮

过年过节等喜庆的日子，鞭炮燃放是最常见，下面介绍鞭炮燃放的动画。

案例设计分析

设计思路

本实例绘制的是鞭炮燃放的动画，在绘制单个鞭炮后复制多个，并进行角度调整，组合成完整的鞭炮。鞭炮燃放的火光不断变化，因此火光的绘制是重点，绘制火光的多种形态，以补间实现爆炸的效果。

案例效果剖析

本实例制作的燃放鞭炮动画效果如图10-135所示。

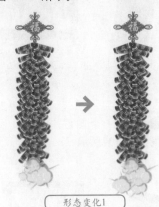
形态变化1

形态变化2
图10-135 效果展示

案例技术要点

本实例中主要用到的功能及技术要点如下。

- 渐变变形工具：使用渐变变形工具调整渐变色。
- 旋转：按Q键可以快速打开任意变形工具，旋转图形。
- 传统补间：制作烟雾由小变大、淡入淡出的动画。

案例制作步骤

源文件路径	源文件\第10章\实例199 燃放鞭炮.fla
视频路径	视频\第10章\实例199 燃放鞭炮.mp4
难易程度	★★★
学习时间	9分43秒

① 创建一个空白文档，新建"鞭炮"影片剪辑元件，使用■（矩形工具）和●（椭圆工具）绘制图形，如图10-136所示。

图10-136　绘制图形

❷ 新建一个图层，绘制其他图形，如图10-137所示。

图10-137　绘制其他图形

❸ 将"鞭炮"影片剪辑元件拖入主舞台中，按Q键进行旋转，并输入文本，如图10-138所示。

图10-138　输入文本

❹ 新建多个图层，将元件拖入舞台中，进行角度调整，最终效果如图10-139所示。

图10-139　最终效果

❺ 新建一个图层，绘制图形，如图10-140所示。

图10-140　绘制图形

❻ 新建"爆炸"影片剪辑元件，绘制图形并转换为元件，如图10-141所示。制作元件由小到大及淡入淡出的动画。

图10-141　绘制图形并转换为元件

❼ 用同样的方法，新建影片剪辑元件，绘制爆炸图形并制作动画，如图10-142所示。

图10-142　绘制图形并制作动画

❽ 新建一个元件，绘制图形作为烟雾。将所有元件拖入主舞台中，如图10-143所示。至此，本实例制作完成，保存并测试影片。

图10-143　绘制图形作为烟雾

实例200　场景动画——炸弹爆炸

在游戏中经常会遇到各种爆炸动画，本实例将介绍炸弹爆炸的动画。

案例设计分析

设计思路

炸弹被点燃后，引线不断燃烧，火光移至炸弹，直至爆炸，这是爆炸的全部过程。本实例使用引导动画制作火光移动的动画，使用传统补间制作炸弹爆炸的火光逐渐变大的效果。

案例效果剖析

本实例制作的炸弹爆炸动画效果如图10-144所示。

引线动画　　　爆炸动画

图10-144　效果展示

案例技术要点

本实例中主要用到的功能及技术要点如下。

- 引导动画：使用引导动画制作火光移动的路径。
- 传统补间：使用传统补间制作爆炸由小变大的动画。

源文件路径	源文件\第10章\实例200 炸弹爆炸.fla	
视频路径	视频\第10章\实例200 炸弹爆炸.mp4	
难易程度	★★★	学习时间	10分43秒

⏩ **实例201**　场景动画——爆炸烟雾

本实例绘制的是爆炸时产生的烟雾及烟雾消失的动画。

▶ **案例设计分析**

◐ **设计思路**

本实例采用逐帧动画绘制烟雾的多种动态，包括从烟雾产生到逐渐消失。打开绘图纸外观，可查看前后关键帧的图形。

◐ **案例效果剖析**

本实例制作的烟雾动画效果如图10-145所示。

烟雾消散

图10-145　效果展示

▶ **案例技术要点**

本实例中主要用到的功能及技术要点如下。

- 绘图纸外观：使用绘图纸外观方便绘制不同关键帧的图形。
- 图层：使用图层可以使动画分层绘制，效果更真实。

▶ **案例制作步骤**

源文件路径	源文件\第10章\实例201 爆炸烟雾.fla	
视频路径	视频\第10章\实例201 爆炸烟雾.mp4	
难易程度	★★★	学习时间	2分53秒

❶ 创建一个空白文档，新建"烟"影片剪辑元件，绘制火，如图10-146所示。新建一个图层，绘制图形，如图10-147所示。

❷ 在第2帧处插入空白关键帧，在绘图纸外观下绘制闪光图形，如图10-148所示。

图10-147　绘制图形

图10-146　绘制火

图10-148　在绘图纸外观下绘制图形

❸ 在两个图层均插入关键帧，分别绘制图形，如图10-149所示。

图10-149　绘制图形

❹ 新建一个图层，绘制烟雾，如图10-150所示。

图10-150　绘制烟雾

❺ 用同样的方法，依次创建关键帧，绘制图形，如图10-151所示。

图10-151　绘制图形

❻ 新建一个图层，移至最底层并绘制圆，如图10-152所示。

图10-152　绘制圆

❼ 至此，本实例制作完成，保存并测试影片，如图10-153所示。

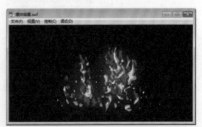

图10-153　测试影片

实例202　　场景动画——冒泡

本实例是制作毒液的冒泡效果。

案例设计分析

设计思路

冒泡是水珠升起形成泡泡并破裂的动画。本实例为表现毒液的强毒性，绘制绿色的液体，并在液体中制作不断冒起的泡泡，给人一种害怕的心理。

案例效果剖析

本实例制作的冒泡动画效果如图10-154所示。

图10-154　效果展示

案例技术要点

本实例中主要用到的功能及技术要点如下。

- 渐变变形工具：使用渐变变形工具调整渐变色。
- 发光滤镜：为元件添加滤镜，制作发光的效果。

源文件路径	源文件\第10章\实例202 冒泡.fla		
素材路径	素材\第10章\实例202\背景.jpg		
视频路径	视频\第10章\实例202 冒泡.mp4		
难易程度	★★★	学习时间	14分50秒

实例203　　场景动画——城市昼夜交替

本实例是制作城市昼夜交替，即白天和夜晚的动画效果。

案例设计分析

设计思路

城市是现代动画表现的场景之一，本实例制作的城市昼夜交替将城市夜景与白天、日出与日落等动画融为一体，效果十分丰富。

案例效果剖析

本实例制作的城市昼夜交替动画效果如图10-155所示。

图10-155　效果展示

案例技术要点

本实例中主要用到的功能及技术要点如下。

- 渐变变形工具：使用渐变变形工具调整渐变色。
- "发光"滤镜：为元件添加滤镜，制作发光效果。
- 引导动画：使用引导动画制作月亮升起的动画。
- 色彩效果：调整色彩效果，制作建筑的不同色调效果。

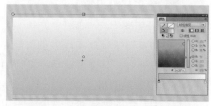
案例制作步骤

源文件路径	源文件\第10章\实例203 城市昼夜交替.fla
视频路径	视频\第10章\实例203 城市昼夜交替.mp4
难易程度	★★★
学习时间	13分25秒

❶ 新建一个空白文档，绘制矩形并调整填充颜色，如图10-156所示。

图10-156　绘制矩形并调整填充颜色

❷ 在第100帧处插入关键帧，修改图形填充颜色，如图10-157所示。在两个关键帧之间创建补间形状。

图10-157　修改图形填充颜色

❸ 用同样的方法，创建关键帧并修改舞台中的图形颜色，并在关键帧之间创建传统补间，制作背景颜色的变化。

❹ 新建"星光"影片剪辑元件，绘制星光并制作动画，将其添加至主舞台中。

❺ 新建一个图层，绘制月亮并将其转换为影片剪辑元件，为元件添加"发光"滤镜，如图10-158所示。

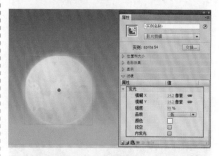
图10-158　为元件添加"发光"滤镜

❻ 新建传统运动引导层，绘制路径。选择月亮图层，创建关键帧，制作月亮随路径移动的动画，如图10-159所示。

图10-159 制作月亮随路径移动的动画

⑦ 新建"建筑"图片元件，绘制建筑。将元件添加至主舞台中，如图10-160所示。

图10-160 绘制建筑

⑧ 在第105帧处插入关键帧，在"属性"面板中修改元件的色彩效果，如图10-161所示。

图10-161 在"属性"面板中修改元件的色彩效果

⑨ 新建一个图层，绘制图形，转换为影片剪辑元件，双击进入元件，根据主场景中的建筑绘制灯光，制作灯光逐一开启的动画，如图10-162所示。

图10-162 绘制灯光

⑩ 用同样的方法，制作其他灯光的效果，如图10-163所示。

图10-163 制作其他灯光的效果

⑪ 新建一个图层，依次绘制图形作为楼顶的红色灯光，如图10-164所示。

图10-164 楼等的红色灯光

⑫ 至此，本实例制作完成，保存并测试影片，如图10-165所示。

图10-165 测试影片

实例204 场景动画——舞台聚光灯

舞台是动画中经常会出现的场景，本实例将介绍舞台聚光灯的动画制作。

案例设计分析

设计思路

舞台场景重点在于聚光灯，本实例绘制的音响在聚光灯下跳跃。通过使用渐变色绘制光线，并调整不透明度，表现光线重叠的效果，并使用补间实现光线移动的动画。

案例效果剖析

本实例制作舞台聚光灯动画效果如图10-166所示。

光线移动

图10-166 效果展示

案例技术要点

本实例中主要用到的功能及技术要点如下。

- 渐变变形工具：使用渐变变形工具调整渐变色，制作灯光。
- 传统补间：使用传统补间制作跳跃的动画。

源文件路径	源文件\第10章\实例204 舞台聚光灯.fla	
素材路径	素材\第10章\实例204\音乐.mp3	
视频路径	视频\第10章\实例204 舞台聚光灯.mp4	
难易程度	★★	学习时间 · 13分32秒

第 11 章　完整游戏的制作

Flash因其基于矢量图的优势而被广泛应用于一些趣味化和小型的游戏之上。利用动态脚本语言实时加载和处理游戏资源，是当今网络游戏开发与设计领域的技术热点；因为具有体积小、传播快、画面美观的特点，渐渐有取代传统网络游戏的趋势。本章将介绍各种游戏的设计与制作方法。

实例205　游戏制作——打地鼠游戏

打地鼠游戏是比较经典的游戏之一，本实例将介绍打地鼠游戏的制作。

案例设计分析

设计思路

本实例绘制地鼠的"正常"与"打晕"的两种形态，通过脚本实现交互。通过动态文本实现得分与时间的变化。使用遮罩实现地鼠从地洞钻出的动画。通过按钮控制游戏开始与重新开始。

案例效果剖析

本实例制作的效果如图11-1所示。

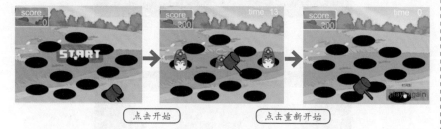

图11-1　效果展示

案例技术要点

本实例中主要运用的功能与技术要点如下。

- 文本工具：使用文本工具输入文字和绘制动态文本框。
- 遮罩层：使用遮罩层制作地鼠钻出地洞的遮罩动画。
- 传统补间：使用传统补间制作位移动画。

案例制作步骤

源文件路径	源文件\第11章\实例205 打地鼠游戏.fla	
素材路径	素材\第11章\实例205\背景.jpg	
视频路径	视频\第11章\实例205 打地鼠游戏.mp4	
难易程度	★★★★★	学习时间	23分20秒

❶ 新建一个空白文档，调整舞台大小，并设置舞台颜色，如图11-2所示。

图11-2　设置舞台颜色

❷ 新建"老鼠1"图形元件，绘制老鼠，如图11-3所示。

图11-3　绘制老鼠

❸ 新建"老鼠2"图形元件，绘制头晕老鼠，如图11-4所示。

图11-4　绘制头晕老鼠

④ 新建"老鼠洞"影片剪辑元件，在第1帧和第14帧设置帧标签名称分别为play和hit。将"老鼠1"和"老鼠2"影片剪辑元件分别拖入这两个关键帧中，制作不同的效果。制作一个按钮放在"老鼠1"图形按钮上，并添加代码，如图11-5所示。

图11-5 添加代码

⑤ 新建"锤子"影片剪辑元件，绘制锤子效果，如图11-6所示。

图11-6 绘制锤子效果

⑥ 新建"开始"按钮元件，绘制图形，并输入文字，如图11-7所示。

图11-7 输入文字

⑦ 新建"再来一次"按钮元件，绘制图形，输入文字，如图11-8所示。

图11-8 输入文字

⑧ 新建"时间"影片剪辑元件，

在代码中设置时间长短为30秒，当时间用尽时游戏结束，代码如图11-9所示。

图11-9 游戏结束代码

⑨ 返回"场景1"，将所有元件拖入舞台，舞台整体效果如图11-10所示。

⑩ 至此本实例制作完成，按Ctrl+Enter组合键测试影片，如图11-11所示。

图11-10 舞台整体效果

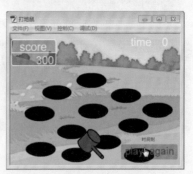

图11-11 测试影片

实例206 游戏制作——打鸭子游戏

本实例将介绍打鸭子计分游戏的制作。

案例设计分析

设计思路

本实例制作有鸭子飞出动画、子弹发射动画及鸭子被打中动画，使用代码实现打鸭子游戏。开始游戏后，会不断有鸭子飞出，鼠标点击发射子弹，当打中时动态文本框中则会加分。

案例效果剖析

本实例制作的打鸭子游戏效果如图11-12所示。

开始游戏

图11-12 效果展示

案例技术要点

本实例中主要运用的功能与技术要点如下。

● 文本工具：使用文本工具输入文字和绘制动态文本框。
● 传统补间：使用传统补间制作鸭子飞出、事物移动等动画。

源文件路径	源文件\第11章\实例206 打鸭子游戏.fla		
视频路径	视频\第11章\实例206 打鸭子游戏.mp4		
难易程度	★★★★★	学习时间	24分14秒

实例207 游戏制作——贪吃兔游戏

本实例制作的是贪吃兔游戏,使用鼠标控制兔子吃到特定的食物。

案例设计分析

设计思路

本实例制作有兔子两种形态,即加分形态与减分形态。使用脚本控制吃到对的食物触发加分形态,吃到错误的食物则触发减分形态。使用补间实现食物的移动,使用动态文本计算游戏得分。

案例效果剖析

本实例制作的贪吃兔游戏效果如图11-13所示。

图11-13 效果展示

案例技术要点

本实例中主要运用的功能与技术要点如下。

● 文本工具:使用文本工具输入文字和绘制动态文本框。
● 传统补间:使用传统补间制作兔子跳跃、事物移动等动画。

案例制作步骤

源文件路径	源文件\第11章\实例207 贪吃兔游戏.fla		
素材路径	素材\第11章\实例207\葡萄.png、萝卜.png等		
视频路径	视频\第11章\实例207 贪吃兔游戏.mp4		
难易程度	★★★★★	学习时间	19分43秒

❶ 新建一个空白文档,将"葡萄.png"、"萝卜.png"等素材文件导入到"库"面板。

❷ 新建"花"图形元件,绘制花效果,如图11-14所示。

图11-14 绘制花

❸ 新建"草"图形元件,绘制草效果,如图11-15所示。

图11-15 绘制草

❹ 新建"树"图形元件,绘制树效果,如图11-16所示。

图11-16 绘制树

❺ 新建"兔子"影片剪辑元件,制作兔子动画效果,如图11-17所示。

图11-17 制作兔子动画

❻ 新建"加分动画"影片剪辑元件,制作兔子加分的动画效果,如图11-18所示。

图11-18 制作兔子加分的动画

❼ 新建"兔子综合"影片剪辑元件,将兔子系列元件拖入各个关键帧中,新建图层,对应下面的图层新建关键帧,每个关键帧都输入停止脚本。

❽ 新建"食物"影片剪辑元件,将"葡萄.png"、"萝卜.png"、"蘑菇.png"分别拖至3个关键帧中,如图11-19所示。新建一个图层,并为每个关键帧添加停止脚本。

图11-19 将葡萄、萝卜、蘑菇分别拖至3个关键帧中

❾ 新建"游戏规则"影片剪辑元件,使用 [T] (文本工具)输入文字,如图11-20所示。

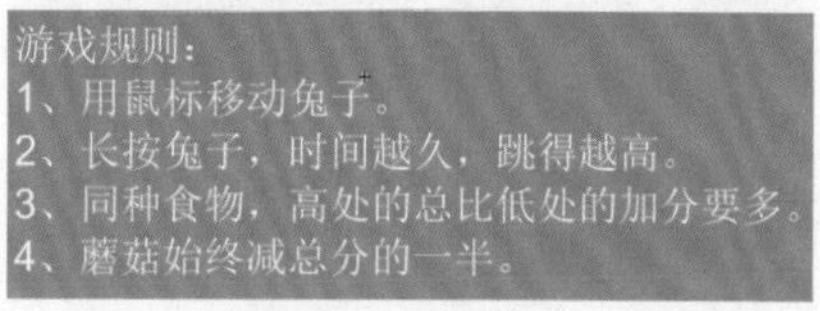

游戏规则:
1、用鼠标移动兔子。
2、长按兔子,时间越久,跳得越高。
3、同种食物,高处的总比低处的加分要多。
4、蘑菇始终减总分的一半。

图11-20 输入文字

❿ 返回"场景1",将有关元件拖入舞台各个图层。

⓫ 新建一个图层,打开"动作"面板输入代码,如图11-21所示(此图显示部分代码,完整代码请参考本实例源文件)。

⓬ 此时舞台效果如图11-22所示。

图11-21 输入代码

图11-22 舞台效果

⑬ 至此，本实例制作完成，按Ctrl+Enter组合键测试影片，如图11-23所示。

图11-23 测试影片

实例208 游戏制作——贪吃毛毛虫游戏

贪吃毛毛虫是根据贪吃蛇这一经典游戏来制作的。

» 案例设计分析

⑥ 设计思路

本实例根据贪吃蛇制作贪吃毛毛虫的游戏，绘制表格作为游戏界面，将毛毛虫与食物均放置在表格中，方便查看与操作。使用脚本实现当毛毛吃到食物时则身体加长1格，获得相

应的粉色。当毛毛虫撞墙或撞白己的尾巴，则游戏结束。通过按钮控制游戏开始，通过动态文本显示游戏吃掉的食物与分数。

⑥ 案例效果剖析

本实例制作的贪吃毛毛虫游戏效果如图11-24所示。

图11-24 效果展示

» 案例技术要点

本实例中主要运用的功能与技术要点如下。

● 文本工具：使用文本工具输入文字和绘制动态文本框。
● 按钮脚本：使用按钮脚本实现游戏的开始动作。

源文件路径	源文件\第11章\实例208 贪吃毛毛虫游戏.fla		
素材路径	素材\第11章\实例208\苹果.png		
视频路径	视频\第11章\实例208 贪吃毛毛虫游戏.mp4		
操作步骤路径	操作\实例208.pdf		
难易程度	★★★★★	学习时间	12分39秒

实例209 游戏制作——贪吃蛇游戏

本实例将介绍简易贪吃蛇游戏的制作。

» 案例设计分析

⑥ 设计思路

本实例制作的贪吃蛇游戏设计思路与贪吃毛毛虫相同，蛇以多个圆组成，当吃掉游戏界面中的食物后，蛇的身体自动添加一个圆。

⑥ 案例效果剖析

本实例制作的贪吃蛇游戏效果如图11-25所示。

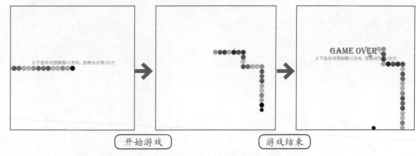

图11-25 效果展示

» 案例技术要点

本实例中主要运用的功能与技术要点如下。

● 文本工具：使用文本工具输入文字和绘制动态文本框。
● 椭圆工具：使用椭圆工具绘制圆。

源文件路径	源文件\第11章\实例209 贪吃蛇游戏		
视频路径	视频\第11章\实例209 贪吃蛇游戏.mp4		
难易程度	★★★★★	学习时间	3分35秒

实例210　游戏制作——找不同游戏

本实例将介绍找不同游戏的制作。

案例设计分析

设计思路

本实例制作的找不同游戏包含多个关卡，每个关卡有5处不同。使用脚本将光标替换成放大镜，当找到不同之后，使用鼠标点击，则不同之处被标记出来，直至5个全部找出后弹出"下一关卡"按钮，单击则跳转至下一关卡。

案例效果剖析

本实例制作的找不同游戏效果如图11-26所示。

图11-26　效果展示

案例技术要点

本实例中主要运用的功能与技术要点如下。

- 文本工具：使用文本工具输入文字和绘制动态文本框。
- 直接复制元件：在"库"面板中快速复制类似元件。
- 交换位图：在"属性"面板中快速替换位图。

案例制作步骤

源文件路径	源文件\第11章\实例210 找不同游戏.fla		
素材路径	素材\第11章\实例210\背景.jpg、图1.jpg等		
视频路径	视频\第11章\实例210 找不同游戏.mp4		
难易程度	★★★★★	学习时间	27分19秒

❶ 新建一个空白文档，导入"背景.jpg"、"图1.jpg"等素材图片。

❷ 新建"标记虚线框"影片剪辑元件，制作虚线框动画，如图11-27所示。

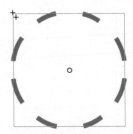

图11-27　虚线动画

❸ 新建"标记按钮"按钮元件，在第4帧上绘制内容，如图11-28所示。

图11-28　圆形按钮

❹ 新建"标记"影片剪辑元件，将"标记按钮"按钮元件拖入舞台，打开"动作"面板，为其添加代码，如图11-29所示。将"标记虚线框"影片剪辑元件拖入到第2帧上。新建"图层2"图层，在第1帧输入停止脚本。

图11-29　添加脚本

❺ 返回"场景1"，将"背景.jpg"图片拖入舞台，在第4帧创建关键帧，使用 T（文本工具）在舞台上输入文字，绘制一个动态文本框，并设置该文本框的变量，如图11-30所示。在第21帧创建普通帧。

图11-30　设置文本框变量

❻ 新建"图层2"图层，在第4帧上创建一个"背景按钮"按钮元件，将右边图片遮住，打开"动作"面板为其添加脚本，如图11-31所示。在第22帧创建普通帧。

图11-31　添加脚本

❼ 新建"图层3"图层，在第3帧创建关键帧，打开"动作"面板输入脚本，如图11-32所示。

图11-32 输入脚本

⑧ 创建"开始游戏"按钮元件，如图11-33所示，在"动作"面板中为其添加脚本，如图11-34所示。

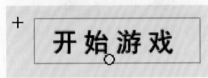

图11-33 "开始游戏"按钮

图11-34 添加脚本

⑨ 在第4帧上创建空白关键帧，将"素材1.jpg"图片拖入舞台，该素材图片是由两张图合并而来，这两张图只有5处不同。在"库"面板中将"标记"影片剪辑元件拖入舞台5次，分别将不同之处遮住，并为这5个元件添加实例名称。按此步骤，在后面创建连续的16个关键帧，将其他图片分别拖入。

⑩ 新建"图层4"图层，创建"下一关卡"按钮元件，如图11-35所示，在"属性"面板中设置实例名称为next_bt，在"动作"面板中为其添加脚本，如图11-36所示。

图11-35 "下一关卡"按钮

图11-36 添加脚本

⑪ 新建"图层5"图层，在第3帧处创建关键帧，将"鼠标.jpg"拖入舞台，转换为影片剪辑元件，在"属性"面板中设置实例名称，在"动作"面板中为其添加脚本，如图11-37所示。

图11-37 添加脚本

⑫ 第4帧舞台整体效果如图11-38所示。

图11-38 第4帧舞台整体效果

⑬ 新建"图层6"图层，在第22帧处创建关键帧，创建一个"重新开始"按钮元件，为其添加脚本，如图11-39所示，舞台整体效果如图11-40所示。

图11-39 添加脚本

图11-40 游戏结束效果

⑭ 新建"图层7"图层，在第1帧处输入脚本，如图11-41所示；在第2帧输入脚本，如图11-42所示。

图11-41 在第1帧输入脚本

图11-42 在第2帧输入脚本

⓯ 在第4帧处创建关键帧，选中该关键帧，在"属性"面板中选择声音文件，如图11-43所示。

图11-43　添加声音

⓰ 时间轴效果如图11-44所示。

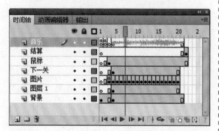

图11-44　时间轴效果

⓱ 至此，本实例制作完成，按Ctrl+Eneter组合键测试影片，如图11-45所示。

图11-45　测试影片

实例211　游戏制作——美女找茬游戏

本实例制作的是美女找茬游戏，与找不同游戏类似。

案例设计分析

设计思路

本实例制作的游戏与找不同游戏相似，事先准备多张不同的图片，在Flash中以按钮标记不同之处，当点击不同之处时则以红圈表示。每个关卡需在规定时间内完成，否则游戏失败。

案例效果剖析

本实例制作的美女找茬游戏效果如图11-46所示。

图11-46　效果展示

案例技术要点

本实例中主要运用的功能与技术要点如下。

- 文本工具：使用文本工具输入文字和绘制文本框。
- 直接复制元件：在"库"面板中快速创建类似元件。
- 交换位图：在"属性"面板中快速替换位图。

源文件路径	源文件\第11章\实例211 美女找茬游戏.fla		
素材路径	素材\第11章\实例211\美女1.jpg、美女2.jpg等		
视频路径	视频\第11章\实例211 美女找茬游戏.mp4		
操作步骤路径	操作\实例211.pdf		
难易程度	★★★★★	学习时间	22分05秒

实例212　游戏制作——远离泡泡

本实例制作的是远离泡泡游戏，可以使用键盘控制人物躲避泡泡的袭击。

案例设计分析

设计思路

本实例使用代码控制泡泡移动的路线，通过键盘可以控制人物左右移动，在规定时间内成功躲避泡泡，则为胜利。当人物被泡泡砸到，则游戏失败。

案例效果剖析

本实例制作的远离泡泡游戏效果如图11-47所示。

图11-47　效果展示

案例技术要点

本实例中主要运用的功能与技术要点如下。

- 文本工具：使用文本工具输入文字和绘制文本框。
- 椭圆工具：使用椭圆工具绘制圆。

源文件路径	源文件\第11章\实例212 远离泡泡.fla	
素材路径	素材\第11章\实例212\背景1.jpg、背景2.jpg	
视频路径	视频\第11章\实例212 远离泡泡.mp4	
难易程度	★★★★★	学习时间	22分26秒

实例213　游戏制作——遥控车游戏

本实例将介绍遥控车游戏的制作。

案例设计分析

设计思路

本实例通过在舞台上设计怪物移动，并设置障碍物，使用代码实现键盘控制汽车的效果。当汽车撞到障碍物则被击退，按键盘上的功能键可以打开汽车的前后灯。

案例效果剖析

本实例制作的遥控车游戏效果如图11-48所示。

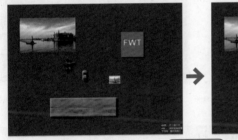

图11-48　效果展示

案例技术要点

本实例中主要运用的功能与技术要点如下。

- 文本工具：使用文本工具输入文字。
- 传统补间：使用传统补间制作位移动画。

案例制作步骤

源文件路径	源文件\第11章\实例213 遥控车游戏.fla	
素材路径	素材\第11章\实例213\照片.jpg、汽车.png等	
视频路径	视频\第11章\实例213 遥控车游戏.mp4	
难易程度	★★★★★	学习时间	23分45秒

❶ 新建一个空白文档，导入"照片.jpg"、"汽车.png"等素材图片。

❷ 新建"怪兽移动"影片剪辑元件，将"怪兽1.png"、"怪兽2.png"等怪兽移动系列图片依次拖入舞台。新建"图层2"图层，使用▣（矩形工具）绘制矩形将怪兽遮住，并将"图层2"图层设置为遮罩层，舞台效果如图11-49所示。

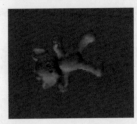

图11-49　"怪兽移动"舞台效果

❸ 新建"怪兽倒下"影片剪辑元件，将怪兽倒下的系列图片拖入舞台，为最后一帧设置停止代码。新建"图层2"图层，使用▣（矩形工具）绘制矩形将怪兽遮住，并将"图层2"图层设置为遮罩层，舞台效果如图11-50所示。

图11-50　"怪兽倒下"舞台效果

❹ 新建"怪兽"影片剪辑元件，使用◉（椭圆工具）绘制椭圆并按F8键将其创建为影片剪辑元件，在"属性"面板中为其设置实例名称。

❺ 新建"图层2"图层，将"怪兽移动"影片剪辑元件拖入舞台，并为该关键帧设置停止脚本。将第2帧设置为空白关键帧，将"怪物倒下"影片剪辑元件拖入舞台。打开"动作"面板，为该帧添加脚本，如图11-51所示。

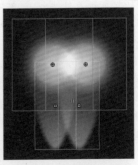

图11-51　为该帧添加脚本

❻ 新建"前车灯"影片剪辑元件，将第2帧创建为关键帧，并绘制车灯效果，如图11-52所示。为这两个关键帧添加停止脚本。

图11-52　绘制车灯效果

⑦ 新建"尾气动画"影片剪辑元件，使用 (椭圆工具)绘制椭圆，按F8键将其创建为影片剪辑。在第8帧处创建关键帧，并为该元件添加滤镜，如图11-53所示。将该图层复制几次，每个图层上的起始关键帧相隔一帧。

图11-53　为该元件添加滤镜

⑧ 新建"尾气"影片剪辑元件，设置第2帧为关键帧，将"尾气动画"影片剪辑元件拖入舞台，在第1帧处输入停止脚本。

⑨ 新建"汽车模型"影片剪辑元件，绘制汽车，如图11-54所示。

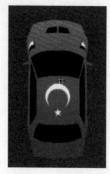

图11-54　绘制汽车

⑩ 新建"汽车"影片剪辑元件，将"尾气"影片剪辑元件拖入舞台，并设置实例名称为duman。新建"图层2"图层，使用 (椭圆工具)绘制椭圆，按F8键将其转换为影片剪辑元件，设置实例名称为ggg。新建"图层3"图层，将"汽车模型"影片剪辑元件拖入舞台，在"属性"面板中为其添加滤镜。新建"图层4"图层，将"前车灯"影片剪辑元件拖入舞台。整体舞台效果如图11-55所示。

⑪ 返回"场景1"，使用 (矩形工具)绘制矩形，矩形大小与舞台一致。新建"图层2"图层，将"怪兽"影片剪辑元件拖入舞台，设置实

例名称。新建"图层3"图层，将"汽车"影片剪辑元件拖入舞台，设置实例名称，并为该帧和该元件添加脚本，帧上的脚本如图11-56所示。

图11-55　整体舞台效果

图11-56　帧上的脚本

⑫ 将其他元件都拖入舞台，分别设置实例名称，舞台整体效果如图11-57所示。

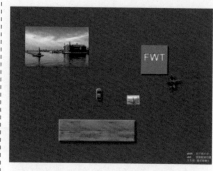

图11-57　舞台整体效果

⑬ 至此，本实例制作完成，按Ctrl+Enter组合键测试影片，如图11-58所示。

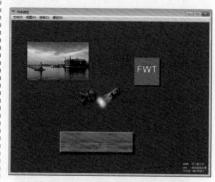

图11-58　测试影片

实例214　游戏制作——射箭游戏

本实例将介绍射箭游戏的制作。

案例设计分析

设计思路

本实例绘制弓箭作为发射开关，其他水果瓜菜由代码控制上抛。当单击PLAY按钮，则开始游戏。在规定射箭次数内，射中水果并使分数达到标准则进入下一关卡，否则游戏失败。

案例效果剖析

本实例制作的射箭游戏效果如图11-59所示。

开始游戏　　　　游戏结束

图11-59　效果展示

案例技术要点

本实例中主要运用的功能与技术要点如下。

● 文本工具：使用文本工具输入文字和绘制动态文本框。

● 传统补间：使用传统补间制作位移动画。

源文件路径	源文件\第11章\实例214 射箭游戏	
视频路径	视频\第11章\实例214 射箭游戏.mp4	
难易程度	★★★★★	学习时间	2分43秒

实例215 游戏制作——桌球游戏

本实例将介绍桌球游戏的制作。

案例设计分析

设计思路

本实例绘制有各类球，通过脚本将光标替换成球杆。实现光标控制白球前进路线，单击则发射白球，将其他球打入球洞。白球发射力度由光标到白球的距离决定，距离越远，力度越大。

案例效果剖析

本实例制作的桌球游戏效果如图11-60所示。

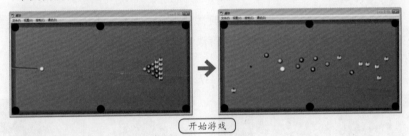

图11-60 效果展示

案例技术要点

本实例中主要运用的功能与技术要点如下。

● 椭圆工具：使用椭圆工具对一些类圆进行快速绘制。
● 遮罩层：使用遮罩层制作遮罩动画。

案例制作步骤

源文件路径	源文件\第11章\实例215 桌球游戏.fla	
视频路径	视频\第11章\实例215 桌球游戏.mp4	
难易程度	★★★★★	学习时间	19分00秒

❶ 创建一个空白文档，新建"白球"影片剪辑元件，绘制白球，如图11-61所示。

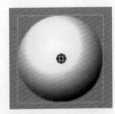

图11-61 绘制白球

❷ 新建其他各色球影片剪辑元件，效果如图11-62所示。

❸ 新建"球杆"影片剪辑元件，绘制球杆，如图11-63所示，并用虚线绘制球杆的延伸。

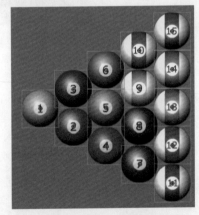

图11-62 绘制其他球

图11-63 绘制球杆

❹ 新建"球杆动画"影片剪辑元件，制作打球动画。新建"图层2"图层，在第1帧和第5帧创建关键帧，并在第5帧上输入脚本，如图11-64所示。设置第2帧的帧标签名称为movecue。

图11-64 输入脚本

❺ 新建"球洞"影片剪辑元件，使用◯（椭圆工具）绘制球洞。

❻ 新建"桌子"影片剪辑元件，使用▢（矩形工具）绘制桌面，如图11-65所示。

图11-65 绘制球桌

❼ 返回"场景1"，将"桌子"元件拖入舞台。新建"图层2"图层，绘制发球点。新建"图层3"图层，将"球洞"影片剪辑元件拖入舞台6次，为每个元件设置实例名称，并在"动作"面板中为该元件输入脚本，如图11-66所示（该图中所展示的代码只是其中一部分，完整代码请参考本实例源文件）。

图11-66 添加脚本

❽ 新建"图层4"图层,将"白球"和其他颜色球类影片剪辑元件拖入舞台,如图11-67所示。

图11-67 整体舞台效果

❾ 每个颜色的球类元件都设置实例名称,并统一输入脚本,如图11-68所示(图中所展示的代码只是其中一部分,完整代码请参考本实例源文件)。

图11-68 输入脚本

❿ 新建"图层5"图层,将"球杆"影片剪辑元件拖入舞台,设置实例名称,并输入脚本,如图11-69所示。

图11-69 为"球杆"添加脚本

⓫ 新建"图层6"和"图层7",分别输入脚本,图层6上的代码如图11-70所示(图中所展示的代码只是其中一部分,完整代码请参考本实例源文件)。

图11-70 输入脚本

⓬ 至此,本实例制作完成,按Ctrl+Enter组合键测试影片,如图11-71所示。

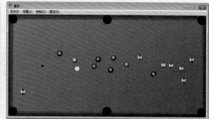

图11-71 测试影片

实例216 游戏制作——网球游戏

本实例制作的是网球游戏,使用光标控制球拍挡住球。

案例设计分析

◎ 设计思路

本实例绘制有球场,使用代码实现球只能从左右两个边场出线,鼠标控制球拍将球击回。当未能接住球时,则游戏失败。

◎ 案例效果剖析

本实例制作的网球游戏效果如图11-72所示。

开始游戏

鼠标控制

图11-72 效果展示

案例技术要点

本实例中主要运用的功能与技术要点如下。

- 文本工具:使用文本工具输入文字和绘制动态文本框。
- 线条工具:使用线条工具绘制直线。

源文件路径	源文件\第11章\实例216 网球游戏.fla		
素材路径	素材\第11章\实例216\背景.jpg、声音1.mp3等		
视频路径	视频\第11章\实例216 网球游戏.mp4		
操作步骤路径	操作\实例216.pdf		
难易程度	★★★★★	学习时间	16分56秒

实例217 游戏制作——拯救屈原

在每年的端午节，人们会通过划龙舟、吃粽子来纪念屈原。本实例将这民俗以游戏的形式制作出来，为了阻止河底生物对屈原的撕咬，需要游戏者划着龙舟，将粽子撒向河底，引开它们的注意。

案例设计分析

设计思路

本实例通过制作屈原、各类生物、龙舟等元件，以及发射粽子的动画，完成拯救屈原的游戏。开始游戏后，使用键盘控制龙舟，按空格键发射粽子、米酒等食物吸引相应的生物，使屈原免受撕咬。

案例效果剖析

本实例制作的拯救屈原游戏效果如图11-73所示。

游戏说明

开始游戏

图11-73 效果展示

案例技术要点

本实例中主要运用的功能与技术要点如下。

- 文本工具：使用文本工具输入文字和绘制动态文本框。
- 矩形工具：使用矩形工具绘制矩形。

源文件路径	源文件\第11章\实例217 拯救屈原.fla	
素材路径	素材\第11章\实例217\背景.jpg、背景2.jpg等	
视频路径	视频\第11章\实例217 拯救屈原.mp4	
难易程度	★★★★★	学习时间	25分20秒

实例218 游戏制作——纸牌游戏

本实例将介绍纸牌游戏的制作。

案例设计分析

设计思路

本实例制作有3个影片剪辑元件，运用传统补间制作位移动画，依次两两一换。点击任意牌开始游戏，记住梅花的位置，通过不停变换选出梅花牌。

案例效果剖析

本实例制作的纸牌游戏效果如图11-74所示。

翻转纸牌

移动纸牌

图11-74 效果展示

案例技术要点

本实例中主要运用的功能与技术要点如下。

- 基本矩形工具：使用基本矩形工具绘制圆角矩形。
- 文本工具：使用文本工具输入文字。
- 传统补间：使用传统补间制作位移动画。

源文件路径	源文件\第11章\实例218 纸牌游戏.fla
素材路径	素材\第11章\实例218\背景.jpg、纸牌.png等
视频路径	视频\第11章\实例218 纸牌游戏.mp4
操作步骤路径	操作\实例218.pdf
难易程度	★★★★★
学习时间	19分26秒

实例219　游戏制作——棋子游戏

本实例制作的是棋子游戏，选择阵营开始下棋，哪方先出现3个成线的棋子，哪方就胜利。

案例设计分析

设计思路

本实例绘制有棋盘，以按钮选择游戏的难度，以代码选择蓝色或红色棋子，当棋子在棋盘上组成3个连成横、竖或斜线时游戏结束，并以代码判断输赢。

案例效果剖析

本实例制作的棋子游戏效果如图11-75所示。

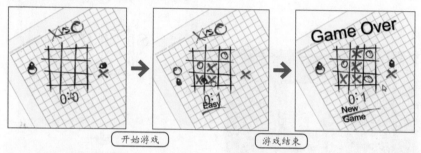

图11-75　效果展示

案例技术要点

本实例中主要运用的功能与技术要点如下。

- 刷子工具：使用刷子工具绘制棋子和棋盘。
- 文本工具：使用文本工具输入文字和绘制文本框。

源文件路径	源文件\第11章\实例219 棋子游戏.fla		
素材路径	素材\第11章\实例219\背景.jpg		
视频路径	视频\第11章\实例219 棋子游戏.mp4		
难易程度	★★★★★	学习时间	27分24秒

实例220　游戏制作——蜗牛赛跑游戏

本实例制作的是蜗牛赛跑游戏。

案例设计分析

设计思路

本实例制作有4个蜗牛，使用补间制作移动动画。通过代码实现选择一只蜗牛即开始赛跑，当选择的蜗牛最先跑到终点则胜出，否则失败。

案例效果剖析

本实例制作的蜗牛赛跑游戏效果如图11-76所示。

图11-76　效果展示

案例技术要点

本实例中主要运用的功能与技术要点如下。

- 文本工具：使用文本工具输入文字和绘制文本框。
- 交换元件：在"属性"面板中通过"交换元件"功能快速创建类似元件。
- 传统补间：使用传统补间制作位移动画。

案例制作步骤

源文件路径	源文件\第11章\实例220 蜗牛赛跑游戏.fla
素材路径	素材\第11章\实例220\蜗牛.png
视频路径	视频\第11章\实例220 蜗牛赛跑游戏.mp4
难易程度	★★★★★
学习时间	22分59秒

❶ 新建一个空白文档，导入"蜗牛.png"素材图片。

❷ 新建"蜗牛1"影片剪辑元件，将蜗牛拖入到舞台，并绘制圆形输入文字，按F8键将其转换为图形元件，如图11-77所示，制作动画。

图11-77　图片效果

❸ 通过在"库"面板中复制"蜗牛1"创建"蜗牛2"、"蜗牛3"和"蜗牛4"，更换里面的图片。

❹ 新建"蜗牛动画1"影片剪辑元件，将"蜗牛1"拖入舞台，制作从左至右移动的动画。

❺ 在"库"面板中，选中"蜗牛动画1"影片剪辑元件，单击鼠标右键，执行"直接复制"命令复制元件，并修改元件名称为"蜗牛动画2"。双击"蜗牛动画2"进入元件编辑模式，选中"蜗牛1"影片剪辑元件，在"属性"面板中单击"交换元件"命令，打开"交换元件"对话框，选择"蜗牛2"，如图11-78所示，单击"确定"按钮，完成交换。

❻ 新建"选择蜗牛"影片剪辑元件，从第2帧开始依次将4张蜗牛图片拖入舞台。新建"图层2"图层，使用 **T**（文本工具）输入文字。舞台效果如图11-79所示。新建"图层3"图

层,在第1帧输入停止脚本。

图11-78 交换元件

你选择了

图11-79 "选择蜗牛"效果

❼ 新建"重来"按钮元件,使用 T (文本工具)输入文字,如图11-80所示。

图11-80 输入文字

❽ 返回"场景1",使用 ▭(矩形工具)绘制背景,在第7帧创建普通帧。新建"图层2"图层,在第6帧创建关键帧。将"重来"按钮元件拖入舞台。新建"图层3"图层,将4张蜗牛图片拖入舞台,并按F8键将这些图片转换为按钮元件。新建"图层4"图层,使用 T(文本工具)输入文字,舞台整体效果如图11-81所示。

图11-81 舞台整体效果

❾ 在"图层3"图层第2帧上创建空白关键帧,将"蜗牛动画1"、"蜗牛动画2"、"蜗牛动画3"和"蜗牛动画4"影片剪辑元件拖入舞台,并为其设置实例名称。在"图层4"图层第4帧、第6帧和第7帧上输入文字。新建"图层5"图层,将"选择蜗牛"影片剪辑元件拖入舞台。新建"图层6"图层,创建7个关键帧,在每个关键帧上

输入脚本。第3帧上的代码如图11-82所示(其他关键帧上的代码请参考本实例源文件)。

图11-82 输入脚本

❿ 至此,本实例制作完成,按Ctrl+Enter组合键测试影片,如图11-83所示。

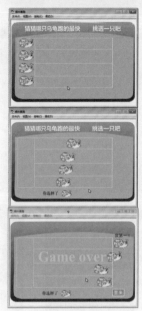

图11-83 测试影片

实例221　游戏制作——赛马游戏

本实例制作的是赛马游戏,与蜗牛赛跑相似。

案例设计分析

◐ 设计思路

本实例制作的赛马游戏通过按钮控制游戏的开始与重新开始,使用脚本随机调整马匹的排名,通过动态文本框显示排名列表。

◐ 案例效果剖析

本实例制作的赛马游戏效果如图11-84所示。

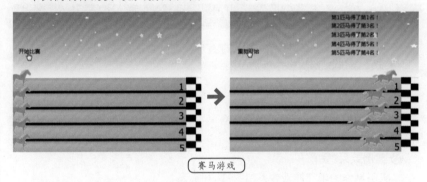

图11-84 效果展示

案例技术要点

本实例中主要运用的功能与技术要点如下。

● 文本工具:使用文本工具输入文字和绘制动态文本框。
● 矩形工具:使用矩形工具绘制矩形。

源文件路径	源文件\第11章\实例221 赛马游戏.fla		
素材路径	素材\第11章\实例221\马1.png、马2.png等		
视频路径	视频\第11章\实例221 赛马游戏.mp4		
操作步骤路径	操作\实例221.pdf		
难易程度	★★★★★	学习时间	9分48秒

实例222　游戏制作——气泡游戏

本实例将介绍气泡游戏的制作。

案例设计分析

设计思路

本实例制作的是气泡游戏，使用键盘控制左右的气流，将小球喷飞，直到进入上方的倒勾中，获得得分，全部进入后则游戏胜利。

案例效果剖析

本实例制作的气泡游戏效果如图11-85所示。

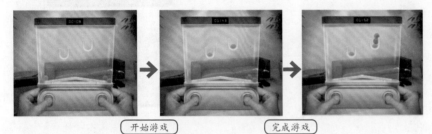

图11-85　效果展示

案例技术要点

本实例中主要运用的功能与技术要点如下。

- 文本工具：使用文本工具绘制动态文本框。
- 椭圆工具：使用椭圆工具绘制圆。

源文件路径	源文件\第11章\实例222 气泡游戏.		
素材路径	素材\第11章\实例222\背景.jpg、球.png等		
视频路径	视频\第11章\实例222 气泡游戏.mp4		
难易程度	★★★★★	学习时间	7分40秒

实例223　游戏制作——填充游戏

本实例制作的是一款适合小朋友的填充游戏，能在游戏中识别颜色。

案例设计分析

设计思路

本实例通过绘制各类图形，添加各类按钮及代码。当选择颜色后，点击空白区域，为白色区域填充颜色。

案例效果剖析

本实例制作的填充游戏效果如图11-86所示。

图11-86　效果展示

案例技术要点

本实例中主要运用的功能与技术要点如下。

- 椭圆工具：使用椭圆工具对一些类圆进行快速绘制。

- 文本工具：使用文本工具输入文字和绘制动态文本框。

案例制作步骤

源文件路径	源文件\第11章\实例223 填充游戏.fla
素材路径	素材\第11章\实例223\背景.jpg、素材.png等
视频路径	视频\第11章\实例223 填充游戏.mp4
难易程度	★★★★★
学习时间	8分20秒

❶ 新建一个空白文档，导入"背景.jpg"、"素材.png"等素材图片。

❷ 新建"男孩"影片剪辑元件，分区域制作男孩身体的各个部分，并将各部分都转换为影片剪辑元件，如图11-87所示。

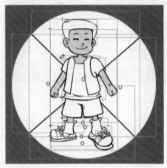

图11-87　"男孩"效果

❸ 新建"女孩"影片剪辑元件，分区域制作女孩身体的各个部分，并将各部分都转换为影片剪辑元件，如图11-88所示。

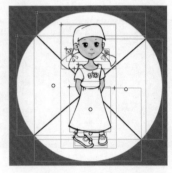

图11-88　"女孩"效果

❹ 新建"老人"影片剪辑元件，分区域制作老人身体的各个部分，并将各部分都转换为影片剪辑元件，如图11-89所示。

❺ 返回"场景1"，绘制背景。新建"图层2"图层，在第2帧处绘制圆盘，按F8键将其转换为图形元件，如图11-90所示。

图11-89 "老人"效果

图11-90 绘制圆盘

❻ 新建"图层3"图层,使用T(文本工具)输入文字,按F8键将其转换为按钮元件。将3张位图拖入舞台,输入文字,此时舞台效果如图11-91所示。

图11-91 舞台效果

❼ 在第2帧创建关键帧,使用◯(椭圆工具)绘制椭圆,按F8键将其转换为按钮元件,如图11-92所示。通过复制椭圆按钮,创建其他颜色的按钮元件。

图11-92 按钮

❽ 继续使用T(文本工具)和绘图工具制作箭头,并按F8键将其转换为按钮元件,如图11-93所示。

图11-93 箭头

❾ 输入"清除"文字,按F8键将其转换为按钮元件,如图11-94所示。

图11-94 "清除"按钮

❿ 此时舞台效果如图11-95所示。分别在第4帧和第6帧处创建关键帧。

图11-95 舞台效果

⓫ 新建"图层4"图层,在第3帧、第5帧和第7帧处创建关键帧,并将"男孩"、"女孩"和"老人"影片剪辑元件分别拖入,第3帧效果如图11-96所示。

图11-96 第3帧效果

⓬ 新建"图层5"图层,在第2帧上绘制吸管,按F8键将其转换为影片

剪辑元件。双击进入元件编辑模式,制作变大动画。返回"场景1",为"吸管"添加实例名称,舞台效果如图11-97所示。

图11-97 吸管

⓭ 新建"图层6"图层,设置7个关键帧并且每个关键帧上都输入代码(请参考本实例源文件)。新建"图层7"图层,将第2帧、第4帧和第6帧创建为关键帧,并设置帧标签名称,时间轴如图11-98所示。

图11-98 时间轴效果

⓮ 至此,本实例制作完成,按Ctrl+Enter组合键测试影片,如图11-99所示。

图11-99 测试影片

实例224　游戏制作——水果机游戏

本实例制作的是一款游戏厅常见的水果机游戏。

案例设计分析

设计思路

本实例绘制有各类水果及添加多种按钮，选择压分的水果，单击开始，红点开始移动，随机落在任意水果上，得到相应的分数。当红点落在选择的水果上，则按压的分数和该水果的赔率计算本次赢得的分数，不中则吞没所压出分数。

案例效果剖析

实例制作效果如图11-100所示。

开始游戏　　　　　游戏得分

图11-100　效果展示

案例技术要点

本实例中主要运用的功能与技术要点如下。

- 椭圆工具：使用椭圆工具对一些类圆进行快速绘制。
- 文本工具：使用文本工具输入文字和绘制动态文本框。

源文件路径	源文件\第11章\实例224 水果机游戏.fla	
素材路径	素材\第11章\实例224\素材1.png、素材2.png等	
视频路径	视频\第11章\实例224 水果机游戏.mp4	
难易程度	★★★★★	学习时间	3分48秒

实例225　游戏制作——英文打字

本实例制作的是一款练习打字的游戏，可以在游戏中掌握键盘中按键的位置。

案例设计分析

设计思路

本实例制作有各种按钮，并在代码中保存范文，以代码判断打字的对错，从而得到相应的分数与正确率。

案例效果剖析

本实例制作的英文打字游戏效果如图11-101所示。

开始打字

图11-101　效果展示

案例技术要点

本实例中主要运用的功能与技术要点如下。

- 文本工具：输入文字和绘制动态文本框。
- 创建AS文件：外部脚本文件。

案例制作步骤

源文件路径	源文件\第11章\实例225 英文打字.fla
素材路径	素材\第11章\实例225\图标1.png、图标2.png等
视频路径	视频\第11章\实例225 英文打字.mp4
难易程度	★★★★★
学习时间	8分04秒

❶ 新建一个空白文档，将"图标1.png"、"图标2.png"等素材文件导入倒库。

❷ 新建"关于作者"按钮元件，使用▢（矩形工具）和Ⓣ（文本工具）制作按钮的变化效果，如图11-102所示。

关于作者

图11-102　关于作者

❸ 在"库"面板中，选择"关于作者"按钮元件，单击鼠标右键，执行快捷菜单中的"直接复制元件"命令，打开"直接复制元件"对话框，修改元件名称为"开始练习"，单击"确定"按钮，完成复制。

❹ 双击"开始练习"按钮元件，进入元件编辑模式，修改"图层5"图层上的文字，如图11-103所示。

开始练习

图11-103　开始练习

❺ 按相同步骤创建"课程练习"按钮。

❻ 返回"场景1"，将3个按钮元件拖入舞台，依次设置实例名称。在"库"面板中设置导入素材的AS链接，如图11-104所示。

❼ 打开"属性"面板，单击文档类后面的"编辑类定义"按钮，如图11-105所示。

❽ 打开"创建ActionScript 3.0类"对话框，输入类名称，如图11-106所

示。单击"确定"按钮，即可打开类文件，在类文件中输入代码，如图11-107所示（具体代码请参考本实例源文件）。

图11-104　添加AS链接

图11-105　编辑类定义

图11-106　创建ActionScript 3.0类

图11-107　输入代码

⑨至此，本实例制作完成，按Ctrl+Enter组合键测试影片，如图11-108所示。

图11-108　测试影片

实例226　游戏制作——苹果打字游戏

本实例将介绍一款趣味的打字游戏，能在游戏的过程中练习打字。

案例设计分析

设计思路

本实例在苹果上绘制动态文本框，使用代码随机生成字母。开始游戏后，陆续掉下苹果，当使用键盘按出苹果上的相应字母键时，苹果爆炸，获得分数；当苹果落地，则不计分。

案例效果剖析

本实例制作的苹果打字游戏效果如图11-109所示。

图11-109　效果展示

案例技术要点

本实例中主要运用的功能与技术要点如下。

- 椭圆工具：使用椭圆工具对一些类圆进行快速绘制。
- 文本工具：使用文本工具输入文字和绘制动态文本框。

源文件路径	源文件\第11章\实例226 苹果打字游戏		
素材路径	素材\第11章\实例226\背景1.jpg、背景2.jpg等		
视频路径	视频\第11章\实例226 苹果打字游戏.mp4		
难易程度	★★★★★	学习时间	18分03秒

实例227　游戏制作——美女拼图

本实例制作的是美女拼图游戏，从右边的矩形框中拖出碎片，在左边进行组合。

案例设计分析

设计思路

本实例将图片打散并分割成不规则的碎片，将每个碎片设置成独立的元件，并且设置实例名称。使用代码实现拼图的效果。

案例效果剖析

本实例制作的美女拼图游戏效果如图11-110所示。

图11-110　效果展示

>> 案例技术要点

本实例中主要运用的功能与技术要点如下。

● 钢笔工具：使用钢笔工具勾勒复杂的线条。

● 文本工具：使用文本工具输入文字和绘制动态文本框。

>> 案例制作步骤

源文件路径	源文件\第11章\实例227 美女拼图.fla		
素材路径	素材\第11章\实例227\素材图.jpg、背景图.jpg等		
视频路径	视频\第11章\实例227 美女拼图.mp4		
难易程度	★★★★★	学习时间	15分47秒

❶ 新建一个空白文档，导入"素材图.jpg"、"背景图.jpg"等素材图片，将"素材图.jpg"拖入到舞台，如图11-111所示。

图11-111　图片效果

❷ 按Ctrl+B组合键将该图片打散，选择（钢笔工具），在图片上绘制线条，将图片分割成不规则小图块，如图11-112所示。绘制的线条保存为影片剪辑元件，方便后面调用。

图11-112　将图片分割成不规则小图块

❸ 选择不规则的小图块，分别按F8键将其转换为影片剪辑元件，如图11-113所示。

图11-113　转换为影片剪辑元件

❹ 新建"代码"影片剪辑元件，在第1帧和第2帧输入脚本，第1帧的代码如图11-114所示。

图11-114　第1帧的脚本

❺ 返回"场景1"，将"背景图.jpg"素材图片分别拖入第2帧和第3帧中。打开"组件"面板，将button组件拖入舞台，修改文字显示为"再玩一次"，在该按钮上面输入脚本。新建"图层2"图层，将"代码"影片剪辑元件拖入舞台。新建"图层3"图层，将保存线条的影片剪辑拖入第2帧，按Ctrl+B组合键打散。新建"图层4"图层，将分割的小图块影片剪辑拖入第2帧，还原图片原始样子，并且为每个影片剪辑都设置实例名称，添

加滤镜，如图11-115所示。添加滤镜后效果如图11-116所示。

图11-115　添加滤镜

图11-116　添加滤镜后效果

❻ 新建"图层5"图层，使用 T（文本工具）在第2帧上输入文字，绘制文本框。新建"图层6"图层，使用（矩形工具）在第2帧上绘制一个圆角矩形。新建"图层7"图层，在第3帧使用 T（文本工具）输入文字。新建"图层8"图层，在第1帧输入停止脚本，第2帧上的脚本如图11-117所示。

图11-117　第2帧上的脚本

❼ 第2帧上整体舞台效果如图11-118所示。

图11-118　第2帧上整体舞台效果

❽ 至此，本实例制作完成，按Ctrl+Enter组合键测试影片，如图11-119所示。

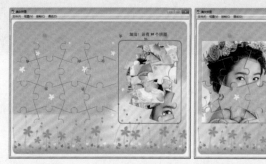

图11-119 测试影片

实例228　游戏制作——太空战机

本实例将介绍天空战机游戏的制作。

案例设计分析

设计思路

本实例制作有战机和敌机，使用代码控制太空战机发射子弹，当子弹击中敌机，敌机销毁。通过脚本控制动态文本，显示等级及得分。

案例效果剖析

本实例制作的太空战机游戏效果如图11-120所示。

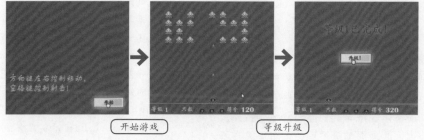

图11-120 效果展示

案例技术要点

本实例中主要运用的功能与技术要点如下。

● 文本工具：使用文本工具输入文字和绘制动态文本框。
● 矩形工具：使用矩形工具绘制按钮的矩形。

源文件路径	源文件\第11章\实例228 太空战机.fla	
素材路径	素材\第11章\实例228\素材1.png、素材2.png	
视频路径	视频\第11章\实例228 太空战机.mp4	
难易程度	★★★★★	学习时间	11分28秒

实例229　游戏制作——手枪游戏

本实例制作的是手枪游戏，开始游戏后，击中土匪加分，击中人质扣分。

案例设计分析

设计思路

本实例绘制有手枪、土匪、人质和准心，并制作土匪和人质的位移与和击倒动画。使用按钮脚本控制游戏"开始"与"再玩一次"，通过帧脚本显示游戏得分与剩余弹药的数目。

案例效果剖析

本实例制作的手枪游戏效果如图11-121所示。

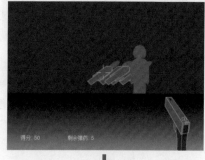

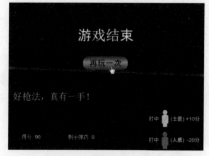

图11-121 效果展示

案例技术要点

本实例中主要运用的功能与技术要点如下。

● 文本工具：使用文本工具输入文字和绘制动态文本框。
● 传统补间：使用传统补间制作位移动画。

源文件路径	源文件\第11章\实例229 手枪游戏.fla
视频路径	视频\第11章\实例229 手枪游戏.mp4
难易程度	★★★★★
学习时间	21分37秒

第 ⑫ 章 商业广告制作

Flash商业广告具有亲和力和交互性优势，可更好地满足受众的需要，通过单击、选择等动作决定动画的运行过程和结果，使广告更加人性化，更有趣味。相比传统的广告和公关宣传，通过Flash进行产品宣传，有着信息传递效率高、受众接受度高、宣传效果好等显著特点。

实例230　汽车广告——新品上市

当新品汽车上市时，需要对汽车进行宣传。网络广告的受众群体广泛，且制作成本低，互动性强，能起到很好的宣传作用。本实例将使用Flash制作出汽车广告。

案例设计分析

设计思路

在制作汽车广告前，需要对设计的思路进行分析，不仅需要考虑该广告的受众群体，还需要从消费者的角度分析，以吸引消费者，从而实现广告的作用。

商业广告重在推销产品、扩大品牌影响力与感染力，吸引消费者。本实例中设计的汽车广告，从消费者角度思考，注重体现汽车的性能与舒适等特点。通过汽车驶入画面，瞬间吸引眼球，户外怡人的画面渐渐显现，汽车停靠在不同的自然场景中，展现其功能与特色，配上动感的音乐，将汽车的高档次与多功能展现得淋漓尽致。

案例效果剖析

本实例制作的汽车广告包括了多个场景画面，如图12-1所示为部分效果展示。

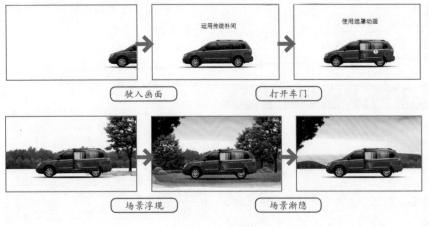

图12-1　效果展示

案例技术要点

本实例中主要用到的功能及技术要点如下。

- 补间动画：使用传统补间等实现汽车驶入驶出的动画。
- 遮罩层：多处使用遮罩层，实现场景的渐入与渐出，如同将场景绘制出来一般。
- 引导层：使用引导层，实现花瓣飘动的效果。
- Alpha值：通过修改"属性"面板中的Alpha值，实现不同场景的自然切换。
- 按钮元件：通过按钮元件，实现交互设计。

案例制作步骤

源文件路径	源文件\第12章\实例230 新品上市.fla
素材路径	素材\第12章\实例230\素材
视频路径	视频\第12章\实例230 新品上市.mp4
难易程度	★★★★
学习时间	11分25秒

❶ 启动Flash，打开素材文件"素材.fla"。新建"汽车1"图层，在第31帧处插入关键帧。将"汽车1"元件拖入场景1的舞台右侧，在第85帧处插入关键帧，将元件移至舞台正中央，在第31～85帧之间创建传统动画，制作汽车驶入画面的效果，如图12-2所示。

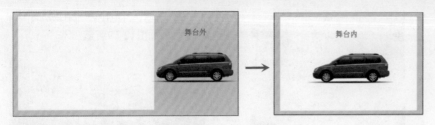

图12-2 制作汽车驶入画面的效果

② 新建"轮子1"图层，在第31帧处插入关键帧，将"轮子"元件拖入舞台，对齐汽车的前轮，如图12-3所示。用同样的方法，在第85帧、第585帧、第639帧处插入关键帧，分别移动轮子，使之与汽车前轮对齐。

图12-3 "轮子"与汽车对齐

③ 在帧与帧之间创建传统补间。选择补间，在"属性"面板中设置旋转为"逆时针"，如图12-4所示，即完成前轮胎转动的效果。

图12-4 设置旋转为"逆时针"

④ 用同样的方法，新建"轮子2"图层，将"轮子"元件拖入舞台，制作后轮胎转动的效果。

⑤ 新建"汽车2"图层，在第94帧处插入关键帧，将"车门"元件拖入舞台，放置在汽车的合适位置，如图12-5所示。

图12-5 将车门放置在合适的位置

⑥ 将第594帧之后的所有帧选中删除。新建"门遮罩"图层，设置该图层为遮罩层。在第94帧处插入关键帧，在舞台中绘制矩形，作为遮罩，如图12-6所示。

图12-6 绘制遮罩

⑦ 在第106帧处插入关键帧，将图形向右拖宽，如图12-7所示。在第571帧处插入关键帧，将第94帧复制粘贴到第583帧处。在帧与帧之间创建补间形状。制作车门打开及关上的动画效果。

图12-7 将图形向右拖宽

⑧ 新建一个图层，将其拖至最底层。在第115帧处插入关键帧，将"树丛"元件拖入舞台，如图12-8所示。

图12-8 将"树丛"元件拖入舞台

⑨ 新建一个图层，在第120帧处插入关键帧，绘制遮罩图形，如图12-9所示。

图12-9 绘制遮罩图形

⑩ 在第121～140帧处分别绘制图形，直至将树丛全部遮盖，第140帧的图像如图12-10所示。设置该图层为遮罩层。

图12-10 第140帧的图像

⑪ 用同样的方法，新建其他多个图层，分别将"库"面板中"草地"、"树木"等元件拖入舞台中，如图12-11所示。依次为每个图层新建遮罩层，并绘制遮罩效果。

图12-11 分别插入素材

⑫ 在遮罩"草坪"图层中第430帧处新建关键帧，将第120~140帧的关键帧选中，按住Alt键拖到第430帧处，快速复制粘贴帧，制作草坪渐隐的动画。第430帧处的图像如图12-12所示。

图12-12　第430帧处的图像

⑬ 用同样的方法，依次在其他遮罩层中复制粘贴帧，制作背景隐去动画。在汽车所在的图层新建关键帧，将汽车拖出舞台外，如图12-13所示。在帧之间创建传统补间动画，制作汽车驶出的动画。

图12-13　将汽车拖出舞台外

⑭ 用同样的方法，将多个素材拖入舞台，组成"场景2"，如图12-14所示。添加遮罩层，制作画面渐入动画的效果。

图12-14　将素材拖入舞台

⑮ 新建一个图层，将汽车拖入舞台中，修改不透明度，并创建传统补间动画，制作汽车淡入淡出的效果，如图12-15所示。

图12-15　制作汽车淡入淡出效果

⑯ 新建影片剪辑元件，绘制光晕。返回场景1，新建一个图层，将其拖入舞台中，并制作淡入淡出的动画效果，如图12-16所示。

图12-16　将光晕拖入舞台

⑰ 新建一个图层，将"汽车3.png"素材拖入舞台中，制作驶入动画的效果，如图12-17所示。

图12-17　制作驶入动画效果

⑱ 新建一个图层，将"公路.jpg"、"背景.jpg"等素材拖入舞台中，制作遮罩显现的效果，如图12-18所示。

图12-18　制作遮罩显现的效果

⑲ 新建一个图层，制作玻璃闪光的效果，如图12-19所示。

图12-19　制作玻璃闪光的效果

⑳ 新建关键帧，制作背景渐渐淡出，以及汽车驶出画面的动画，如图12-20所示。

图12-20　渐出动画

㉑ 用前面所述方法，将背景及汽车拖入舞台，制作动画效果，如图12-21所示。

图12-21　制作动画效果

㉒ 新建一个图层，将车钥匙拖入舞台中，制作由小变大，由远及近的动画效果，如图12-22所示。

图12-22　制作钥匙动画

㉓ 新建一个图层，将车门拖入舞台中，制作钥匙控制车门的效果，如图12-23所示。

图12-23　制作钥匙控制车门的效果

㉔ 用同样的方法，制作钥匙控制尾箱的效果，如图12-24所示。

图12-24 制作钥匙控制尾箱的效果

㉕ 根据前面章节中所述方法，制作其他动画效果，展示车内部结构，如图12-25所示。

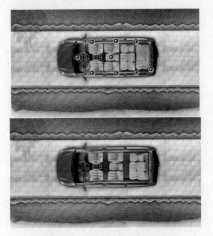

图12-25 制作其他动画效果

㉖ 新建一个图层，在"属性"面板中设置声音，如图12-26所示。

图12-26 修改声音

㉗ 制作完成后，按Ctrl+Enter组合键测试影片，如图12-27所示。

图12-27 测试影片

实例231 化妆品广告——单品宣传广告

对于热卖或新上市的产品进行广告宣传，是提高知名度、信赖度的常见手段。

案例设计分析

设计思路

本实例通过补间制作人物与化妆产品的渐渐显现，将产品的特效与实际效果展示在人们眼前，突出了产品，达到化妆品宣传的作用。

案例效果剖析

本实例制作的化妆品广告效果如图12-28所示。

图12-28 效果展示

案例技术要点

本实例中主要用到的功能及技术要点如下。

● 色彩效果：利用色彩效果中的"高级"或Alpha等属性制作闪白、淡入的动画。

● 遮罩动画：利用遮罩图形控制显示的区域。

● 分散到图层：将文本打散后，执行"分散到图层"命令，将每个文字对象单独放置在一个图层中，从而制作逐字显现的动画。

案例制作步骤

源文件路径	源文件\第12章\实例231 单品宣传广告1.fla	
素材路径	素材\第12章\实例231\背景.jpg、产品.png等	
视频路径	视频\第12章\实例231 单品宣传广告1.mp4	
难易程度	★★	学习时间	7分44秒

❶ 新建一个空白文档，将"背景.jpg"素材图片拖入舞台中并转换为元件。利用色彩效果制作闪白的动画，如图12-29所示。

图12-29 制作闪白

❷ 用同样的方法，新建一个图层，将"模特.png"素材拖入舞台中，转换为元件，制作淡入动画、闪白的动画效果，如图12-30所示。

图12-30 制作淡入动画、闪白的动画

❸ 新建一个图层，将图层转换为遮罩层，绘制矩形作为遮罩，如图12-31所示。

图12-31 绘制遮罩

❹ 新建影片剪辑元件，制作菜单，并将元件添加至主舞台中，如图12-32所示。

图12-32 添加菜单元件

❺ 新建一个图层，将图片拖入舞台中，转换为影片剪辑元件。双击元件，进入编辑界面，输入文字。双击返回，制作淡入的动画效果，如图12-33所示。

图12-33 制作淡入动画

❻ 新建"文字"影片剪辑元件，输入文本，按Ctrl+B组合键分离文本。选择所有文字，单击鼠标右键，执行"分散到图层"命令，制作逐字显示的动画，如图12-34所示。

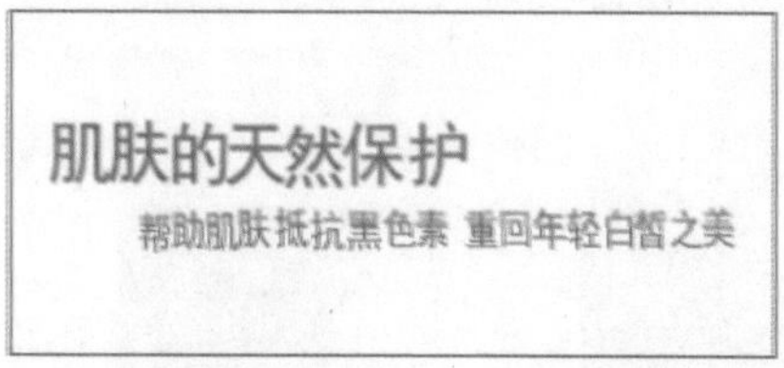

肌肤的天然保护
帮助肌肤抵抗黑色素 重回年轻白皙之美

图12-34 制作逐字显示的动画

❼ 将"文字"影片剪辑元件添加至主舞台中。新建一个图层，将"产品.png"素材图片拖入舞台中，并转换为元件，如图12-35所示。制作元件淡入动画的效果。

图12-35 添加素材并转换为元件

❽ 新建"闪光"元件，绘制光，并制作闪光效果。新建影片剪辑元件，添加多个"闪光"元件，如图12-36所示。

图12-36 添加元件

❾ 将元件添加至主舞台中合适的位置。新建一个图层，在舞台中添加"素材5.png"并转换为元件，如图12-37所示。

图12-37 添加素材

❿ 新建一个图层，在最后一帧添加停止脚本。至此，本实例制作完成，保存并测试影片，如图12-38所示。

图12-38 测试影片

实例232　化妆品广告——单品宣传广告2

单品宣传的重点在于展示产品与产品效果，因此一般会需要用到模特与产品素材。

案例设计分析

◉ 设计思路

本实例在蓝色的背景下，使用传统补间制作模特淡入画面的渐变动画，化妆产品从右侧进入画面，产品文字介绍闪动，广告中的按钮起到跳转链接的作用。

◉ 案例效果剖析

本实例制作的化妆品广告效果如图12-39所示。

淡入动画

图12-39 效果展示

案例技术要点

本实例中主要用到的功能及技术要点如下。

● 色彩效果：利用色彩效果中的"高级"或Alpha等属性制作闪白、淡入的动画。

- 遮罩动画：利用遮罩图形控制显示的区域。
- 分散到图层：将文本打散后，执行"分散到图层"命令，将每个文字对象单独放置在一个图层中，从而制作逐字显现的动画。

源文件路径	源文件\第12章\实例232 单品宣传广告2.fla		
素材路径	素材\第12章\实例232\背景.jpg、人物.png等		
视频路径	视频\第12章\实例232 单品宣传广告2.mp4		
难易程度	★★	学习时间	4分04秒

实例233　游戏广告——武器选择

在各大网站中，经常会看到界面两侧会显示出游戏广告，吸引用户去点击。

案例设计分析

设计思路

本实例制作的游戏广告是通过按钮实现交互的广告，当用户将光标移至画面中的武器上时，则会自动将该武器旋转至最中间并放大显示，而其他武器则模糊显示，单击时则会跳转至游戏的页面。这样的设计可以获得更多的点击量及潜在玩家。

案例效果剖析

本实例制作的游戏广告效果如图12-40所示。

图12-40　效果展示

案例技术要点

本实例中主要用到的功能及技术要点如下。
- 逐帧动画：通过连续关键帧的动画绘制或画面制作完成的连续动画。
- 模糊滤镜：添加"模糊"滤镜，制作器器的模糊效果。
- 按钮元件：在对象上添加按钮元件，则能触发鼠标的动作。

案例制作步骤

源文件路径	源文件\第12章\实例233 武器选择.fla		
素材路径	素材\第12章\实例233\背景.jpg、武器.png等		
视频路径	视频\第12章\实例233 武器选择.mp4		
难易程度	★★★	学习时间	20分30秒

❶ 新建一个空白文档，添加"背景.jpg"素材图片到舞台中，匹配舞台大小，如图12-41所示。

❷ 新建"火"影片剪辑元件，将"火.png"素材添加至不同的关键帧，制作逐帧动画。将"火"影片剪辑元件添加至主舞台中，如图12-42所示。

图12-41　添加素材图片

图12-42　添加元件

❸ 新建"武器1"影片剪辑元件，将"武器.png"素材拖入舞台中，转换为元件，制作由小变大的动画，如图12-43所示。

图12-43　添加素材

❹ 新建影片剪辑元件，制作发光动画，如图12-44所示。将其添加至"武器1"影片剪辑元件中。

图12-44　制作动画

❺ 用同样的方法，新建其他武器影片剪辑元件。新建"武器总"影片剪辑元件，将多个武器元件拖入舞台中，如图12-45所示，为每个元件添加不同的实例名称。

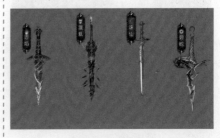

图12-45　添加元件

⑥ 为所有元件添加"模糊"滤镜，制作模糊入画和模糊出画的效果，如图12-46所示。新建一个图层，在相关的关键帧上添加脚本。

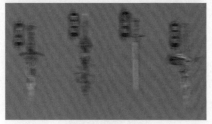

图12-46　制作模糊入画和模糊出画的效果

⑦ 新建"按钮1"按钮元件，在第4帧处绘制一个矩形。新建"按钮2"影片剪辑元件，将"按钮1"按钮元件拖入舞台中多次，如图12-47所示。分别设置实例名称为bt0～bt3。

图12-47　拖入按钮元件

⑧ 新建"主画面"影片剪辑元件，将"武器总"影片剪辑元件拖入舞台中。新建一个图层，将"按钮2"影片剪辑元件添加至舞台中。分别为两个元件添加实例名称。

⑨ 新建一个图层，在第1帧上添加脚本。回到场景1，将"主画面"影片剪辑元件拖入舞台中，并添加实例名称，如图12-48所示。

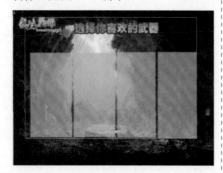

图12-48　添加元件

⑩ 新建"火"影片剪辑元件，将"火.jpg"素材拖入舞台中，将其转换为元件，制作元件放大缩小的补间动画，如图12-49所示。

图12-49　制作元件放大缩小动画

⑪ 新建"开始"按钮元件，将"火"影片剪辑元件拖入舞台中。新建遮罩图层，绘制半圆形作为遮罩，如图12-50所示。

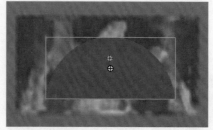

图12-50　绘制遮罩

⑫ 继续新建图层，并绘制图形，制作光影效果，如图12-51所示。

图12-51　绘制图形

⑬ 新建"底部"影片剪辑元件，将"素材.png"拖入舞台中，然后将"开始"按钮元件拖入舞台中，如图12-52所示。

图12-52　添加元件

⑭ 新建按钮元件，在第4帧处绘制圆，将该按钮元件拖入到"底部"舞台中，如图12-53所示，

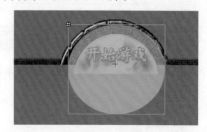

图12-53　拖入元件

⑮ 将"底部"元件拖入到主舞台中，如图12-54所示。

图12-54　添加元件

⑯ 至此，本实例制作完成，保存并测试影片，如图12-55所示。

图12-55　测试影片

➡ 实例234　游戏广告——游戏宣传

本实例是游戏宣传。要做到吸引玩家尝试注册，唯美的宣传画面总是很有效的手段。

➤ 案例设计分析

◑ 设计思路

本实例在唯美的画面中，云雾缭绕，左侧飞入一群仙鹤，当仙鹤远去时，古装美女吹着笛子飘入画面，四周花瓣飘起的动画，给人一种古韵典雅、如临仙境的感觉，能唤起浏览者进入游戏的欲望。

案例效果剖析

本实例制作的游戏宣传广告效果如图12-56所示。

人物入场

花瓣飘起

图12-56 效果展示

案例技术要点

本实例中主要用到的功能及技术要点如下。

- 传统补间：在本实例中运动多次使用传统补间，制作进入画面、退出画面的效果。
- 淡入淡出：淡入淡出画面的效果是由补间与Alpha值的设置来完成。

案例制作步骤

源文件路径	源文件\第12章\实例234 游戏宣传.fla	
素材路径	素材\第12章\实例234\背景.jpg、美女.png等	
视频路径	视频\第12章\实例234 游戏宣传.mp4	
难易程度	★★★	学习时间	23分52秒

① 新建一个空白文档，并新建"界面"影片剪辑元件，将"背景.jpg"素材图片拖入舞台中，转换为影片剪辑元件，并制作元件淡入及移动的动画，如图12-57所示。

图12-57 添加背景

② 新建"仙鹤"影片剪辑元件，制作仙鹤飞的动画。将"仙鹤"影片剪辑元件拖入"界面"影片剪辑元件舞台中多次，并制作向右上方移动的动画，如图12-58所示。

③ 新建"人物"影片剪辑元件，将"美女.png"素材拖入舞台中转换为元件，如图12-59所示。制作元件上下浮动的效果。

图12-58 添加仙鹤

图12-59 添加素材

④ 将"人物"影片剪辑元件拖入舞台外，并创建关键帧，将元件移至舞台中，如图12-60所示。创建传统补间。

图12-60 添加元件

⑤ 新建"花瓣"影片剪辑元件，制作花瓣飘起的动画。将元件添加至"界面"影片剪辑元件舞台中。

⑥ 新建"云雾"影片剪辑元件，将"云雾1"、"云雾2"等多张素材拖入舞台中，转换为影片剪辑元件制作移动的动画。将元件添加至"界面"元件舞台中。

⑦ 新建一个图层，绘制一个和舞台大小相同的矩形，如图12-61所示。

图12-61 绘制矩形

⑧ 新建一个图层，将Logo图片拖入舞台中，放置在合适的位置，如图12-62所示。新建一个图层，在最后一帧添加停止脚本。

图12-62 添加图片

⑨ 至此，本实例制作完成，保存并测试影片，如图12-63所示。

图12-63 测试影片

实例235　游戏广告——网游公测

当游戏基本定型，进行游戏公测时，就需要制作广告进行大幅推广。

案例设计分析

⑤ 设计思路

为了既吸引眼球、又方便玩家注册，增进人气与流量。本实例将游戏名称、公测时间、注册方式、游戏角色、游戏场景等内容全部展示，并制作相应的动画效果。在左侧设置多个菜单，单击菜单后即可跳转至游戏页面。

⑤ 案例效果剖析

本实例制作的网游公测广告效果如图12-64所示。

单击菜单

图12-64　效果展示

案例技术要点

本实例中主要用到的功能及技术要点如下。

● 传统补间：在本实例中运动多次传统补间，制作进入画面、退出画面的效果。
● 淡入淡出：淡入淡出画面的效果是由补间与Alpha值的设置来完成。

源文件路径	源文件\第12章\实例235 网游公测.fla		
素材路径	素材\第12章\实例235\背景.jpg、素材.png等		
视频路径	视频\第12章\实例235 网游公测.mp4		
难易程度	★★★	学习时间	3分02秒

实例236　游戏广告——武林悬赏令

本实例制作的广告特点在于打破传统的广告机制，不再是简单的角色展示来拉拢玩家，而是巧妙地通过揭悬赏令缉拿罪犯的方式，让玩家自觉进入游戏。

案例设计分析

⑤ 设计思路

多名罪犯祸害武林，百姓危在旦夕，特以悬赏令诏告天下，捉拿者赏金无数。本实例是通过脚本制作的交互性广告，当光标移至墙上的悬赏令上时，该悬赏令会放大发光显示，单击"立即缉拿"按钮可以链接注册界面。

⑤ 案例效果剖析

本实例制作的游戏广告效果如图12-65所示。

悬赏令1　　　悬赏令2

图12-65　效果展示

案例技术要点

本实例中主要用到的功能及技术要点如下。

● 文本滤镜：在文本上可以直接添加滤镜。
● 元件滤镜：为影片剪辑元件或按钮元件添加滤镜。

案例制作步骤

源文件路径	源文件\第12章\实例236 武林悬赏令.fla
素材路径	素材\第12章\实例236\背景.jpg、素材1.png等
视频路径	视频\第12章\实例236 武林悬赏令.mp4
难易程度	★★★
学习时间	4分33秒

❶ 新建一个空白文档，将"背景.jpg"素材图片拖入舞台中，并调整至舞台大小，如图12-66所示。

图12-66　添加图片

❷ 新建"海盗"影片剪辑元件，绘制图形，如图12-67所示。

图12-67　绘制图形

❸ 新建一个图层，绘制图形，并将图形转换为影片剪辑元件，制作挥刀的动作，如图12-68所示。

❹ 新建一个图层，绘制矩形，如图12-69所示，将该图层设置为遮罩层。

图12-68 制作挥刀的动画

图12-69 绘制矩形

⑤ 新建一个图层，添加文字与图形，如图12-70所示。

图12-70 添加文字与图形

⑥ 新建"按钮1"按钮元件，使用绘制图形工具绘制图形，使用 T （文本工具）输入文本，将文本转换为元件，并添加滤镜效果，如图12-71所示。

图12-71 绘制图形并输入文本

⑦ 将"按钮1"按钮元件拖入到"海盗"元件中，并调整大小与位置，如图12-72所示。

图12-72 添加按钮元件

⑧ 用同样的方法，新建其他两个元件，如图12-73所示。

图12-73 新建其他元件

⑨ 新建"悬赏令1"影片剪辑元件，将"底.png"素材与"海盗"元件添加至舞台中，如图12-74所示。

图12-74 添加素材与元件

⑩ 新建影片剪辑元件，将"悬赏令1"影片剪辑元件拖入舞台中，在"属性"面板中添加"投影"滤镜，如图12-75所示。

图12-75 设置属性

⑪ 将"悬赏令1"影片剪辑元件添加至主舞台中，调整大小与位置，如图12-76所示。

图12-76 调整大小与位置

⑫ 制作元件变大、发光的动画效果，如图12-77所示。

图12-77 制作元件动画

⑬ 用同样的方法，新建其他元件，并将这些元件添加至主舞台中，如图12-78所示。

图12-78 添加元件

⑭ 新建一个按钮元件，在第4帧处绘制矩形。将本按钮元件添加至主舞

台中相对应的位置，如图12-79所示，分别设置实例名称为aa、bb、cc。

⑮ 至此，本实例制作完成，保存并测试影片，如图12-80所示。

图12-79　添加按钮元件

图12-80　测试影片

实例237　横幅广告——剪纸喜庆广告

在网页的上方区域中经常会出现各种横幅广告，称之为banner。banner既不占用过大的空间，也能起到广告的作用。

案例设计分析

设计思路

在春节来临之际，通过富有中国特色的剪纸形象，可以表现出喜气洋洋的氛围。通过补间与遮罩，制作鞭炮与文字的动画，可将主题显示出来。

案例效果剖析

本实例制作的横幅广告效果如图12-81所示。

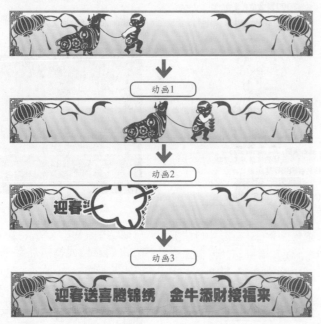

图12-81　效果展示

案例技术要点

本实例中主要用到的功能及技术要点如下。

- 传统补间：通过传统补间制作进入动画的效果。
- 遮罩动画：使用遮罩制作文字显现的动画。

源文件路径	源文件\第12章\实例237 剪纸喜庆广告.fla		
视频路径	视频\第12章\实例237 剪纸喜庆广告.mp4		
难易程度	★★	学习时间	2分42秒

实例238　活动广告——淘宝注册有礼

在网站或公司举办活动时，可以告示的形式告示广大消费者。

案例设计分析

设计思路

本实例通过告示的形式来表达广告的内容，文字动画加上形象的人物动作，营造紧张感，也是本广告要突出的重点。

案例效果剖析

本实例制作的淘宝注册有礼活动广告效果如图12-82所示。

展开文字

场景2

图12-82　效果展示

案例技术要点

本实例中主要用到的功能及技术要点如下。

- 补间动画：使用传统补间实现掉落、冒烟等动画。

● 遮罩动画：使用遮罩动画制作卷轴打开的动画。

案例制作步骤

源文件路径	源文件\第12章\实例238 淘宝注册有礼.fla
素材路径	素材\第12章\实例238\人物.png、素材1.png等
视频路径	视频\第12章\实例238 淘宝注册有礼.mp4
难易程度	★★★★　　学习时间　　4分19秒

① 新建一个空白文档，并新建"石墙"影片剪辑元件，绘制图形，如图12-83所示。

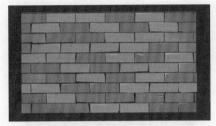

图12-83　绘制图形

② 将"石墙"影片剪辑元件拖入主舞台中，设置色彩效果，如图12-84所示。制作元件由上向下掉落的动画。

图12-84　设置色彩效果

③ 新建一个图层，调整图层到下一层，绘制矩形，如图12-85所示。

图12-85　绘制矩形

④ 新建"冒烟"影片剪辑元件，在舞台中绘制图形，并转换为元件，制作元件由小变大到消失的冒烟效果，如图12-86所示。

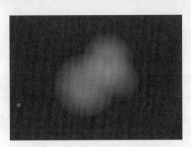

图12-86　制作冒烟效果

⑤ 回到主时间轴中，新建一个图层，在第7帧处插入关键帧，将"冒烟"元件拖入主舞台中，如图12-87所示。

图12-87　添加元件

⑥ 新建影片剪辑元件，绘制图形。将元件添加至主舞台中，如图12-88所示。

图12-88　添加元件

⑦ 新建一个图层，选择 T（文本工具）输入文字，如图12-89所示。

⑧ 新建影片剪辑元件，绘制元宝，并制作元宝闪光的效果，如图12-90所示。将元件拖至主舞台中，如图12-91所示。

图12-89　输入文字

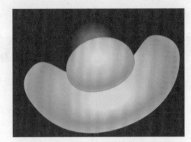

图12-90　制作元宝

图12-91　添加元件

⑨ 用同样的方法，添加"素材1.png"并制作动画，如图12-92所示。

图12-92　添加素材并制作动画

⑩ 添加遮罩层，为前面制作的动画添加遮罩，如图12-93所示。

图12-93　添加遮罩

⑪ 根据前面所述，继续制作其他动画效果，如图12-94所示。

图12-94 制作其他动画

⑫ 至此，本实例制作完成，保存并测试影片。

实例239 活动广告——联通缴费

需要收费的项目做推广时，要抓住经济实惠这一特点，要让消费者觉得购买你的套餐比其他的要划算。

案例设计分析

ⓑ 设计思路

本实例制作的是中国联通活动的广告，通过卡通风格的动画，展现活泼气息。通过绿色的色调与春天相辉映，画面感强，突出了主题文字。

ⓑ 案例效果剖析

本实例制作的广告包括了多个场景画面，如图12-95所示为部分效果展示。

图12-95 效果展示

案例技术要点

本实例中主要用到的功能及技术要点如下。

- 按钮元件：在对象上添加按钮元件，实现按钮的特效。
- 淡入动画：使用色彩效果及补间实现淡入的动画效果。

源文件路径	源文件\第12章\实例239 联通缴费.fla	
素材路径	素材\第12章\实例239\图片1.png、图片2.png等	
视频路径	视频\第12章\实例239 联通缴费.mp4	
难易程度	★★★	学习时间	1分27秒

实例240 活动广告——设计比赛广告

本实例是设计比赛广告，通过设置奖品吸引更多人的点击参与。

案例设计分析

ⓑ 设计思路

本实例在红色背景上置入多元素的形象，使用遮罩层制作手写文字的效果，最后显示的文字直指广告的中心。单击广告中的按钮，可以进入活动页面。

ⓑ 案例效果剖析

本实例制作的设计比赛广告效果如图12-96所示。

手写文字

点击按钮

图12-96 效果展示

案例技术要点

本实例中主要用到的功能及技术要点如下。

- 渐变变形工具：使用渐变变形工具调整径向渐变。
- 遮罩动画：使用遮罩实现写字的效果。

案例制作步骤

源文件路径	源文件\第12章\实例240 设计比赛广告.fla
素材路径	素材\第12章\实例240\素材1.png、素材2.png等
视频路径	视频\第12章\实例240 设计比赛广告.mp4
难易程度	★★★
学习时间	2分43秒

❶ 新建一个空白文档，设置舞台颜色为红色。新建"元件1"影片剪

辑元件，将"素材1.png"、"素材2.png"等素材图片拖入不同的图层中，如图12-97所示。

图12-97 添加素材到不同图层

❷ 新建"元件2"影片剪辑元件，在舞台中绘制椭圆，并修改颜色为"径向渐变"，使用▦（渐变变形工具）调整渐变色，如图12-98所示。

图12-98 绘制椭圆并调整渐变

❸ 新建"热气"影片剪辑元件，将"元件2"拖入舞台中，设置色彩效果，如图12-99所示。

图12-99 设置色彩效果

❹ 创建关键帧，设置色彩效果，并制作向上的动画。添加多个元件，制作热气蒸发的效果，如图12-100所示。将"蒸气"影片剪辑元件添加至"元件1"舞台中。

❺ 新建一个图层，添加"文字.png"素材图片，并添加相应的遮罩层，制作写字的动画，如图12-101所示。

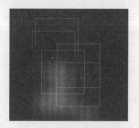

图12-100 制作热气蒸发

图12-101 制作写字的动画

❻ 新建一个图层，绘制图形并输入文字，如图12-102所示。

图12-102 绘制图形并输入文字

❼ 用同样的方法，添加多个素材、输入文字，转换为元件并制作动画，如图12-103所示。将元件添加至主舞台中。

图12-103 添加素材与为文字

❽ 至此，本实例制作完成，保存并测试影片，如图12-104所示。

图12-104 测试影片

实例241 活动广告——饮料活动

本实例是饮料广告，游戏与广告结合，很有创意。

案例设计分析

设计思路

本实例以游戏的形式来放置广告，以游戏为载体来进行广告宣传，这样可以利用人们对游戏的一种天生爱好心理和游戏本身的互动性提高广告的认知度。将光标移至不同的食物上，桌面进行旋转，直至将该菜品显示在面前。当光标移至可乐上时，画面中出现一只手，将可乐拿起的动画。

案例效果剖析

本实例制作的饮料活动广告效果如图12-105所示。

显示广告　　　鼠标互动

图12-105 效果展示

案例技术要点

本实例中主要用到的功能及技术要点如下。

- 逐帧动画：连续创建关键帧，在每个关键帧中放置一张菜品的图片。
- 传统补间：使用传统补间实现桌面旋转的动画。
- 按钮元件：在可乐等地方添加按钮元件，实现交互。

源文件路径	源文件\第12章\实例241 饮料活动.fla	
素材路径	素材\第12章\实例241\素材1.png、素材2.png等	
视频路径	视频\第12章\实例241 饮料活动.mp4	
难易程度	★★★	学习时间	1分17秒

实例242　食品广告——特价促销

我们常见麦当劳、肯德基等食品进行促销或活动时均会制作广告吸引客户，本实例将介绍食品促销广告的制作。

案例设计分析

设计思路

本实例为了展示广告的特色性与趣味性，以菜单的形式显示广告内容，在菜单前则放上真实的披萨图片，鲜艳的颜色极其诱人。通过添加按钮，实现点击披萨或菜单名跳转至食品网站中的效果。

案例效果剖析

本实例制作的食品广告效果如图12-106所示。

图12-106　效果展示

案例技术要点

本实例中主要用到的功能及技术要点如下。

- 属性设置：在"属性"面板中对元件进行各属性设置。
- 按钮元件：在对象上添加按钮元件，实现按钮的特效。

案例制作步骤

源文件路径	源文件\第12章\实例242 特价促销.fla	
素材路径	素材\第12章\实例242\图片1.png、背景.jpg等	
视频路径	视频\第12章\实例242 特价促销.mp4	
难易程度	★★★	学习时间	5分00秒

❶ 新建一个空白文档，将"背景.jpg"素材图片拖入舞台中，如图12-107所示，在第99帧处插入帧。

图12-107　添加素材图片

❷ 将"图片1.png"素材图片拖入舞台中，并转换为影片剪辑元件，如图12-108所示。在第14帧处插入关键帧。

❸ 选择第1帧，将元件向上拖出舞台外，在"属性"面板中设置属性，如图12-109所示。创建传统补间。

❹ 新建一个图层，在第19帧插入关键帧，将"文字.png"素材拖入舞台中，如图12-110所示。将第46帧后

的帧全部删除。

图12-108　添加素材图片

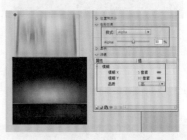

图12-109　设置属性

图12-110　添加素材

❺ 新建"遮罩"图层，绘制图形，转换为元件，如图12-111所示。在第19帧处插入关键帧。选择第1帧，将元件缩小，创建传统补间。

图12-111　绘制图形

❻ 新建"文字1"影片剪辑元件，将"素材2.png"素材拖入舞台中，选择 T （文本工具）输入文字，并制作动画效果，如图12-112所示。

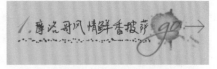

图12-112　添加图片与文字

❼ 用同样的方法，新建另外两个元件。在主时间轴中新建一个图层，

并在第47帧处插入关键帧，将多个元件拖入舞台，如图12-113所示。分别设置不同的实例名称。

图12-113　添加元件

⑧ 新建一个按钮元件，在第4帧处绘制矩形。将按钮元件拖入舞台中多次，如图12-114所示，并分别设置不同的实例名称。

图12-114　添加按钮元件

⑨ 新建一个图层，将"素材3.png"图片拖入舞台中，并转换为影片剪辑元件，如图12-115所示。制作元件由小到大的动画效果。

图12-115　添加素材图片

⑩ 新建一个图层，添加按钮元件，如图12-116所示，并为按钮添加实例名称。

图12-116　添加按钮元件

⑪ 新建一个图层，将"素材4.png"图片拖入舞台中，转换为影片剪辑元件，如图12-117所示。用前面所述方法，制作模糊下降的动画效果，如图12-118所示。

图12-117　添加素材图片

图12-118　制作模糊下降的动画

⑫ 新建一个按钮元件，在第4帧处绘制圆。将本按钮元件添加至主舞台中，如图12-119所示。

⑬ 用同样的方法，新建多个图层，

并添加"素材5.png"图片，如图12-120所示。制作相应的动画。

图12-119　添加按钮

图12-120　添加素材

⑭ 至此，本实例制作完成，保存并测试影片。

实例243　食品广告——饮料新品

本实例将介绍饮料新品广告的制作。

案例设计分析

设计思路

本实例使用补间制作两款饮料新品快速的进入画面，画面中的文字与图形抖动的动画能达到吸引目光的广告目的。为了打动消费者，从消费者的健康出发推出了广告词。

案例效果剖析

本实例制作的饮料广告效果如图12-121所示。

显示广告词

图12-121　效果展示

案例技术要点

本实例中主要用到的功能及技术要点如下。

● 传统补间：使用传统补间制作进入动画的效果。
● Alpha值：设置不同的Alpha值制作闪动的效果。

源文件路径	源文件\第12章\实例243 饮料新品.fla		
素材路径	素材\第12章\实例243\饮料.png、太阳.png等		
视频路径	视频\第12章\实例243 饮料新品.mp4		
难易程度	★★★	学习时间	4分53秒

第 **13** 章　卡片与请柬的制作

本章利用Flash在矢量绘图方面的强大功能，结合脚本的添加和补间动画的应用，创作出丰富的、具有交互性的卡片动画，包括端午节卡片、教师节卡片、生日卡片等。

实例244　卡片制作——告白卡片

本实例制作的是告白卡片，通过交互动画，制造惊喜气氛。

案例设计分析

设计思路

本实例制作的告白卡片是通过交互完成的，主要通过设计两个场景。在第1个场景中除了添加互动的按钮外大量留白，实现将视觉中心引导至电线上，并吸引人点击的效果；第2个场景即当光标移至两根电线上，单击后在上方显现出表白的文字，营造浪漫氛围。

案例效果剖析

本实例制作的告白卡片效果如图13-1所示。

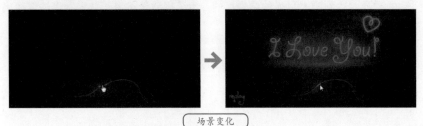

场景变化

图13-1　效果展示

案例技术要点

本实例中主要用到的功能及案例技术要点如下。

- 转换为元件：按F8键快速将文字转换为元件。
- 径向渐变：在"颜色"面板中为图形填充"径向渐变"。
- 跳转脚本：使用"gotoAndStop"脚本实现脚本跳转至某关键帧并停止播放。

案例制作步骤

源文件路径	源文件\第13章\实例244 告白卡片.fla	
视频路径	视频\第13章\实例244 告白卡片.mp4	
难易程度	★★★	学习时间	15分26秒

① 创建一个空白文档，新建"告白"影片剪辑元件，使用 T（文本工具）在舞台上输入文字，按F8键将其转换为影片剪辑元件，再为其添加滤镜，如图13-2所示。

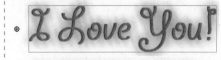

图13-2　添加滤镜

② 新建"光晕"影片剪辑元件，选择 ◯（椭圆工具），设置径向渐变参数，如图13-3所示。

图13-3　设置径向渐变参数

③ 创建多个图层，在不同的图层上绘制椭圆，效果如图13-4所示。

图13-4　绘制椭圆

④ 新建"闪光"影片剪辑元件，继续使用 ◎（椭圆工具）在舞台上绘制一个椭圆，按F8键将其转换为"舞台"影片剪辑元件，在第5帧、第8帧、第10帧、第15帧处创建关键帧，每隔一个关键帧，将里面的元件透明度设置为0%，创建传统补间动画。

⑤ 新建"心"影片剪辑元件，在舞台上绘制心形，如图13-5所示。按F8键将其转换为图形元件，创建几个关键帧，并移动心的位置。

图13-5　绘制心形

⑥ 新建"开关"影片剪辑，使用 □（矩形工具）在舞台上绘制一个矩形，设置透明度为0%。新建"图层2"图层，绘制4张电线图片，并拖入连续的4个关键帧上。新建"图层3"图层，在第1个和最后一个关键帧上添加脚本，第1帧上的脚本如图13-6所示。

图13-6　第1帧上的脚本

⑦ 新建replay影片剪辑元件，使用 □（文本工具）输入文字replay。新建"图层2"图层，输入脚本，如图13-7所示。

图13-7　输入脚本

⑧ 新建"综合动画"影片剪辑元件，将"舞台"元件拖入舞台。新建"图层2"图层，将"光晕"影片剪辑元件拖入舞台，制作渐变动画。新建"图层3"图层，将"告白"影片剪辑元件拖入舞台，制作渐变动画。新建"图层4"图层，将"心"影片剪辑元件拖入舞台。新建"图层5"图层，在第60帧将replay影片剪辑拖入舞台。新建"图层6"图层，将"闪光"影片剪辑元件拖入舞台。新建"图层7"图层，将"开关"影片剪辑元件拖入舞台。整体效果如图13-8所示。

图13-8　整体效果

⑨ 新建"图层8"图层，在第1帧和第65帧输入停止代码。

⑩ 返回"场景1"，使用 □（矩形工具）绘制矩形。新建"图层2"图层，将"综合动画"影片剪辑元件拖入舞台，如图13-9所示。

图13-9　将"综合动画"元件拖入舞台

⑪ 至此，本实例制作完成，按Ctrl+Enter组合键测试影片，如图13-10所示。

图13-10　测试影片

实例245　卡片制作——爱情卡片

本实例制作的是爱情卡片，通过设计一些简单又浪漫的动画，送给亲爱的人。

案例设计分析

设计思路

本实例制作的爱情卡片以夜晚为主要场景，通过制作星光和移动的文字，来营造浪漫气氛，通过卡片中的文字表达主题，让人印象深刻。

案例效果剖析

本实例制作的爱情卡片效果效果如图13-11所示。

图13-11　效果展示

本实例中主要用到的功能及案例技术要点如下。

- 色彩效果：使用色彩效果调整元件的显示。
- 传统补间：使用传统补间制作位移动画。

» 案例制作步骤

源文件路径	源文件\第13章\实例245 爱情卡片.fla		
视频路径	视频\第13章\实例245 爱情卡片.mp4		
难易程度	★★	学习时间	19分09秒

❶ 创建一个空白文档，新建"星星"图形元件，绘制星星效果，如图13-12所示。

图13-12　绘制星星效果

❷ 新建"星星动画"影片剪辑元件，将"星星"图形元件拖入舞台，制作旋转动画，设置一些关键帧上的元件色彩效果样式为"高级"，参数如图13-13所示。

图13-13　色彩效果样式

❸ 新建"吊铃"影片剪辑元件，制作吊铃从上到下的动画效果。复制该图层，使其起始帧相隔2帧，再复制5个图层。舞台效果如图13-14所示。

❹ 新建"云"影片剪辑元件，绘制云效果，如图13-15所示。

图13-14　舞台效果

图13-15　绘制云效果

❺ 新建"文字"影片剪辑元件，使用 T（文本工具）输入文字，如图13-16所示。

图13-16　使用文本工具输入文字

❻ 新建"云动画"影片剪辑元件，将"云"和"文字"两个影片剪辑元件拖入舞台多次，制作左右来回的动画效果。

❼ 新建"月亮"图形元件，绘制月亮效果，如图13-17所示。

❽ 新建"主场动画"影片剪辑元件，将"云动画"、"吊铃"和"星星动画"影片剪辑元件拖入舞台。

❾ 返回"场景1"，选择 （矩形工具）绘制矩形，设置颜色填充样式为"径向渐变"，参数如图13-18所示。

图13-17　绘制月亮效果

图13-18　设置颜色填充样式为径向渐变

❿ 新建"图层2"图层，将"主场动画"影片剪辑元件拖入舞台。新建"图层3"图层，使用 （矩形工具）绘制一个与舞台大小一致的矩形，选中该图层，单击鼠标右键，将其转换为遮罩层。舞台效果如图13-19所示。

图13-19　舞台效果

⓫ 至此，本实例制作完成，按Ctrl+Enter组合键测试影片，如图13-20所示。

图13-20　测试影片

实例246 卡片制作——爱情卡片2

本实例制作的是爱情卡片，通过设计一些生活桥段，来表达对爱人的感谢。

案例设计分析

设计思路

本实例制作的爱情卡片通过文字的切换和场景的更新，表达对爱人的感谢。使用传统补间实现文字的显现，及场景的淡入淡出，使用脚本按钮实现卡片的重新播放。

案例效果剖析

本实例制作的爱情卡片包含多个场景，效果如图13-21所示。

图13-21 效果展示

案例技术要点

本实例中主要用到的功能及案例技术要点如下。

- 文本属性：在"属性"面板中对文本的字体、颜色及滤镜进行修改。
- 按钮元件：使用按钮元件实现重新播放的交互。

源文件路径	源文件\第13章\实例246 爱情卡片2.fla		
视频路径	视频\第13章\实例246 爱情卡片2.mp4		
难易程度	★★★	学习时间	1分18秒

实例247 卡片制作——关心卡片

本实例制作的是关心卡片，关心是方方面面的，所以需要多个场景。

案例设计分析

设计思路

本实例制作的关心卡片绘制冬天的场景，使用补间在场景中添加动画对象及文字说明来表达关心之情，以天气转寒为由向好友发送卡片，提醒对方添加衣物。

案例效果剖析

本实例制作的关心卡片包含多个场景，效果如图13-22所示。

图13-22 效果展示

案例技术要点

本实例中主要用到的功能及案例技术要点如下。

- 工具的使用：使用文本工具输入文字，线条工具绘制形象大致轮廓，选择工具调整线条，颜料桶工具填充颜色。
- 传统补间：使用传统补间制作动画效果。

- 跳转脚本：在按钮上添加跳转脚本，实现单击按钮后跳转至第1帧的效果。

源文件路径	源文件\第13章\实例247 关心卡片.fla
视频路径	视频\第13章\实例247 关心卡片.mp4
操作步骤路径	操作\实例247.pdf
难易程度	★★★
学习时间	21分48秒

实例248 卡片制作——漂流瓶

本实例制作的是漂流瓶卡片，主要制作漂流动画和书信交互动画。

案例设计分析

设计思路

本实例的漂流瓶从远方流过来，使用按钮代码实现点击打开信件的动画，使用补间实现在信件中显示出一行行祝福文字的动画。

案例效果剖析

本实例制作的漂流瓶卡片效果如图13-23所示。

漂流瓶飘来

打开信件

图13-23 效果展示

案例技术要点

本实例中主要用到的功能及案例技术要点如下。

● 按钮元件：使用按钮元件实现卡片的交互。
● 选择工具：使用选择工具调整线条。
● 颜料桶工具：使用颜料桶工具填充颜色

源文件路径	源文件\第13章\实例248 漂流瓶.fla	
视频路径	视频\第13章\实例248 漂流瓶.mp4	
难易程度	★★★	学习时间	17分06秒

实例249　贺卡制作——国庆卡片

本实例制作的是国庆卡片，表达放假的美好心情，还有对别人的祝福。

案例设计分析

⊙ 设计思路

国庆来临，举国同庆，可以制作一张简单的卡片送给亲朋好友，表达出国庆的庆贺之情。本实例制作有多个场景，以补间实现场景的淡入淡出及场景中文字动画来完成整个贺卡。

⊙ 案例效果剖析

本实例制作的国庆卡片效果如图13-24所示。

图13-24　效果展示

案例技术要点

本实例中主要用到的功能及案例技术要点如下。

● 传统补间：使用传统补间制作动画效果。
● 线条工具：使用线条工具绘制形象大致轮廓。
● 钢笔工具：用平滑的线条绘制细节。
● 颜料桶工具：使用颜料桶工具填充颜色。

案例制作步骤

源文件路径	源文件\第13章\实例249 国庆卡片.fla	
素材路径	素材\第13章\实例249\素材1.jpg、素材2.png等	
视频路径	视频\第13章\实例249 国庆卡片.mp4	
难易程度	★★★	学习时间	1分40秒

❶ 新建一个空白文档，导入"素材1.jpg"、"素材2.jpg"等素材图片。

❷ 新建"背景1"影片剪辑元件，绘制高楼大厦，如图13-25所示。

❸ 新建"红绿灯"影片剪辑元件，绘制红绿灯，如图13-26所示。

图13-25　绘制高楼大厦

图13-26　绘制红绿灯

❹ 新建"阳光"影片剪辑元件，绘制阳光，如图13-27所示。

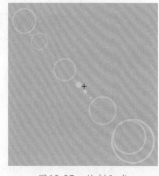

图13-27　绘制阳光

❺ 新建"背景2"影片剪辑元件，绘制自然景观，如图13-28所示。

图13-28　绘制自然景观

❻ 新建"风筝"影片剪辑元件，绘制风筝，如图13-29所示。

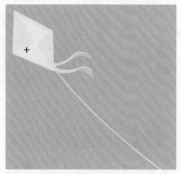

图13-29　绘制风筝

❼ 新建"背景3"影片剪辑元件，绘制海景，如图13-30所示。

图13-30 绘制海景

⑧ 新建"迎风女孩"影片剪辑元件,绘制女孩并制作头发飘扬的动画,如图13-31所示。

图13-31 绘制女孩并制作头发飘扬的动画

⑨ 新建"背景4"影片剪辑元件,绘制草原,如图13-32所示。

图13-32 绘制草原

⑩ 新建"女孩"影片剪辑元件,绘制女孩,如图13-33所示。

图13-33 绘制女孩

⑪ 返回"场景1",将"背景1"、"背景2"、"背景3"和"背景4"影片剪辑元件按顺序拖入关键帧中。新建一个图层,不同背景制作不同的动画效果,"背景1"上的动画效果如图13-34所示。

图13-34 "背景1"上的动画效果

⑫ 新建一个图层,将声音拖入舞台。

⑬ 至此,本实例制作完成,按Ctrl+Enter组合键测试影片,如图13-35所示。

图13-35 测试影片

实例250 贺卡制作——端午贺卡

本实例制作的是端午节卡片,通过动画短片表达对亲人的祝福。

案例设计分析

◎ 设计思路

本实例通过龙舟、粽子的动画表达端午的节日气氛。配以祝福的文字,给人送去暖暖温情。卡片的背景为素材图片,将素材转换为元件,通过传统补间实现背景的移动。

◎ 案例效果剖析

本实例制作的端午贺卡效果如图13-36所示。

图13-36 效果展示

案例技术要点

本实例中主要用到的功能及案例技术要点如下。

● 文本工具:使用文本工具输入文字。
● 传统补间:使用传统补间动画制作背景的移动、文字的淡入等动画。

源文件路径	源文件\第13章\实例250 端午贺卡.fla		
素材路径	素材\第13章\实例250\素材1.jpg、素材2.png等		
视频路径	视频\第13章\实例250 端午贺卡.mp4		
难易程度	★★★	学习时间	3分28秒

实例251 贺卡制作——劳动节贺卡

本实例制作的是劳动节卡片,展示一家人郊游的情景。

案例设计分析

🅑 设计思路

本实例为表达劳动假期郊游的快乐气氛，绘制有场景、人物的动画及文字说明。通过添加重播按钮，使用代码实现单击按钮后跳转至动画第1帧。

🅑 案例效果剖析

本实例制作的劳动节贺卡效果如图13-37所示。

图13-37　效果展示

案例技术要点

本实例中主要用到的功能及案例技术要点如下。

● **按钮元件**：使用按钮元件制作重播的交互。
● **传统补间**：使用传统补间制作移动动画。

源文件路径	源文件\第13章\实例251 劳动节贺卡.fla		
素材路径	素材\第13章\实例251\素材.fla		
视频路径	视频\第13章\实例251 劳动节贺卡.mp4		
操作步骤路径	操作\实例251.pdf		
难易程度	★★★	学习时间	10分21秒

实例252　贺卡制作——劳动节贺卡2

本实例通过制作劳动节卡片，告诉朋友在节假日放下工作，好好放松。

案例设计分析

🅑 设计思路

本实例通过表达各种娱乐活动来诉说劳动节到来、快乐游玩的欣喜之情。卡片最后添加重播按钮，单击该按钮则可重新播放贺卡。

🅑 案例效果剖析

本实例制作的劳动节贺卡效果如图13-38所示。

图13-38　效果展示

案例技术要点

本实例中主要用到的功能及案例技术要点如下。

● **按钮元件**：使用按钮元件制作重播的交互。
● **传统补间**：使用传统补间制作移动动画。

案例制作步骤

源文件路径	源文件\第13章\实例252 劳动节贺卡.fla
视频路径	视频\第13章\实例252 劳动节贺卡.mp4
难易程度	★★★
学习时间	1分47秒

❶ 创建一个空白文档，新建"办公桌"影片剪辑元件，绘制桌子上堆满的文件，以及忙碌在电脑前的人，如图13-39所示。

图13-39　绘制桌子上堆满的文件

❷ 新建"人物1"影片剪辑元件，绘制人物，如图13-40所示。

图13-40　绘制人物1

❸ 新建"人物2"影片剪辑元件，绘制人物，如图13-41所示。

图13-41　绘制人物2

❹ 新建"人物3"影片剪辑元件，绘制人物，如图13-42所示。

图13-42 绘制人物3

❺ 新建"背景1"影片剪辑元件,绘制室内背景,如图13-43所示。

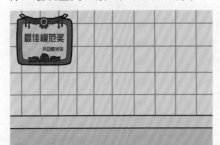

图13-43 绘制室内背景

❻ 新建"人物4"影片剪辑元件,绘制人物,如图13-44所示。

图13-44 绘制人物4

❼ 新建"背景2"影片剪辑元件,绘制游泳池背景,如图13-45所示。

图13-45 绘制游泳池背景

❽ 返回"场景1",制作"办公桌"渐入画面的动画。在前面动画结束后,将"背景1"影片剪辑元件拖入舞台,并将"人物1"、"人物2"和"人物3"影片剪辑元件拖入。再在后面将"背景2"影片剪辑元件拖入舞台,制作"人物4"渐入的动画。

"背景2"影片剪辑元件上的动画效果如图13-46所示。

图13-46 "背景2"上的动画效果

❾ 至此,本实例制作完成,按Ctrl+Enter组合键测试影片,如图13-47所示。

图13-47 测试影片

实例253 贺卡制作——生日贺卡

朋友过生日,可以送上亲手制作的贺卡表达祝福。

案例设计分析

设计思路

本实例制作的贺卡主题为蛋糕,通过补间实现糖果旋转、星星闪烁、蛋糕掉落的动画,使用脚本控制背景音乐的开启与关闭,及全屏与重新播放的控制。跳跃的彩色文字表达出生日祝福。

案例效果剖析

本实例制作的生日贺卡效果如图13-48所示。

蛋糕掉落   完整贺卡

图13-48 效果展示

案例技术要点

本实例中主要用到的功能及案例技术要点如下。

- 按钮元件:使用按钮元件制作重播的交互。
- 传统补间:使用传统补间制作移动动画。

源文件路径	源文件\第13章\实例253 生日贺卡.fla	
视频路径	视频\第13章\实例253 生日贺卡.mp4	
难易程度	★★★	学习时间	1分19秒

实例254 贺卡制作——元旦贺卡

本实例制作的是元旦卡片,制作不同场景来庆贺元旦。

案例设计分析

设计思路

元旦是新的一年的第一天,在元旦进行大扫除,再美餐一顿是本实例需要制作的动画。通过4个不同的场景及4个人物动作来组成完成的卡片。

⑤ 新建"形象3"影片剪辑元件，绘制效果如图13-54所示。

◐ **案例效果剖析**

本实例制作的元旦贺卡效果如图13-49所示。

场景变换　　显示主题

图13-49　效果展示

图13-54　绘制人物形象3

⑥ 新建"背景3"影片剪辑元件，绘制效果如图13-55所示。

» **案例技术要点**

本实例中主要用到的功能及案例技术要点如下。

- 文本工具：使用文本工具输入文字。
- 线条工具：使用线条工具绘制形象大致轮廓。
- 选择工具：使用选择工具调整线条。
- 钢笔工具：用平滑的线条绘制细节。
- 颜料桶工具：使用颜料桶工具填充颜色。

图13-55　绘制背景3

» **案例制作步骤**

源文件路径	源文件\第13章\实例254 元旦贺卡.fla		
视频路径	视频\第13章\实例254 元旦贺卡.mp4		
难易程度	★★★	学习时间	1分55秒

⑦ 新建"形象4"影片剪辑元件，绘制效果如图13-56所示。

❶ 创建一个空白文档，新建"形象1"影片剪辑元件，绘制效果如图13-50所示。

❸ 新建"形象2"影片剪辑元件，绘制效果如图13-52所示。

图13-56　绘制人物形象4

图13-50　绘制人物形象1

图13-52　绘制人物形象2

❽ 新建"背景4"影片剪辑元件，绘制效果如图13-57所示。

❷ 新建"背景1"影片剪辑元件，绘制效果如图13-51所示。

❹ 新建"背景2"影片剪辑元件，绘制效果如图13-53所示。

图13-51　绘制背景1

图13-53　绘制背景2

图13-57　绘制背景4

❾ 至此，本实例制作完成，按Ctrl+Enter组合键测试影片，如图13-58所示。

图13-58　测试影片

实例255　贺卡制作——元旦贺卡2

上一实例制作的元旦贺卡为卡通风格，本实例制作的元旦贺卡则以古典风格为主。

案例设计分析

设计思路

本实例制作的是元旦卡片，通过高挂的灯笼表现过节的气氛，灯笼上的文字点明主题，通过底部文字的切换表达祝福。添加重播文字按钮，当单击按钮后则跳转至动画的第一个场景，重新播放。

案例效果剖析

本实例制作的元旦贺卡效果如图13-59所示。

场景变换1

场景变换2

图13-59　效果展示

案例技术要点

本实例中主要用到的功能及案例技术要点如下。

- 文本工具：使用文本工具输入文字。
- 钢笔工具：用平滑的线条绘制细节。
- 颜料桶工具：使用颜料桶工具填充颜色。

源文件路径	源文件\第13章\实例255 元旦贺卡2.fla		
素材路径	素材\第13章\实例255\素材1.jpg、素材2.jpg等		
视频路径	视频\第13章\实例255 元旦贺卡2.mp4		
难易程度	★★★	学习时间	1分57秒

实例256　贺卡制作——万圣节卡片

本实例制作的是万圣节卡片，只有一个场景，但小巧精致，很有设计感。

案例设计分析

设计思路

万圣节是西方的节日，本实例通过具有西方特色的城堡及蝙蝠表现万圣节的节日氛围，而城堡后巨大的月亮露出诡异的笑容，与万圣节的恐怖呼应。

案例效果剖析

本实例制作的万圣节贺卡效果如图13-60所示。

淡入动画

图13-60　效果展示

案例技术要点

本实例中主要用到的功能及案例技术要点如下。

- 文本工具：使用文本工具输入文字。
- 线条工具：使用线条工具绘制形象大致轮廓。
- 选择工具：使用选择工具调整线条。
- 钢笔工具：用平滑的线条绘制细节。

● 颜料桶工具：使用颜料桶工具填充颜色。

案例制作步骤

源文件路径	源文件\第13章\实例256 万圣节卡片.fla
视频路径	视频\第13章\实例256 万圣节卡片.mp4
难易程度	★★
学习时间	10分48秒

❶ 新建一个空白文档，执行"插入"|"新建元件"命令，新建"背景"影片剪辑元件，绘制墓碑和枯树，还有一栋老房子，如图13-61所示。

图13-61　绘制背景

❷ 新建"月亮"影片剪辑元件，使用◯（椭圆工具）绘制月亮及光晕。新建"图层3"图层，将月亮绘制成南瓜灯脸，并作渐现的动画效果，如图13-62所示。在最后一帧输入停止代码。

图13-62　绘制月亮

❸ 新建"蝙蝠群"影片剪辑元件，首先绘制一个乌鸦，按F8键创建为影片剪辑元件，如图13-63所示。将"蝙蝠"元件拖入"蝙蝠群"影片剪辑元件，制作蝙蝠飞舞的效果。

图13-63　绘制蝙蝠

❹ 新建"文字"影片剪辑元件，

使用T（文本工具）输入文字，按Ctrl+B组合键打散文字一次，隔10帧添加一个关键帧，舞台效果如图13-64所示。

图13-64　输入文字

❺ 返回"场景1"，绘制一个蓝色背景。新建"图层2"图层，将"月亮"影片剪辑元件拖入舞台。新建其他图层，将"文字"、"蝙蝠群"等别的元件拖入舞台，舞台效果如图13-65所示。

❻ 至此，本实例制作完成，按Ctrl+Enter组合键测试影片，如图13-66所示。

图13-65　舞台效果

图13-66　测试影片

实例257　贺卡制作——万圣节贺卡2

本实例将介绍另一种万圣节卡片的制作。

案例设计分析

🔴 **设计思路**

本实例以南瓜灯为主题，用渐渐淡入动画的文字，制作万圣节卡片。本实例的关键在于制作场景动画，及使用补间制作南瓜发光的效果。

🔴 **案例效果剖析**

本实例制作的万圣节贺卡效果如图13-67所示。

（南瓜灯发光）

图13-67　效果展示

案例技术要点

本实例中主要用到的功能及案例技术要点如下。

● 文本工具：使用文本工具输入文字。

● 线条工具：使用线条工具绘制形象大致轮廓。

● 选择工具：使用选择工具调整线条。

● 钢笔工具：用平滑的线条绘制细节。

● 颜料桶工具：使用颜料桶工具填充颜色。

源文件路径	源文件\第13章\实例257 万圣节卡片2.fla		
视频路径	视频\第13章\实例257 万圣节卡片2.mp4		
操作步骤路径	操作\实例257.pdf		
难易程度	★★	学习时间	18分09秒

实例258　贺卡制作——中秋贺卡

本实例制作的是中秋卡片，用水墨画出中秋的常见景象，别有风味。

案例设计分析

设计思路

本实例制作的中秋贺卡以古典水墨为主要风格，通过场景的切换与古诗词的衬托，表达浓浓的中国节日气氛。将各场景动画绘制后转换为元件，为元件添加"模糊"滤镜，使其形成水墨画的效果。

案例效果剖析

本实例制作的中秋贺卡效果如图13-68所示。

场景切换1　　　　场景切换2

图13-68　效果展示

案例技术要点

- 文本工具：使用文本工具输入文字。
- 钢笔工具：用平滑的线条绘制细节。
- 颜料桶工具：使用颜料桶工具填充颜色。
- 元件滤镜：为元件添加"模糊"滤镜，制作水墨效果。

源文件路径	源文件\第13章\实例258 中秋贺卡.fla		
素材路径	素材\第13章\实例258\素材1.jpg、素材2.jpg等		
视频路径	视频\第13章\实例258 中秋贺卡.mp4		
难易程度	★★★	学习时间	2分37秒

实例259　贺卡制作——感恩节贺卡

本实例制作的是感恩节卡片，主要通过位移动画再配合文字进行展示。

案例设计分析

设计思路

本实例制作的感恩节卡片，使用"径向渐变"填充烛光效果，使用色彩效果改变元件颜色。用文字来表达祝福，背景动画中的烛光、火鸡与感恩节呼应。

案例效果剖析

本实例制作的感恩节贺卡效果如图13-69所示。

背景移动　　　　显示文字

图13-69　效果展示

案例技术要点

本实例中主要用到的功能及案例技术要点如下。

- 径向渐变：为烛光填充径向渐变并使用渐变变形工具调整渐变色。
- 传统补间：使用传统补间制作位移动画。

案例制作步骤

源文件路径	源文件\第13章\实例259 感恩节贺卡.fla
视频路径	视频\第13章\实例259 感恩节贺卡.mp4
难易程度	★★★
学习时间	1分56秒

❶ 新建一个空白文档，执行"插入"|"新建元件"命令，新建"男娃娃"影片剪辑文件，绘制男娃形象，如图13-70所示。

图13-70　绘制男娃形象

❷ 新建"女娃娃"影片剪辑元件，绘制女娃形象，如图13-71所示。

图13-71　绘制女娃形象

❸ 新建"蜡烛"影片剪辑元件，绘制烛火、烛光和烛台，并制作烛火摆动、烛光闪烁动画效果，如图13-72所示。

图13-72　绘制烛火、烛光和烛台

④ 新建"红酒"影片剪辑元件，绘制红酒瓶，如图13-73所示。

图13-73 绘制红酒瓶

⑤ 新建"酒杯"影片剪辑元件，绘制酒杯形象，如图13-74所示。

图13-74 绘制酒杯形象

⑥ 新建"火鸡"影片剪辑元件，绘制火鸡，如图13-75所示。

图13-75 绘制火鸡

⑦ 新建"刀叉"影片剪辑元件，绘制刀和叉，如图13-76所示。

图13-76 绘制刀和叉

⑧ 新建"晚餐"影片剪辑元件，将"蜡烛"、"红酒"、"酒杯"、"火鸡"、"刀叉"影片剪辑元件拖入各个图层。

⑨ 新建"背景"影片剪辑元件，使用▣（矩形工具）绘制红布。新建"图层2"图层，使用◯（椭圆工具）绘制椭圆，设置透明度为40%。

⑩ 返回"场景1"，将"背景"影片剪辑元件拖入舞台。新建一个图层，将"晚餐"影片剪辑元件拖入并制作左右移动的动画效果，用 T（文本工具）对应输入文字，最后进行定格，整体动画效果如图13-77所示。

图13-77 整体动画效果

⑪ 至此，本实例制作完成，按Ctrl+Enter组合键测试影片，如图13-78所示。

图13-78 测试影片

实例260 贺卡制作——教师节贺卡

本实例制作的是教师节贺卡，通过学生给老师献花表达对老师的感谢之情。

案例设计分析

设计思路

本实例绘制有鲜花，将其保存为图形元件，在元件中制作献花动画，使用传统补间实现献花动作。最后切换场景，以文字表达祝福，单击按钮重播动画。

案例效果剖析

本实例制作的教师节贺卡效果如图13-79所示。

图13-79 效果展示

案例技术要点

本实例中主要用到的功能及案例技术要点如下。

● 传统补间：使用传统补间制作献花的动作。
● 按钮脚本：为按钮添加跳转脚本，实现重播卡片的交互控制。

案例制作步骤

源文件路径	源文件\第13章\实例260 教师节贺卡.fla	
视频路径	视频\第13章\实例260 教师节贺卡.mp4	
难易程度	★★★	学习时间	10分34秒

① 新建一个空白文档，执行"插入"|"新建元件"命令，新建"捧花女孩"影片剪辑元件，绘制捧花女孩形象，并制作举花动画，如图13-80所示。

图13-80 绘制捧花女孩形象

❷ 新建"教师"影片剪辑元件，绘制教师形象，并制作教师伸手动画，如图13-81所示。

图13-81 绘制教师形象

❸ 新建"花丛"图形元件元件，绘制花朵，如图13-82所示。

图13-82 绘制花朵

❹ 新建"背景"影片剪辑元件，使用▢（矩形工具）绘制矩形，设置矩形渐变色。

❺ 返回"场景1"，将"背景"影片剪辑元件拖入舞台。新建"图层2"图层，将"捧花女孩"和"教师"影片剪辑元件拖入舞台。新建"图层3"图层，将"花丛"影片剪辑元件拖入舞台，整体效果如图13-83所示。

图13-83 整体效果

❻ 至此，本实例制作完成，按Ctrl+Enter组合键测试影片，如图13-84所示。

图13-84 键测试影片

实例261 贺卡制作——圣诞节贺卡

本实例将介绍趣味性很强的圣诞贺卡的制作。

案例设计分析

设计思路

本实例制作的圣诞节贺卡，绘制有雪景及圣诞老人，使用传统补间，制作当圣诞老人乘着雪橇驶来，在圣诞树上挂满礼物的动画，表达圣诞的节日气氛。

案例效果剖析

本实例制作的圣诞节贺卡效果如图13-85所示。

补间动画   显示文字

图13-85 效果展示

案例技术要点

本实例中主要用到的功能及案例技术要点如下。

● 线条工具：使用线条工具绘制圣诞树。
● 传统补间：使用传统补间制作位移动画。

案例制作步骤

源文件路径	源文件\第13章\实例261 圣诞节贺卡.fla		
视频路径	视频\第13章\实例261 圣诞节贺卡.mp4		
难易程度	★★★	学习时间	1分13秒

❶ 新建一个空白文档，执行"插入"|"新建元件"命令，新建"背景"图形元件元件，绘制雪景，如图13-86所示。

❷ 新建各类礼物图形元件，绘制各种各样的礼物，如图13-87所示。

图13-86 绘制雪景

图13-87 绘制各种各样的礼物

③ 新建"圣诞老人"图形元件元件，绘制圣诞老人形象，如图13-88所示。

图13-88 绘制圣诞老人形象

④ 新建"挂礼物"影片剪辑元件，制作礼物被挂在树上的动画效果，如图13-89所示。

图13-89 制作礼物被挂在树上的动画效果

⑤ 新建"散落动画"影片剪辑元件，制作礼物被散落在地面的动画效果，如图13-90所示。

图13-90 制作礼物被散落在地面的动画效果

⑥ 返回"场景1"，将"背景"影片剪辑元件拖入舞台。新建"图层"图层，在"背景"影片剪辑元件上制作圣诞老人位移动画，并在其移动的位置上留下礼物。将"挂礼物"影片剪辑放置在背景的树上，将"散落动画"影片剪辑放置在树下，圣诞老人消失后制作字幕弹出。舞台整体效果如图13-91所示。

图13-91 舞台整体效果

⑦ 至此，本实例制作完成，按Ctrl+Enter组合键测试影片，如图13-92所示。

图13-92 测试影片

实例262 贺卡制作——儿童节贺卡

本实例通过简单的动画制作儿童节贺卡。

案例设计分析

设计思路

本实例制作的是儿童节贺卡，通过卡通人物动画表达出儿童节的童趣，通过逐渐显现的文字表达儿童节的庆贺。

案例效果剖析

本实例制作的儿童节贺卡效果如图13-93所示。

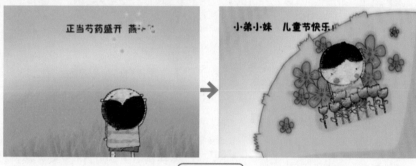

图13-93 效果展示

案例技术要点

本实例中主要用到的功能及案例技术要点如下。

● 文本工具：使用文本工具输入文字。
● 线条工具：使用线条工具绘制形象大致轮廓。
● 选择工具：使用选择工具调整线条。
● 钢笔工具：用平滑的线条绘制细节。
● 颜料桶工具：使用颜料桶工具填充颜色。

源文件路径	源文件\第13章\实例262 儿童节贺卡.fla		
素材路径	素材\第13章\实例262\素材1.jpg、素材2.jpg		
视频路径	视频\第13章\实例262 儿童节贺卡.mp4		
难易程度	★★★	学习时间	1分46秒

实例263 贺卡制作——新年贺卡

春节是中国人最盛大的传统节日，在喜庆的日子里通过燃放鞭炮、挂对联表达对新春的庆贺。

案例设计分析

设计思路

本实例制作的新年贺卡，通过导入多张素材图片制作鞭炮燃放及挂对联的动画，表达出新年的喜庆之情。

案例效果剖析

本实例制作的新年贺卡效果如图13-94所示。

图13-94　效果展示

案例技术要点

本实例中主要用到的功能及案例技术要点如下。

- 导入图片：导入图片后转换为元件，制作相应的动画。
- 文本工具：使用文本工具输入文字。
- 钢笔工具：用平滑的线条绘制细节。
- 颜料桶工具：使用颜料桶工具填充颜色。

案例制作步骤

源文件路径	源文件\第13章\实例263 新年贺卡.fla	
素材路径	素材\第13章\实例263\素材1.png、素材2.png等	
视频路径	视频\第13章\实例263 新年贺卡.mp4	
难易程度	★★★	学习时间	1分49秒

① 新建一个空白文档，导入"素材1.png"、"素材2.png"等素材图片。

② 依次从"库"面板中选中"人物1.png"、"人物2"等人物图片，拖入舞台，并分别创建成图形元件，如图13-95所示。

图13-95　图片效果

③ 新建"爆竹"图形元件，继续拖入"素材1.png"图片，如图13-96所示。

图13-96　爆竹

④ 新建"背景1"影片剪辑元件，绘制背景，如图13-97所示。

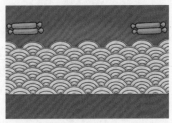

图13-97　背景1

⑤ 新建"背景2"影片剪辑元件，使用遮罩层制作光芒万丈的动画效果，如图13-98所示。

⑥ 新建"点爆竹"影片剪辑元件，将"爆竹"拖到舞台上，制作点爆竹的动画效果，如图13-99所示。

图13-98　背景2

图13-99　点爆竹

⑦ 返回"场景1"，将"人物1"、"人物2"等图形元件和"点爆竹"影片剪辑拖入舞台。之后将"背景1"影片剪辑元件拖入舞台，在"背景1"影片剪辑元件上制作拜年动画。拖入"背景2"影片剪辑元件，制作结尾动画。"背景1"影片剪辑元件上的舞台效果如图13-100所示。

图13-100　"背景1"上的舞台效果

⑧ 至此，本实例制作完成，按Ctrl+Enter组合键测试影片，如图13-101所示。

图13-101　测试影片

实例264　贺卡制作——年年有余

本实例制作的是新年之际，祈愿年年有余、事事如意的卡片。

案例设计分析

设计思路

由于"鱼"和"余"同音，因此本实例制作的年年有余贺卡将一张以鱼为主题的图片作为主要背景，使用补间在画面中制作跳跃的鱼及文字表达出主题。

案例效果剖析

本实例制作的年年有余贺卡效果如图13-102所示。

图13-102　效果展示

案例技术要点

本实例中主要用到的功能及案例技术要点如下。

- 文本工具：使用文本工具输入文字。
- 线条工具：使用线条工具绘制形象大致轮廓。
- 选择工具：使用选择工具调整线条。
- 钢笔工具：用平滑的线条绘制细节。
- 颜料桶工具：使用颜料桶工具填充颜色。

源文件路径	源文件\第13章\实例264 年年有余.fla		
素材路径	素材\第13章\实例264\图1.jpg、声音.mp3		
视频路径	视频\第13章\实例264 年年有余.mp4		
操作步骤路径	操作\实例264.pdf		
难易程度	★★★	学习时间	1分30秒

实例265　请柬制作——结婚请帖

本实例制作的是结婚请帖，在请柬中详细地标明了日期和地点等信息。

案例设计分析

设计思路

结婚时给亲朋好友发送请帖是必不可少的一件事。本实例制作的结婚请帖，设置有不同的按钮，当单击按钮后出现相应的动画内容，详细标明了邀请函、地图及结婚照等内容，创意十足。

案例效果剖析

本实例制作的结婚请帖效果如图13-103所示。

图13-103　效果展示

案例技术要点

本实例中主要用到的功能及案例技术要点如下。

- 按钮元件：使用按钮元件制作请柬的交互。
- 传统补间：使用传统补间制作位移动画。

案例制作步骤

源文件路径	源文件\第13章\实例265 结婚请帖.fla
素材路径	素材\第13章\实例265\图1.jpg、图2.jpg等
视频路径	视频\第13章\实例265 结婚请帖.mp4
难易程度	★★★
学习时间	1分48秒

❶ 新建一个空白文档，导入"图1.jpg"、"图2.jpg"等素材图片。

❷ 新建"婚纱照影集"影片剪辑元件，将"图1.jpg"、"图2.jpg"等素材图片依次拖入舞台，并制作渐现和渐隐动画效果。

❸ 新建"邀请函"影片剪辑元件，输入文字，再添加修饰框，如图13-104所示。

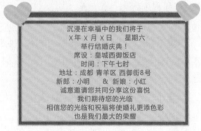

图13-104　邀请函

❹ 新建"地图"影片剪辑元件，拖入"地图.jpg"图片，标记地点，如图13-105所示。

图13-105　地图

❺ 再分别创建"邀请函"、"查看地图"、"查看照片"和"返回"按钮元件，如图13-106所示。

图13-106 按钮

⑥ 新建"背景"影片剪辑元件，绘制背景，如图13-107所示。

图13-107 背景

⑦ 新建"结婚了"影片剪辑元件，制作文字动画，如图13-108所示。

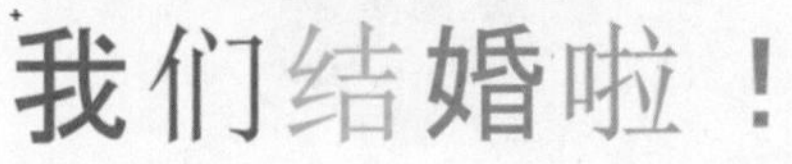

我们结婚啦！

图13-108 输入文字

⑧ 返回"场景1"，将"背景"影片剪辑元件拖入舞台。新建一个图层，将"结婚了"影片剪辑元件放置在"背景"影片剪辑元件上，在"结婚了"动画结束后，将"婚纱照影集"、"邀请函"、"地图"以及几个按钮元件拖入舞台，使点击按钮能控制相应的元件。

⑨ 至此，本实例制作完成，按Ctrl+Enter组合键测试影片，如图13-109所示。

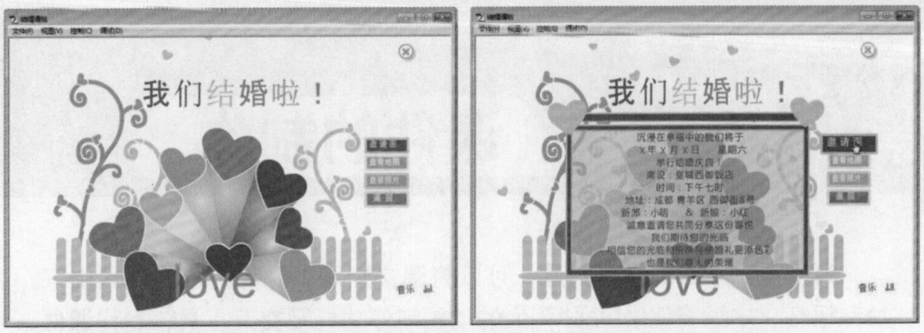

图13-109 测试影片

实例266　请柬制作——结婚邀请函

本实例制作的是结婚邀请函，请柬内容简洁明了。

案例设计分析

设计思路

本实例制作的结婚函，使用补间动画制作主页面结婚照自动切换，使用代码实现点击按钮显示出婚礼的酒店地图等信息的效果。

案例效果剖析

本实例制作的结婚邀请函效果如图13-110所示。

显示地图

图13-110 效果展示

案例技术要点

本实例中主要用到的功能及案例技术要点如下。

- 补间动画：使用补间动画制作照片切换。
- 按钮元件：使用按钮及代码，实现单击按钮后显示地图效果。

源文件路径	源文件\第13章\实例266 结婚邀请函.fla		
素材路径	素材\第13章\实例266\照片1.jpg、照片2.jpg等		
视频路径	视频\第13章\实例266 结婚邀请函.mp4		
难易程度	★★★	学习时间	4分45秒

第 (14) 章　课件的制作

为了提高学生的学习兴趣，可以将课文知识以课件的形式展现出来，生动形象的动画及内容讲述能帮助学生加深记忆。本章将使用Flash强大的动画制作功能及交互工具，制作课件。

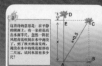

实例267　数学课件——几何基础知识

本实例使用Flash制作几何动画，使该知识点的表达更加深刻、生动。

案例设计分析

设计思路

本实例通过制作3个影片剪辑元件介绍数学几何的知识，分别以按钮控制"点动成线"、"线动成面"、"面动成体"的交互切换。将文字分离成图形后，逐帧擦除实现写字的动画。

案例效果剖析

本实例制作的数学课件效果如图14-1所示。

图14-1　效果展示

案例技术要点

本实例中主要运用的功能与知识点如下。

- 文本工具：使用文本工具输入文字。
- 颜料桶工具：使用颜料桶工具填充颜色。
- 传统补间：使用传统补间制作位移动画。

案例制作步骤

源文件路径	源文件\第14章\实例267 几何基础认识.fla
素材路径	素材\第14章\实例267\背景.jpg、人手.png等
视频路径	视频\第14章\实例267 几何基础认识.mp4
难易程度	★★★★　　　学习时间　　11分35秒

① 新建一个空白文档，导入"背景.jpg"、"人手.png"等素材图片。

② 新建"播放"按钮元件，如图14-2所示。

图14-2　按钮

③ 新建"返回"按钮元件，输入文字，如图14-3所示。

返回

图14-3　输入文字

④ 新建"再看一次"按钮元件，输入文字，如图14-4所示。

再看一次

图14-4　输入文字

⑤ 新建"点变线"影片剪辑，拖入"人手.png"图片，并制作位移动画，并且经过的地方形成"您好"两个汉字，如图14-5所示。

图14-5　制作位移动画

262

⑥ 新建"线变面"影片剪辑元件，继续拖入"人手.png"图片，制作位移动画，经过的地方形成一个矩形，如图14-6所示。

图14-6 制作位移动画

⑦ 新建"面变体"影片剪辑元件，绘制一个等腰三角形，沿垂直平分线旋转可以形成圆锥体，如图14-7所示。

图14-7 圆锥体

⑧ 返回"场景1"，将"背景.jpg"图片拖入舞台，并制作文字动画。再将"播放"按钮放在每个知识点的后面，每个按钮连接不同的场景，触发时切换。舞台整体效果如图14-8所示。

图14-8 舞台整体效果

⑨ 新建"场景2"，将"点变线"影片剪辑元件拖入舞台，在最后将"返回"和"再看一次"按钮元件拖入舞台，如图14-9所示，并为其添加不同的脚本。新建"场景3"，将"线变面"影片剪辑元件拖入舞台。新建"场景4"，将"面变体"影片剪辑元件拖入舞台。

图14-9 场景2舞台效果

⑩ 至此，本实例制作完成，按Ctrl+Enter组合键测试影片，如图14-10所示。

图14-10 测试影片

实例268 数学课件——勾股定理的应用

本实例使用Flash制作勾股定理课件。

▶ 案例设计分析

ⓑ 设计思路

本实例通过提问来引入勾股定理的概念，即设计一道综合题，制作出题意解析动画来帮助学生学习。使用按钮实现课件的开始、界面的切换等交互效果。

ⓑ 案例效果剖析

本实例制作的课件效果如图14-11所示。

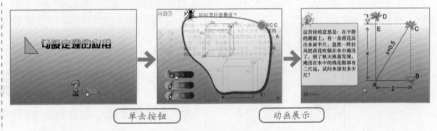

单击按钮　　　　　　动画展示

图14-11 效果展示

▶ 案例技术要点

本实例中主要运用的功能与知识点如下。

- 文本工具：使用文本工具输入文字。
- 线条工具：绘绘制直线。
- 颜料桶工具：使用颜料桶工具填充颜色。

▶ 案例制作步骤

源文件路径	源文件\第14章\实例268 勾股定理的应用.fla
素材路径	素材\第14章\实例268\素材1.png、素材2.png等
视频路径	视频\第14章\实例268 勾股定理的应用.mp4
难易程度	★★★★　　　　　学习时间　　　5分44秒

① 新建一个空白文档，导入"素材1.png"、"素材2.png"等素材图片。

② 新建"课件题目"影片剪辑元件，输入文字，并制作文字动画，如图14-12所示。

勾股定理的应用

图14-12　制作文字动画

③ 新建"开始上课"按钮元件，拖入"素材1.png"图片，输入文字，如图14-13所示。

图14-13　输入文字

④ 新建"路线1"按钮元件，制作按钮，效果如图14-14所示。

图14-14　按钮

⑤ 复制"路线1"按钮元件，创建其他两个按钮元件，分别为"路线2"和"路线3"。

⑥ 新建"线路1"影片剪辑元件，绘制正方体线框，并制作线路动画，如图14-15所示。

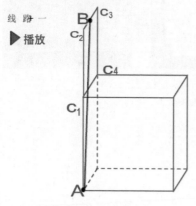

图14-15　制作线路动画

⑦ 新建"诗"影片剪辑元件，输入诗文，制作文字动画，如图14-16所示。

湖静浪平六月天　湖面之上不复见
荷花丰尺出水面　入秋渔翁始发现
忽来一阵狂风急　残花离根二尺遥

图14-16　输入诗文

⑧ 新建"背景"影片剪辑元件，绘制荷花荷叶，如图14-17所示。

图14-17　绘制荷花荷叶

⑨ 新建"思考"影片剪辑元件，输入问题，并绘制题图，如图14-18所示。

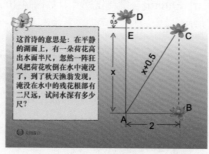

图14-18　输入问题

⑩ 返回"场景1"，将"课件题目"和"开始上课"影片剪辑元件拖入舞台。之后将"思路"系列按钮元件以及"线路"拖入舞台，再用 T（文本工具）输入文字，舞台效果如图14-19所示。

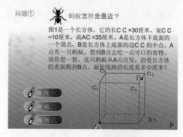

图14-19　舞台效果

⑪ 继续将"背景"影片剪辑元件拖入舞台，并将"诗"影片剪辑元件放置在"背景"影片剪辑元件上。最后将"思考"影片剪辑元件拖入舞台。

⑫ 至此，本实例制作完成，按Ctrl+Enter组合键测试影片，如图14-20所示。

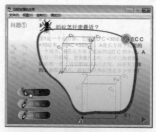

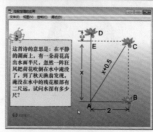

图14-20　测试影片

实例269　数学课件——正数与负数

本实例将使用Flash制作动画来便于学生理解正数和负数的概念。

案例设计分析

设计思路

本实例通过点击不同的场景，显示白天与黑夜的温度差别、山峰与盆地的海拔差别来认识正负数；并通过总结得出正数与负数的细分。

案例效果剖析

本实例制作的效果如图14-21所示。

课件举例1　　　课件举例2

图14-21　效果展示

案例技术要点

本实例中主要运用的功能与知识点如下。

- 文本工具：使用文本工具输入文字。
- 颜料桶工具：使用颜料桶工具填充颜色。
- 补间形状：制作图形变形动画。

源文件路径	源文件\第14章\实例269 正数与负数.fla	
素材路径	素材\第14章\实例269\素材1.jpg、素材2.jpg等	
视频路径	视频\第14章\实例269 正数与负数.mp4	
操作步骤路径	操作\实例269.pdf	
难易程度	★★★	学习时间　3分35秒

图14-24　背景2

❸ 新建"做一做"影片剪辑元件，在第1帧上制作第1道题目，并在下面摆放3个触发式影片剪辑，单击可自动播放动画，如图14-25所示。

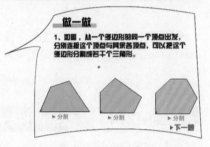

图14-25　制作第1道题目

❹ 在第2帧制作第2道题目，同样在下面摆放相应的触发式影片剪辑元件，如图14-26所示。两道题目通过"上一题"和"下一题"按钮进行切换。

图14-26　制作第2道题目

❺ 返回场景1背景3，绘制其他元件，再将"做一做"按钮元件拖入舞台，使用"继续"按钮连接下一背景。

❻ 新建"绕木桩"影片剪辑元件，制作猴子绕木桩动画，如图14-27所示。

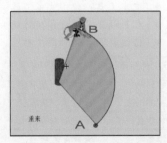

图14-27　制作猴子绕木桩动画

实例270　数学课件——生活中的平面图

本实例制作的是生活中的平面图课件，通过生活中的物体认识平面图。

案例设计分析

设计思路

本实例通过多个场景展示生活中的平面图，并通过立体图的组成来认识数学中的各种图形，以及物体运动时的图形改变。

案例效果剖析

本实例制作的课件效果如图14-22所示。

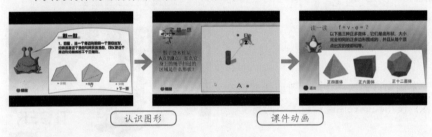

认识图形　　课件动画

图14-22　效果展示

案例技术要点

本实例中主要运用的功能与知识点如下。

- 文本工具：使用文本工具输入文字。
- 颜料桶工具：使用颜料桶工具上色。

案例制作步骤

源文件路径	源文件\第14章\实例270 生活中的平面图.fla	
素材路径	素材\第14章\实例270\素材1.jpg、素材2.jpg等	
视频路径	视频\第14章\实例270 生活中的平面图.mp4	
难易程度	★★★★★	学习时间　3分56秒

❶ 新建一个空白文档，绘制背景1，制作标题动画，如图14-23所示。新建"开始上课"按钮元件，连接下一帧的背景2。

❷ 绘制背景2，在背景2上制作其他元件，引出课件所讲问题，并制作"继续"按钮连接背景3，如图14-24所示。

图14-23　制作标题动画

⑦ 在背景4上，拖入"绕木桩"影片剪辑元件，设置"继续"按钮连接下一背景。

⑧ 在背景5上，使用 T （文本工具）输入文字，在绘制其他图形，如图14-28所示。

图14-28　绘制其他图形

⑨ 至此，本实例制作完成，按Ctrl+Enter组合键测试影片，如图14-29所示。

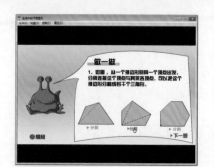

图14-29　测试影片

实例271　数学课件——不同角度看

本实例将使用Flash制作交互动画来解释不同角度看同一个物体可能会得到不一样的图形。

案例设计分析

设计思路

本实例通过排列顺序打乱的照片，引入不同角度看同一个物体可能会得到不一样的图形。再制作几个组合在一起的物体，使用代码控制旋转查看不同角度。

案例效果剖析

本实例制作的数学课件效果如图14-30所示。

图14-30　效果展示

案例技术要点

本实例中主要运用的功能与知识点如下。

- 文本工具：使用文本工具输入文字。
- 颜料桶工具：使用颜料桶工具填充颜色。
- 传统补间：制作渐变动画。

源文件路径	源文件\第14章\实例271 不同角度看.fla	
素材路径	素材\第14章\实例271\素材1.jpg、素材2.jpg等	
视频路径	视频\第14章\实例271 不同角度看.mp4	
操作步骤路径	操作\实例271.pdf	
难易程度	★★★★★	学习时间	2分58秒

实例272　英语课件——看图学英文

本实例是英语课件，通过生动的动画激发学生的兴趣。

案例设计分析

设计思路

本实例通过绘制动物，介绍动物的英文名称，来帮助学生学习动物的单词。通过按钮与代码切换动物。

案例效果剖析

本实例制作的效果如图14-31所示。

单击按钮

课件展示

图14-31　效果展示

案例技术要点

本实例中主要运用的功能与知识点如下。

- 文本工具：使用文本工具输入文字。
- 线条工具：绘制直线。
- 选择工具：调整线条。
- 颜料桶工具：使用颜料桶工具填充颜色。

源文件路径	源文件\第14章\实例272 看图学英文.fla
素材路径	素材\第14章\实例272\素材1.png、素材2.png等
视频路径	视频\第14章\实例272 看图学英文.mp4
难易程度	★★★★★ 　　学习时间 　　3分20秒

实例273　体育课件——鱼跃前滚翻

本实例是一个体育动作教学的课件，帮助学生规范动作。

》案例设计分析

⑤ 设计思路

本实例设置有多个按钮，单击不同的按钮展示正确的动作示范以及动作分解，可以了解该动作的每个步骤，及通过常见的错误动作进行比对和提醒。

⑤ 案例效果剖析

本实例制作的效果如图14-32所示。

单击按钮　　　动作动画

图14-32　效果展示

》案例技术要点

本实例中主要运用的功能与知识点如下。

● 文本工具：使用文本工具输入文字。

● 颜料桶工具：使用颜料桶工具填充颜色。

》案例制作步骤

源文件路径	源文件\第14章\实例273 鱼跃前滚翻.fla
素材路径	素材\第14章\实例273\背景.jpg、素材1.png等
视频路径	视频\第14章\实例273 鱼跃前滚翻.mp4
难易程度	★★★★★ 　　学习时间 　　2分46秒

❶ 新建一个空白文档，导入"背景.jpg"、"素材1.png"等素材图片。

❷ 新建一个影片剪辑元件，拖入"素材1.png"，输入课件名称，如图14-33所示。

图14-33　输入课件名称

❸ 新建"背景音乐"影片剪辑元件，拖入"背景.mp3"声音文件和"素材2.png"素材图片，如图14-34所示。

❹ 新建"我要退出"影片剪辑元件，拖入"素材3.png"图片，输入文

字"我要退出"，如图14-35所示。

图14-34　拖入声音文件和素材图片

图14-35　输入文字"我要退出"

❺ 新建按钮，输入文字，如图14-36所示。在"库"面板中复制该元件，创建其他3个按钮元件，分别为"正误解析"、"辅助练习"、"课后思考"。

动作要领

图14-36　按钮

❻ 新建"动作要领"影片剪辑元件，将鱼跃前滚翻系列图片拖入舞台，完成这个动作，如图14-37所示。

图14-37　鱼跃前滚翻系列图片

❼ 复制"动作要领"影片剪辑元件，创建"正误解析"、"课后思考"和"辅助练习"影片剪辑元件。

❽ 返回"场景1"，绘制背景，拖入按钮，舞台效果如图14-38所示。

图14-38　舞台效果

❾ 新建"场景2"，将"动作要领"影片剪辑元件拖入舞台。新建"场景3"，将"正误解析"影片剪辑元件拖入舞台。新建"场景4"，将"辅助练习"影片剪辑元件拖入舞台。新建图层5，将"课后练习"影片剪辑元件拖入舞台。

❿ 至此，本实例制作完成，按Ctrl+Enter组合键测试影片，如图14-39所示。

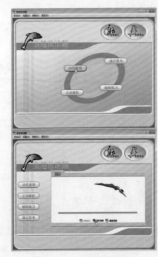

图14-39　测试影片

实例274 旅游课件——雨中登泰山

本实例制作的是旅游课件，对泰山的相关古文及景点深入了解。

案例设计分析

设计思路

本实例通过按钮、输入文本及代码，实现课件的交互。通过考察泰山的历史文化背景以及地理位置分布和旅游景点商业分布，综合了解考生各方面能力。

案例效果剖析

本实例制作的语文课件效果如图14-40所示。

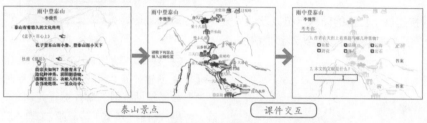

图14-40 效果展示

案例技术要点

本实例中主要运用的功能与知识点如下。

- 文本工具：输入文字和绘制动态文本框。
- 颜料桶工具：使用颜料桶工具填充颜色。

源文件路径	源文件\第14章\实例274 雨中登泰山.fla	
素材路径	素材\第14章\实例274\素材1.png、素材2.png等	
视频路径	视频\第14章\实例274 雨中登泰山.mp4	
难易程度	★★★★★	学习时间	4分41秒

实例275 语文课件——两小儿辩日

本实例制作《两小儿辩日》课件，对朗读、识字和人物分析进行分别讲解。

案例设计分析

设计思路

本实例通过制作交互动画来实现对朗读、识字和课文分析的播放控制，来帮助学习课文知识；通过遮罩及补间制作卷轴打开的动画；导入的声音文件，使课件内容更丰富。

案例效果剖析

本实例制作的《两小儿辩日》语文课件效果如图14-41所示。

图14-41 效果展示

案例技术要点

本实例中主要运用的功能与知识点如下。

- 文本工具：使用文本工具输入文字。
- 颜料桶工具：使用颜料桶填充颜色。

- 遮罩层：使用遮罩层制作遮罩动画。

源文件路径	源文件\第14章\实例275 两小儿辩日.fla
素材路径	素材\第14章\实例275\背景1.jpg、背景2.jpg等
视频路径	视频\第14章\实例275 两小儿辩日.mp4
操作步骤路径	操作\实例275.pdf
难易程度	★★★★★
学习时间	2分05秒

实例276 语文课件——赠汪伦

本实例制作《赠汪伦》语文课件，使用动画帮助学生了解古文。

案例设计分析

设计思路

本实例制作有朗读动画、背景介绍、课文赏析、课后练习和课外补充等多个动画，并以按钮实现交互展示，将古文内容表达出来，强化学生理解。

案例效果剖析

本实例制作的语文课件效果如图14-42所示。

图14-42 效果展示

本实例中主要运用的功能与知识点如下。

- 文本工具：输入文字和绘制动态文本框。
- 颜料桶工具：使用颜料桶工具填充颜色。
- 遮罩层：制作遮罩动画。

案例制作步骤

源文件路径	源文件\第14章\实例276 赠汪伦.fla	
素材路径	素材\第14章\实例276\背景.jpg、图片.jpg等	
视频路径	视频\第14章\实例276 赠汪伦.mp4	
难易程度	★★★★★	学习时间	21分28秒

❶ 新建一个空白文档，导入"背景.jpg"、"图片.jpg"等素材图片。

❷ 新建"观看动画"按钮元件，输入文字，如图14-43所示。通过直接复制该元件的方法创建"背景介绍"、"课文赏析"、"课后练习"和"课后补充"按钮。

图14-43 按钮

❸ 新建"毛笔字动画"影片剪辑元件，使用 T （文本工具）输入诗句，并制作逐字显示的动画效果，如图14-44所示。

图14-44 输入诗句

❹ 新建"文字介绍—背景介绍"影片剪辑元件，从作者介绍和诗文背景两个方面制作相应的动画，如图14-45所示。

❺ 新建"文字介绍—诗文赏析"影片剪辑元件，从诗文注释、古诗今译和诗文赏析三个方面制作相应动画，如图14-46所示。

图14-45 背景介绍

图14-46 诗文鉴赏

❻ 新建"文字介绍—课后练习"影片剪辑元件，列出一些翻译和认字的题目，如图14-47所示。

图14-47 课后练习

❼ 新建"文字介绍—课外阅读"影片剪辑元件，输入3首课外诗文，如图14-48所示。

图14-48 课外阅读

❽ 新建"卷轴动画"影片剪辑元件，拖入"书画.png"素材图片，将"卷轴.png"拖入舞台两次，并制作卷轴展开的遮罩动画，如图14-49所示。

图14-49 遮罩动画

❾ 返回"场景1"，将"卷轴动画"影片剪辑元件作为开场动画，同时，将"观看动画"、"背景介绍"、"课文赏析"、"课后练习"和"课后补充"按钮元件都拖入舞台。在将上述5个按钮元件依次拖入舞台后，时间轴效果如图14-50所示。

图14-50 时间轴

❿ 至此，本实例制作完成，按Ctrl+Enter组合键测试影片，如图14-51所示。

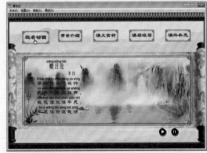

图14-51 测试影片

实例277 语文课件——语文填空题

本实例制作的是填空题，意在巩固学生默写能力。

案例设计分析

设计思路

本实例制作的是填空题课件，输入有两首残缺的古诗，在残缺文字的地方使用文本框输入文本，设置该文本框的实例名称。当学生在这个文本框中输入文字时，如果输入的文字与代码中的不相同，则不正确，反之则正确。最后以动态文本显示得分。

案例效果剖析

本实例制作的效果如图14-52所示。

图14-52 效果展示

案例技术要点

本实例中主要运用的功能与知识点如下。

- 文本工具：输入文字绘制动态文本框。
- 颜料桶工具：使用颜料桶工具填充颜色。

案例制作步骤

源文件路径	源文件\第14章\实例277 语文填空题.fla
素材路径	素材\第14章\实例277\背景.jpg、素材.png等
视频路径	视频\第14章\实例277 语文填空题.mp4
难易程度	★★★★★ 学习时间 10分40秒

❶ 新建一个空白文档，导入"背景.jpg"、"素材.png"等素材图片。

❷ 将"背景.jpg"素材图片拖入舞台。新建"图层2"图层，将"人物.png"图片拖入舞台，将其缩小，再按F8键将其转化为按钮元件，并使用 T（文本工具）输入文字"开始作答"，创建4个关键帧，修改每个关键帧中按钮前面的文字，舞台整体效果如图14-53所示。

图14-53 舞台整体效果

❸ 新建"图层3"图层，在第2帧处使用 T（文本工具）输入不完整的诗，并使用 ＼（线条工具）在残缺的地方画上横线，如图14-54所示。

图14-54 输入不完整的诗

❹ 新建"图层4"图层，选择 T（文本工具），设置文本属性，在第2帧上绘制文本框，并为这些文本框设置实例名称，如图14-55所示。

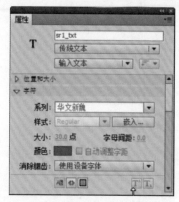

图14-55 设置文本属性

❺ 选择"图层2"图层第2帧上的按钮，添加脚本，如图14-56所示。

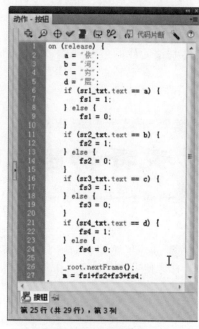

```
on (release) {
    a = "依";
    b = "河";
    c = "穷";
    d = "层";
    if (sr1_txt.text == a) {
        fs1 = 1;
    } else {
        fs1 = 0;
    }
    if (sr2_txt.text == b) {
        fs2 = 1;
    } else {
        fs2 = 0;
    }
    if (sr3_txt.text == c) {
        fs3 = 1;
    } else {
        fs3 = 0;
    }
    if (sr4_txt.text == d) {
        fs4 = 1;
    } else {
        fs4 = 0;
    }
    _root.nextFrame();
    n = fs1+fs2+fs3+fs4;
```

图14-56 添加脚本

❻ 用相同方法在第3帧上同样创建一首不完整的诗，进行同样的设置。

❼ 在第4帧上输入文字，绘制文本框，如图14-57所示。

图14-57 绘制文本框

❽ 新建"图层5"图层，在第1帧上输入脚本，如图14-58所示。在其他关键帧上输入停止脚本。

图14-58 在第1帧上输入脚本

❾ 至此，本实例制作完成，按Ctrl+Enter组合键测试影片，如图14-59所示。

图14-59 测试影片

实例278 语文课件——小学识字

本实例制作的是一个识字的课件，通过读音、结构、笔画再到组词、含义由易到难，分阶梯讲解。

案例设计分析

设计思路

本实例通过制作读音、结构、笔画、组词、含义等多个交互按钮，切换展示课件知识点。对文字进行打散、擦除及翻转帧等多个操作，实现文字笔画的动画展示。

案例效果剖析

本实例制作的小学识字语文课件效果如图14-60所示。

图14-60 效果展示

案例技术要点

本实例中主要运用的功能与知识点如下。
- 翻转帧：在时间轴中对选择的关键帧执行"翻转帧"命令，可以将动画倒放。
- 按钮元件：使用按钮元件实现课件交互。

案例制作步骤

源文件路径	源文件\第14章\实例278 小学识字.fla
素材路径	素材\第14章\实例278\素材1.png、素材2.png等
视频路径	视频\第14章\实例278 小学识字.mp4
难易程度	★★★★★	学习时间	16分58秒

❶ 新建一个空白文档，导入"素材1.png"、"素材2.png"等素材图片。

❷ 将"背景.jpg"图片拖入舞台，新建"图层2"图层，使用＼（线条工具）绘制汉字框。新建"图层3"图层，使用Ｔ（文本工具）在汉字框中输入汉字"花"，舞台效果如图14-61所示。

图14-61 舞台效果

❸ 新建"图层4"图层，执行"插入"|"新建元件"命令，创建"部首"按钮元件，如图14-62所示。

图14-62 按钮

❹ 在"库"面板中复制"部首"按钮，通过替换位图和修改文字来创建"拼音"、"结构"、"笔画"、"笔顺"、"组词"、"字义"和"返回"等按钮元件。

❺ 将这些按钮元件按顺序排列在舞台中，在每个按钮上添加代码，如图14-63所示（代码中的参数随着按钮依次递增，最后一个按钮参数为1）。

图14-63 添加代码

❻ 新建"图层5"图层，连续创建8个关键帧，每个关键帧都输入停止代码。

❼ 插入"笔顺动画"影片剪辑元件，制作"花"笔画顺序动画，如

271

图14-64所示。

图14-64 制作"花"笔画顺序动画

⑧ 返回到"场景1"的"图层5"图层，在第2帧上输入"huā"，在第3帧输入"艹"，在第4帧输入"上下结构"，在第5帧输入"七画"，在第6帧将"笔顺动画"影片剪辑拖入舞台，在第7帧输入"花朵"、"花瓣"、"鲜花"和"花费"，在第8帧输入"花"字的字义。

⑨ 至此，本实例制作完成，按Ctrl+Enter组合键测试影片，如图14-65所示。

图14-65 测试影片

实例279 物理课件——电磁感应

本实例是介绍电磁感应物理课件的制作。

案例设计分析

设计思路

本实例通过制作导线切割、磁铁与线圈相对运动、磁场发生变化3个实例的动画演示来帮助学生掌握电磁感应的规律。通过按钮实现交互，点击不同的按钮则进入不同的课件界面。

案例效果剖析

本实例制作的物理课件效果如图14-66所示。

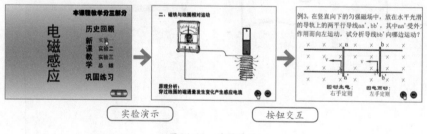

图14-66 效果展示

案例技术要点

本实例中主要运用的功能与知识点如下。

- 文本工具：使用文本工具输入文字。
- 线条工具：绘制直线。

源文件路径	源文件\第14章\实例296 电磁感应.fla
素材路径	素材\第14章\实例296\素材1.png、素材2.png等
视频路径	视频\第14章\实例296 电磁感应.mp4
难易程度	★★★★★　　学习时间　　1分47秒

实例280 物理课件——牛顿第一定律

本实例是物理课件，通过制作对比实验，直接查看实验结果。

案例设计分析

设计思路

本实例制作了小车在毛巾上运动、小车在木板上运动、小车在玻璃上运动3个动画，比对3个动画效果，学习牛顿定律。

案例效果剖析

本实例制作的物理课件效果如图14-67所示。

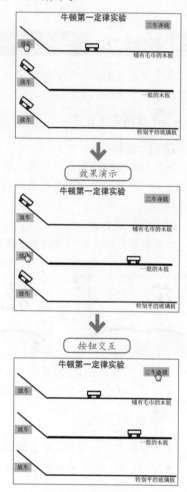

图14-67 效果展示

案例技术要点

本实例中主要运用的功能与知识点如下。

- 文字工具：输入文字。
- 传统补间：使用传统补间制作位移动画。

案例制作步骤

源文件路径	源文件\第14章\实例296 牛顿第一定律.fla	
视频路径	视频\第14章\实例296 牛顿第一定律.mp4	
难易程度	★★★★★	
	学习时间	21分08秒

❶ 新建一个空白文档，创建"小车"图形元件，绘制小车，如图14-68所示。

图14-68　绘制小车

❷ 将"小车"图形元件拖入舞台，绘制3条轨道，假使它们为文字所表示的物体，制作4个按钮，舞台效果如图14-69所示。

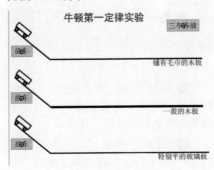

图14-69　舞台效果

❸ 新建"图层2"图层，制作第2～28帧小车在毛巾上运动的动画效果，为第1帧输入停止代码，第2帧设置帧标签mao。制作第29～56帧小车在木板上运动的动画效果，为第28帧输入停止代码，第29帧设置帧标签mu。制作第57～93帧小车在玻璃上运动的动画效果，为第56帧输入停止代码，第57帧设置帧标签bo。制作第94～132帧3辆小车同时运动的动画效果，为第93帧输入停止代码，第94帧设置帧标签san。

❹ 为4个按钮添加代码，使其控制某个帧标签段的动画播放，"三车齐放"按钮上的代码如图14-70所示。

图14-70　添加代码

❺ 至此，本实例制作完成，按Ctrl+Enter组合键测试影片，如图14-71所示。

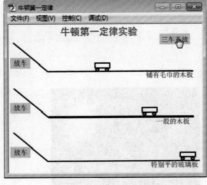

图14-71　测试影片

实例281　物理课件——匀变速直线运动的规律

本实例是物理课件，通过假设一些特殊情况来了解匀变速直线运动。

案例设计分析

◎ 设计思路

本实例制作有按钮，点击按钮解答，解答后得出相应的公式，并在解答过程中点击其他方法，得到计算其他定量的计算公式。在方法中将重点标记出来，以方便课件的演示。

◎ 案例效果剖析

本实例制作的物理课件效果如图14-72所示。

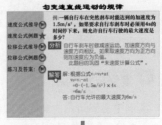

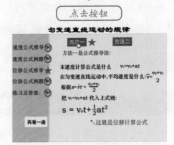

图14-72　效果展示

案例技术要点

本实例中主要运用的功能与知识点如下。

● 文本工具：使用文本工具输入文字。

● 补间形状：制作图形变形动画。

源文件路径	源文件\第14章\实例281 匀变速直线运动的规律.fla
素材路径	素材\第14章\实例281\素材1.png
视频路径	视频\第14章\实例281 匀变速直线运动的规律.mp4
难易程度	★★★★★
学习时间	1分47秒

实例282　物理课件——动量守恒定律

本实例是物理课件，探究动量守恒定律。

案例设计分析

◎ 设计思路

本实例通过3个相互比对的小实验

来观察动量是否守恒。使用传统补间制作3个小车的动画，为其添加相应的按钮。默认情况下，所有的小车均为静止状态，当点击相应的按钮后，将触发对应小车动画的效果。

案例效果剖析

本实例制作的物理课件效果如图14-73所示。

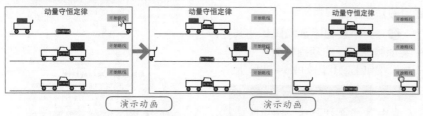

图14-73　效果展示

案例技术要点

本实例中主要运用的功能与知识点如下。

- 文本工具：使用文本工具输入文字。
- 传统补间：使用传统补间制作位移动画。

源文件路径	源文件\第14章\实例282 动量守恒定律.fla	
视频路径	视频\第14章\实例282 动量守恒定律.mp4	
难易程度	★★★★★	学习时间	16分58秒

实例283　物理课件——变压器的基本操作

本课件是物理课件，探究电力运输变压的操作原理。

案例设计分析

设计思路

本实例有设计主伏、初级线圈和二次线圈3个滑块，通过代码控制移动滑块、改变相应的参数后，灯泡发光的情况。通过课件演示帮助学生加深记忆。

案例效果剖析

本实例制作的物理课件效果如图14-74所示。

图14-74　效果展示

案例技术要点

本实例中主要运用的功能与知识点如下。

- 文本工具：输入文字和绘制动态文本框。
- 补间形状：制作渐变动画。

案例制作步骤

源文件路径	源文件\第14章\实例283 变压器的基本操作.fla	
素材路径	素材\第14章\实例283\素材1.png、素材2.png等	
视频路径	视频\第14章\实例283 变压器的基本操作.mp4	
难易程度	★★★★★	学习时间	11分47秒

① 新建一个空白文档，导入"素材1.png"、"素材2.png"等素材图片。

② 新建"主伏"影片剪辑元件，使用 T（文本工具）输入文字，将"素材1.png"图片拖入舞台，并设置透明度为0%，如图14-75所示。

图14-75　设置透明度为0%

③ 新建一个图层，输入代码，如图14-76所示。

图14-76　输入代码

④ 通过直接复制"主伏"影片剪辑元件，创建"初级线圈"和"二次线圈"两个影片剪辑元件。

⑤ 返回"场景1"，将"素材2.png"拖入舞台。新建多个图层，分别将"主伏"、"初级线圈"和"二次线圈"影片剪辑元件拖入，舞台效果如图14-77所示。

图14-77　舞台效果

⑥ 打开"动作"面板输入代码，如图14-78所示。

图14-78　输入代码

❼ 至此，本实例制作完成，按Ctrl+Enter组合键测试影片，如图14-79所示。

图14-79　测试影片

实例284　物理课件——导体和绝缘体

本实例是物理课件，探究哪些是导体，哪些是绝缘体。

案例设计分析

设计思路

本实例将多种素材设置为元件，通过当电线连接这些材料时灯泡是否会亮，来判断材料是导体还是绝缘体，帮助学生了解导体和绝缘体的区别。

案例效果剖析

本实例制作的物理课件效果如图14-80所示。

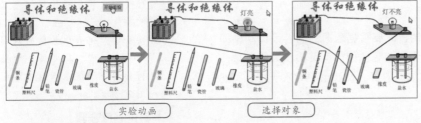

图14-80　效果展示

案例技术要点

本实例中主要运用的功能与知识点如下。

● 文本工具：输入文字和绘制动态文本框。
● 线条工具：绘制线条。

源文件路径	源文件\第14章\实例284 导体和绝缘体.fla	
素材路径	素材\第14章\实例284\图1.png、图2.png等	
视频路径	视频\第14章\实例284 导体和绝缘体.mp4	
难易程度	★★★★★	学习时间	14分13秒

实例285　物理课件——平抛运动演示

本实例是物理课件，演示平抛运动轨迹。

案例设计分析

设计思路

本实例通过可以修改参数的平抛模拟器，帮助学生了解平抛运动。使用组件制作选择的下拉列表，使用代码实现单击"演示"按钮即演示动画的效果。

案例效果剖析

本实例制作的平抛运动演示课件效果如图14-81所示。

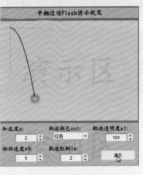

单击演示

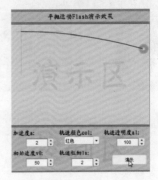

演示效果

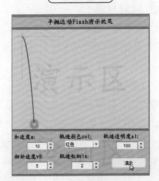

图14-81　效果展示

案例技术要点

本实例中主要运用的功能与知识点如下。

● 文本工具：绘制动态文本框和输入文本框。
● 线条工具：使用线条工具绘制线条。
● 传统补间：使用传统补间制作动画。

源文件路径	源文件\第14章\实例285 平抛运动演示.fla
视频路径	视频\第14章\实例285 平抛运动演示.mp4
难易程度	★★★★★
学习时间	3分58秒

第 ⑮ 章　动画短片的制作

Flash动画短片根据性质与内容的不同，分为MV短片、公益短片、宣传短片及动画片等多种。本章将通过15个案例的制作与介绍，帮助读者了解动画短片制作的方法与技巧。

实例286　MV短片——爱在深秋

使用Flash制作的MV动画在网络上随处可见，因其内存小、趣味性强，受很多人喜欢。

案例设计分析

设计思路

Flash MV短片不受演员与取景的限制，只要根据歌曲的内容设计动画即可。本实例制作的MV短片是以秋天为背景，金黄色的色调突出秋天的气息，对主人公一系列的动作进行刻画，表达歌词的内容。在动画中导入一首优美的歌曲，相得益彰。

案例效果剖析

本实例制作的MV短片效果如图15-1所示。

进入画面　　　　场景切换

补间移动　　　　动画绘制

图15-1　效果展示

案例技术要点

本实例中主要用到的功能及技术要点如下。

- Alpha值：对元件实例设置Alpha值来控制不透明度。

- 水平翻转：执行"修改"|"变形"|"水平翻转"命令使对象翻转。

- 舞台颜色：默认的舞台颜色为白色，在绘制白色的图形时可暂时将舞台颜色修改为深色，方便操作。

- 背景音乐：将音乐素材导入到"库"面板中。从"库"面板中将背景音乐拖入舞台中即可应用该音乐。

案例制作步骤

源文件路径	源文件\第15章\实例286 爱在深秋.fla
素材路径	素材\第15章\实例286\背景1.jpg、背景2.jpg等
视频路径	视频\第15章\实例286 爱在深秋.mp4
难易程度	★★★★★
学习时间	2分48秒

❶ 新建一个空白文档，将"背景1.jpg"素材图片拖入舞台中，转换为元件，设置Alpha值为80%，效果如图15-2所示。

图15-2　设置Alpha的效果

❷ 新建"树叶"影片剪辑元件，绘制树叶并制作摆动的动画。将该元件拖入主舞台中，如图15-3所示。

图15-3　添加"树叶"元件

❸ 新建一个图层，将"树叶"影片剪辑元件再次拖入舞台中，并进行水平翻转，按Q键调整大小，如图15-4所示。

图15-4　翻转并调整

❹ 新建"光"影片剪辑元件，将舞台暂时修改为灰色，在舞台中绘制光线，制作光线移动的动画，如图15-5所示。将"光"影片剪辑元件拖入主舞台中。

图15-5　光线动画

❺ 新建一个元件，绘制图形并制作移动的动画，如图15-6所示。将该元件拖入主舞台中，修改舞台颜色为白色。

图15-6　绘制图形并制作动画

❻ 新建一个图层，绘制图形，如图15-7所示。

图15-7　绘制图形

❼ 新建一个图层，绘制半透明的白色矩形，将其转换为元件，制作闪白的动画，如图15-8所示。

图15-8　制作闪白的动画

❽ 新建一个图层，绘制图形并转换为元件，如图15-9所示。

图15-9　绘制图形

💬 提　示

闪白是指场景突然变白切换的效果，这里是照相机照相产生的闪白效果。

❾ 新建一个图层，绘制人物，如图15-10所示。在第279帧处插入关键帧，绘制人物，如图15-11所示。

图15-10　绘制人物

图15-11　绘制人物

❿ 新建一个图层，将"背景2.jpg"素材拖入舞台中，并绘制人物，如图15-12所示。

图15-12　绘制人物

⓫ 用同样的方法，继续绘制图形并制作相应的动画，如图15-13所示。

图15-13　绘制图形

⓬ 新建一个图层，绘制图形并输入文字。新建一个图层，在舞台中绘制黑色的幕布，如图15-14所示。

图15-14　绘制幕布

⓭ 在关键帧中添加"声音.mp3"素材。新建一个图层，在最后一帧添加停止脚本。至此，本实例制作完成，保存并测试影片，如图15-15所示。

图15-15　测试影片

实例287　MV短片——真心话

MV的制作重点在突出歌曲与画面的统一，做到影音的完美结合，本实例将制作《真心话》MV。

案例设计分析

◎ 设计思路

本实例根据歌词制作了多个场景，随着歌曲的高低起伏，画面进行相应的切换，给人视听享受。使用传统补间实现歌词的淡入效果。

◎ 案例效果剖析

本实例制作的MV包含了多个场景画面，如图15-16所示为部分效果展示。

歌词显现　　　　　　场景切换

图15-16　效果展示

案例技术要点

本实例中主要用到的功能及技术要点如下。

- 文本滤镜：为文本添加滤镜效果，突出歌词。
- Alpha值：对不同关键帧的元件设置Alpha值，实现淡入的动画效果。

源文件路径	源文件\第15章\实例287 真心话.fla		
素材路径	素材\第15章\实例287\图1.jpg、图2.jpg等		
视频路径	视频\第15章\实例287 真心话.mp4		
难易程度	★★★★★	学习时间	3分22秒

实例288　MV短片——个人演唱会

本实例使用Flash将MV以演唱会的形式表现出来。

案例设计分析

◎ 设计思路

对于歌词串烧或多首歌曲而言，将所有的动画绘制出来会很烦琐。本实例制作的个人演唱会，以舞台为动画背景，通过主角在舞台上尽情演唱，很好地处理了歌曲串烧多动画的制作。通过绘制歌手、乐手的动作，实现动画的丰富效果。

◎ 案例效果剖析

本实例制作的MV动画效果如图15-17所示。

主角动作

乐手动作

图15-17　效果展示

案例技术要点

本实例中主要用到的功能及技术要点如下。

- 色彩效果：在"属性"面板中调整元件实例的色彩效果可改变实例颜色。
- 线性渐变：为图形填充线性渐变，在"属性"面板中可调整渐变色与Alpha值。
- 复制对象：选择对象，按住Ctrl键拖动可以快速复制。

案例制作步骤

源文件路径	源文件\第15章\实例288 个人演唱会.fla
素材路径	素材\第15章\实例288\背景.jpg、灯光.png等
视频路径	视频\第15章\实例288 个人演唱会.mp4
难易程度	★★★★★
学习时间	9分33秒

❶ 新建一个空白文档，将"背景.jpg"素材图片拖入舞台中，转换为元件，设置色彩效果为"高级"，参数如图15-18所示。

图15-18　设置色彩效果

❷ 新建一个图层，绘制图形，设置填充颜色为"线性渐变"，如图15-19所示。

图15-19　设置填充颜色

❸ 新建一个图层，绘制图形并复制多个，如图15-20所示。

图15-20　绘制图形并复制多个

❹ 新建一个图层，绘制图形并按住Ctrl键复制多个，调整角度与位置，如图15-21所示。

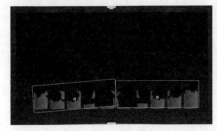

图15-21　绘制图形

❺ 用同样的方法，继续复制图形，如图15-22所示。

图15-22　绘制图形

❻ 新建一个图形元件，绘制图形，将该元件拖入主舞台中，如图15-23所示。

图15-23　添加元件

❼ 新建一个图形元件，绘制椭圆。新建一个图层，绘制图形作为灯光，并设置填充颜色，如图15-24所示。

图15-24　绘制灯光

❽ 将灯光元件拖入主舞台中多次，并调整大小与位置，如图15-25所示。

图15-25　添加元件并调整大小

❾ 新建一个图层，添加"灯光.png"素材图片，如图15-26所示。

图15-26　添加素材图片

❿ 新建"主角"影片剪辑元件，绘制图形，并制作多个动画效果，如图15-27所示。

⓫ 将"主角"影片剪辑元件拖入主舞台中，设置色彩效果，如图15-28所示。

图15-27　制作动画

图15-28　设置色彩效果

⓬ 在第40帧处插入关键帧，设置色彩效果为无，如图15-29所示。创建补间。

图15-29　色彩效果为无

⓭ 新建一个图层，再次添加素材图片，如图15-30所示。

图15-30　添加素材

⑭ 用同样的方法，制作后面的动画效果，如图15-31所示。

图15-31　制作动画

⑮ 至此，本实例制作完成，保存并测试影片。

实例289　MV制作——爱的长久

本实例是根据歌词的内容制作MV。

案例设计分析

设计思路

本实例是根据歌词内容进行动画设计，通过导入图片制作场景，通过绘制人物动作来实现完整的MV动画。然后导入声音素材，根据音乐添加歌词内容。

案例效果剖析

本实例制作的MV短片效果如图15-32所示。

场景切换　　　　　　　　场景切换

图15-32　效果展示

案例技术要点

本实例中主要用到的功能及技术要点如下。

- 帧标签：设置帧标签，使用脚本控制在该帧处播放或暂停。
- 播放影片：在"时间轴"面板下方单击"播放"按钮，可以播放该元件或场景舞台中的内容。

源文件路径	源文件\第15章\实例289 爱的长久	
素材路径	素材\第15章\实例289\背景.jpg、图2.png等	
视频路径	视频\第15章\实例289 爱的长久.mp4	
操作步骤路径	操作\实例289.pdf	
难易程度	★★★★	学习时间　1分57秒

实例290　公益短片——节约用电

公益短片是为公众谋利益和提高福利待遇为目的而设计的，如倡导节能减排、戒烟戒毒、尊老爱幼等。电能是日常生活必不可少的能源，如今伴随着科技的日益进步，电子产品越来越多地出现在我们的日常生活中，这一方面有利于促进人们生活水平的提高，然而另一方面也应该看到因此带来的电能消耗，因此日常生活中节约用电意义重大。

案例设计分析

设计思路

节约用电是一个长久的话题，本实例制作的公益短片以绿色为主题，通过添加节能灯以及醒目突出的大字来提示人们节电的意识。

案例效果剖析

本实例制作的节约用电公益短片效果展示如图15-33所示。

场景显现

图15-33　效果展示

案例技术要点

本实例中主要用到的功能及技术要点如下。

- 文档设置：在"文档设置"对话框中可以设置文档的参数。
- 实例名称：为元件实例添加实例名称，用脚本调用实例名称。
- 遮罩动画：设置遮罩图层，制作电波效果。
- 脚本实现遮罩效果：对于有多个被遮罩层的情况，可以在"动作"面板使用脚本设置遮罩效果。

案例制作步骤

源文件路径	源文件\第15章\实例290 节约用电.fla
素材路径	素材\第15章\实例290\图1.jpg、图2.png等
视频路径	视频\第15章\实例290 节约用电.mp4
难易程度	★★★★
学习时间	20分34秒

❶ 新建一个空白文档，在"属性"面板中单击"设置"按钮，在打开的对话框中设置文档尺寸与颜色，

如图15-34所示。

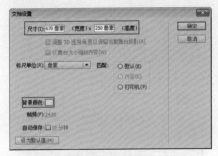

图15-34　设置文档

❷ 将"图1.jpg"素材图片拖入舞台中，如图15-35所示，并转换为元件，设置实例名称为bj。

图15-35　添加素材

❸ 新建"遮罩"影片剪辑元件，绘制随意的图形，转换为元件，制作逐渐变大至铺满舞台的动画。

❹ 将该元件拖入主舞台中，在"属性"面板中设置实例名称为zhe，并添加模糊滤镜，如图15-36所示。

图15-36　设置属性

❺ 新建"元件1"影片剪辑元件，在舞台中绘制图形并转换为影片剪辑元件，如图15-37所示。

图15-37　绘制图形

❻ 在第36帧、第40帧处插入关键帧，设置第40帧的元件Alpha值为0%，创建传统补间。在第57帧处插入帧。

❼ 新建一个遮罩图层，绘制图形作为遮罩，如图15-38所示。依次创建关键帧，绘制图形，直至将"图层1"图层遮盖，如图15-39所示。

图15-38　绘制遮罩图形

图15-39　绘制图形

❽ 新建一个图层，将"素材1.png"图片拖入舞台中并转换为影片剪辑元件，如图15-40所示。制作淡入的动画。

图15-40　添加素材

❾ 新建一个图层，在最后一帧添加停止脚本。将"元件1"添加至主舞台中。

❿ 新建"元件2"影片剪辑元件，在舞台中绘制正圆，制作正圆变大变小的动画。

⓫ 将"元件2"影片剪辑元件拖入主舞台中，设置Alpha值，添加滤镜效果等属性，如图15-41所示。

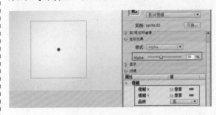

图15-41　设置属性

⓬ 新建一个图层，将"素材2.png"图片拖入舞台中，转换为影片剪辑元件，如图15-42所示。制作淡入的动画效果。

图15-42　添加素材

⓭ 新建一个图层，绘制图形并转

换为影片剪辑元件，制作淡入的动画效果，如图15-43所示。

图15-43　绘制图形

⓮ 用同样的方法，将"素材3.png"图片拖入舞台中，转换为影片剪辑元件，如图15-44所示。制作淡入的动画效果。

图15-44　添加素材

⓯ 新建一个图层，绘制圆圈，转换为影片剪辑元件，制作淡入的动画效果，如图15-45所示。

图15-45　绘制圆圈

⓰ 新建一个图层，将"树叶.png"素材拖入舞台中，转换为影片剪辑元件。双击进入元件，制作树叶飞舞至停靠在圆圈上的动画，如图15-46所示。

图15-46　添加素材

⑰ 新建"字"影片剪辑元件，将"文字.png"素材图片拖入舞台中，如图15-47所示。

图15-47 添加素材

⑱ 新建"图层2"图层，绘制图形并转换为影片剪辑元件，制作元件从左移动至右侧的动画，如图15-48所示。

图15-48 绘制图形

⑲ 复制"图层1"图层，将复制的图层移至"图层2"图层上方，设置为遮罩层。将"字"元件添加至主舞台中，如图15-49所示。

图15-49 添加元件

⑳ 创建关键帧，制作其由大变小、淡入动画的效果，如图15-50所示。

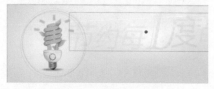

图15-50 制作淡入动画

㉑ 新建一个图层，再次将元件拖入舞台中，制作重影的效果，如图15-51所示。

图15-51 制作重影

㉒ 新建一个图层，输入文本转换为影片剪辑元件，双击进入元件，按Ctrl+B组合键将文本分离，并分散到

图层，制作文字的动画，如图15-52所示。

图15-52 制作文字动画

㉓ 新建一个图层，将"电波.png"素材图片拖入舞台中，如图15-53所示。

图15-53 添加素材

㉔ 新建一个遮罩图层，绘制矩形，创建关键帧，将其拉宽至覆盖被遮罩层，如图15-54所示。

图15-54 绘制矩形

㉕ 新建一个图层，使用 T （文本工具）输入文字，制作淡入动画的效果，如图15-55所示。

图15-55 制作淡入动画

㉖ 新建一个图层，在第1帧处打开"动作"面板，输入脚本，如图15-56所示。

图15-56 输入脚本

㉗ 至此，本实例制作完成，保存并测试影片，如图15-57所示。

图15-57 保存并测试影片

实例291 公益短片——节约用水

水，并不是取之不尽，用之不竭的。制作节约用水的公益短片可以呼吁人们节约用水。

案例设计分析

设计思路

本实例绘制有一个院子内的水龙头不停的流水，而水池的水已经溢出、水在不断浪费的动画，告示人们要养成随手关水龙头的习惯，提高节约用水的意识。

案例效果剖析

本实例制作的公益短片效果展示，如图15-58所示。

显示主题文字

图15-58 效果展示

案例技术要点

本实例中主要用到的功能及技术要点如下。

- 线性渐变：使用线性渐变填充流水。
- 传统补间：使用传统补间制作水溢出的动画。

源文件路径	源文件\第15章\实例291 节约用水.fla		
视频路径	视频\第15章\实例291 节约用水.mp4		
操作步骤路径	操作\实例291.pdf		
难易程度	★★★★	学习时间	16分12秒

实例292 公益短片——安全用电

很多人用电安全意识薄弱，因用电不当造成的事故有很多。通过制作安全用电的小短片，可以教育大家日常生活中需要注意的事项。

案例设计分析

设计思路

室内电器着火，需要先关掉电闸再用灭火器灭火。对于这一知识点，很多人并不知道。本实例通过绘制从电器起火到扑灭火焰的动画，并在动画下方进行文字说明，告诉大家正确灭火的知识，起到宣传教育的作用。

案例效果剖析

本实例制作的安全用电公益短片效果展示如图15-59所示。

图15-59 效果展示

案例技术要点

本实例中主要用到的功能及技术要点如下。

- 引导动画：通过设置引导层，来完成灭火器喷雾的效果。
- 色彩效果：通过控制Alpha值来制作火光闪烁的动画效果。

源文件路径	源文件\第15章\实例292 安全用电.fla		
视频路径	视频\第15章\实例292 安全用电.mp4		
难易程度	★★★★★	学习时间	1分59秒

实例293 宣传短片——航空公司宣传

对于新上市的公司，为了提升其品牌度及知名度，通常会制作宣传短片以宣传该公司的性质与特色。

案例设计分析

设计思路

本实例制作的航空公司的宣传动画，以航空路线及所到景点为主要思路，通过引导层与传统补间制作飞机航行的动画。当飞机停在新的景点时，则大图

案例效果剖析

本实例制作的航空公司宣传短片部分效果展示如图15-60所示。

图15-60 效果展示

案例技术要点

本实例中主要用到的功能及技术要点如下。

- 滤镜：通过添加"模糊"滤镜制作模糊的动画。
- 编辑元件：双击元件实例，可以进入元件编辑界面。在对象外双击，可退出编辑界面。

案例制作步骤

源文件路径	源文件\第15章\实例293 航空公司宣传.fla
素材路径	素材\第15章\实例293\图1.jpg、图2.png等
视频路径	视频\第15章\实例293 航空公司宣传.mp4
难易程度	★★★★
学习时间	3分33秒

❶ 新建一个空白文档，将"图1.jpg"素材图片拖入舞台中并转换为元件，如图15-61所示。

图15-61　添加素材

❷ 新建一个图层，绘制图形并转换为影片剪辑元件，如图15-62所示。制作元件由小到大的动画。

图15-62　绘制图形

❸ 新建图层，使用 [T]（文本工具）输入文字，并转换为影片剪辑元件，如图15-63所示。制作由左模糊进入画面，并从中间变小至消失的动画，如图15-64所示。

图15-63　输入文字

图15-64　制作模糊动画

❹ 新建一个图层，绘制图形并转换为影片剪辑元件，如图15-65所示。

图15-65　绘制图形

❺ 双击进入元件编辑界面，复制图层，修改颜色为白色，并调整图形的大小，如图15-66所示。

图15-66　复制图层并修改颜色

❻ 新建一个图层，向下移动图层，将"飞机.png"素材图片拖入舞台中并转换为影片剪辑元件，制作从左至右的动画，如图15-67所示。

图15-67　添加素材

❼ 新建一个图层，绘制线段，将"飞机"元件拖入舞台中，沿线路飞行，如图15-68所示。

图15-68　沿路线飞行

❽ 用同样的方法，依次沿不同的线路飞行，如图15-69所示。

图15-69　沿不同的路线飞行

❾ 新建一个图层，绘制图形并输入文字，如图15-70所示。

图15-70　绘制图形并输入文字

❿ 至此，本实例制作完成，保存并测试影片，如图15-71所示。

图15-71　测试影片

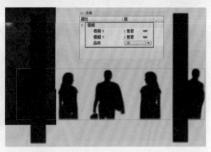

图15-75　绘制图形

图15-76　输入脚本

实例294　宣传短片——摄影展宣传

对于即将开始的摄影展，以宣传短片的形式展示在网络中，可以获得大量的关注。

案例设计分析

设计思路

本实例模拟现实的摄影展厅，将照片放置在背景墙上，使用代码实现左右移动光标可以经过长廊、单击墙上的照片会显示大图的效果，仿佛身临其境。

案例效果剖析

本实例制作的摄影展宣传动画效果展示如图15-72所示。

移动鼠标　　　　查看大图

图15-72　效果展示

案例技术要点

本实例中主要用到的功能及技术要点如下。

- "模糊"滤镜：为元件实例添加"模糊"滤镜，实现模糊的效果。
- AS链接：在"库"面板中设置AS链接，无需将元件拖入舞台中即可直接调用。
- 外部xml文档：外部xml文档可以使用记事本进行编辑，供Flash调用。

案例制作步骤

源文件路径	源文件\第15章\实例294 摄影展宣传	
素材路径	素材\第15章\实例294\图1.jpg、图2.jpg等	
视频路径	视频\第15章\实例294 摄影展宣传.mp4	
难易程度	★★★★★　学习时间	2分55秒

① 新建一个空白文档，设置舞台颜色为黑色，绘制图形，如图15-73所示。在第2帧处插入帧。

图15-73　绘制图形

② 新建"图层2"图层，添加"图1.jpg"素材图片并转换为元件，如图15-74所示。

图15-74　添加素材图片

③ 新建一个图层，绘制图形并转换为元件，为元件添加"模糊"滤镜，如图15-75所示。

④ 在"库"面板中设置元件的AS链接。新建一个图层，在帧上添加脚本。

⑤ 新建文本文档，输入脚本，并将其存储为photos.xml，如图15-76所示。

提　示

xml格式的文档用于Flash直接调用。

⑥ 将图片保存到源文件路径下。至此，本实例制作完成，保存并测试影片，如图15-77所示。

图15-77　测试影片

实例295　宣传短片——电影宣传

对于即将上映的电影，可以制作宣传短片来扩大宣传，以带来后期的票房。

案例设计分析

设计思路

本实例以电影《画皮》为蓝本，通过补间与Alpha值的设置、淡入文字与图片，展现画皮的主演人员及介绍，来获得电影宣传的效果。

案例效果剖析

本实例制作的电影宣传短片效果如图15-78所示。

显示文字　　　　　演员介绍

图15-78　效果展示

案例技术要点

本实例中主要用到的功能及技术要点如下。

- 淡入淡出动画：控制不同关键帧的Alpha值以实现淡入淡出。
- 导入视频：将视频导入到舞台中，添加视频效果。

源文件路径	源文件\第15章\实例295 电影宣传.fla		
素材路径	素材\第15章\实例295\图1.jpg、图2.png等		
视频路径	视频\第15章\实例295 电影宣传.mp4		
难易程度	★★★★★	学习时间	29分44秒

实例296　宣传短片——品牌宣传

为扩大品牌影响力、增加知名度，可以为品牌产品制作宣传动画。

案例设计分析

设计思路

本实例以杂志的形式，通过不断翻开的书页，以引导的方法展现书页中品牌介绍。通过遮罩动画，制作逐渐显现的文字与图像内容。

案例效果剖析

本实例制作的品牌宣传动画短片效果展示如图15-79所示。

页面切换　　　　　页面切换

图15-79　效果展示

案例技术要点

本实例中主要用到的功能及技术要点如下。

- 遮罩层：创建遮罩层，绘制遮罩图形，实现遮罩效果。
- 转换为元件：选择对象，按F8键可以直接转换元件。

案例制作步骤

源文件路径	源文件\第15章\实例296 品牌宣传.fla		
素材路径	素材\第15章\实例296\图1.png、图2.png等		
视频路径	视频\第15章\实例296 品牌宣传.mp4		
难易程度	★★★★	学习时间	1分51秒

❶ 新建一个空白文档，添加"图1.png"素材图片并转换为影片剪辑元件，如图15-80所示。

图15-80　添加素材

❷ 新建一个图层，将"图2.png"素材拖入舞台中并转换为影片剪辑元件，如图15-81所示。

图15-81　添加素材

❸ 新建一个图层，添加"图3.png"素材图片并转换为影片剪辑元件，如图15-82所示。

图15-82　添加素材

❹ 在该图层上新建遮罩图层，绘制图形作为遮罩，如图15-83所示。制作遮罩左右移动的动画。

❺ 用同样的方法，新建一个图层，添加文字，然后添加遮罩图层，制作遮罩，如图15-84所示。

图15-83　绘制遮罩

图15-84　添加文字与遮罩

❻ 新建一个图层，添加"图4.png"素材图片，如图15-85所示。转换为影片剪辑元件，制作左右移动的动画。

图15-85　添加素材

❼ 新建一个图层，添加文字并转换为影片剪辑元件，制作动画，如图15-86所示。在文字图层上方新建图层，设置为遮罩层。

图15-86　添加文字

❽ 用同样的方法，添加"图5.png"素材图片，制作其他动画，如图15-87所示。

图15-87　制作其他动画

❾ 至此，本实例制作完成，保存并测试影片。

实例297　动画短片——两小儿辩日

我们经常在电视、网络上看见各种有趣、幽默的动画短片，这类动画短片的制作并不复杂。

案例设计分析

设计思路

我们见过很多有寓意或教育性质的动画，不仅能表达本意，还能通过动画加深人们的印象。本实例将小学课本上的《两小儿辩日》制作成动画，以趣味及形象的动画展示课堂内容，能让人如临其境，印象深刻。通过传统补间制作马车行驶、太阳变大变小等多种动画，古文内容详细、细致地表现出来。

案例效果剖析

本实例制作的动画短片包括了多个场景画面，如图15-88所示为部分效果展示。

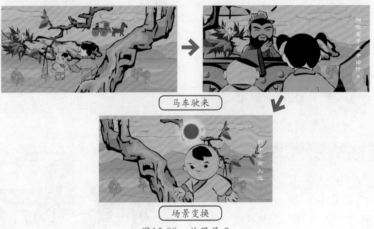

马车驶来

场景变换

图15-88　效果展示

案例技术要点

本实例中主要用到的功能及技术要点如下。

● 补间旋转：在"属性"面板中可以设置补间的旋转方向。
● 径向渐变：使用径向渐变填充太阳。
● 角色绘制：对马、人物等进行绘制时，分图层绘制不同的部位，以达到通过调整不同部分实现动画的效果。

案例制作步骤

源文件路径	源文件\第15章\实例297 两小儿辩日.fla		
素材路径	素材\第15章\实例297\声音1.mp3、声音2.mp3等		
视频路径	视频\第15章\实例297 两小儿辩日.mp4		
难易程度	★★★★	学习时间	12分41秒

① 新建一个空白文档，并新建"马"影片剪辑元件，将马的身体部位按图层进行绘制，并全部转换为影片剪辑元件，如图15-89所示。

图15-89　绘制马

② 分别在图层中插入关键帧，调整马的动作，如图15-90所示。

图15-90　调整马的动作

📎 提　示

除了马身不动外，其他的部位均需进行旋转、创建补间等操作。

③ 新建"马车"影片剪辑元件，将"马"影片剪辑元件拖入舞台中，在第20帧处插入帧。新建一个图层，绘制图形，如图15-91所示。

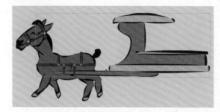

图15-91　绘制图形

④ 新建一个图层，绘制车轮，将其转换为影片剪辑元件，如图15-92所示。

图15-92　绘制车轮

⑤ 在第20帧处插入关键帧。在两个关键帧之间创建传统补间。选择补间，在"属性"面板中，设置旋转为"顺时针"，如图15-93所示。

图15-93　设置旋转

⑥ 复制图层，调整图形的位置，如图15-94所示。

图15-94　调整图形的位置

⑦ 新建一个图层，绘制车夫，如图15-95所示。

图15-95　绘制车夫

⑧ 新建"孔子"影片剪辑元件，绘制孔子。将"孔子"影片剪辑元件拖入"马车"影片剪辑元件中，如图15-96所示。

图15-96　绘制孔子

⑨ 新建"争辩"影片剪辑元件，分别按图层绘制童子的头、身体与手。创建关键帧，对头与手进行修改，制作两个童子争辩时摇头摆手的动画，如图15-97所示。

图15-97　制作动画

⑩ 新建"辩日"影片剪辑元件，将"马车"影片剪辑元件拖入舞台中，将其水平翻转并调整大小，如图15-98所示。在第200帧处插入关键帧，将其向右移动，创建补间。

图15-98　添加元件并翻转

⑪ 新建一个图层，绘制石头将其转换为元件，在第99帧处插入关键帧，制作元件向左移动的补间动画。

⑫ 新建一个图层，将"争辩"影片剪辑元件拖入舞台中，在第99帧插入关键帧，制作元件向左移动的补间动画，如图15-99所示。删除第250帧后的所有帧。

图15-99　添加元件并移动

⑬ 用同样的方法，添加树木，如图15-100所示，制作元件移动后变大的动画。

图15-100 添加树木

⑭ 新建一个图层，再次将"马车"影片剪辑元件拖入舞台中，如图15-101所示。

图15-101 添加元件

⑮ 制作向右移动再放大的动画，如图15-102所示。

图15-102 制作动画

⑯ 分别新建图层，绘制孔子的动作与小童的动作，如图15-103所示。

图15-103 绘制动作

⑰ 新建"太阳"影片剪辑元件，使用⊙（椭圆工具）绘制正圆，并调

整渐变色，如图15-104所示。

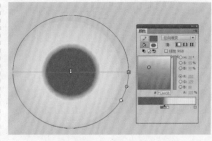

图15-104 绘制正圆

⑱ 将"太阳"影片剪辑元件拖入"辩日"影片剪辑元件中，制作元件左右移动，并由大变小、再变大的动画，如图15-105所示。

图15-105 制作元件移动动画

💡 提 示

使用椭圆工具时，按住Shift键可以绘制正圆。

⑲ 新建一个图层，插入关键帧，选择Ⓣ（文本工具）输入文字，如图15-106所示。

图15-106 输入文字

⑳ 新建一个图层，将"声音.mp3"素材拖入舞台中。将"辩日"影片剪辑元件拖入主舞台中。新建一个图层，添加背景，如图15-107所示。

图15-107 添加背景

㉑ 新建一个图层，绘制和舞台同等人小的矩形，设置该图层为遮罩层。至此本实例制作完成，保存并测试影片。

🔴 实例298 动画短片
——爱的伤害

下面展示的是幽默动画短片。

▶▶ 案例设计分析

🔵 设计思路

本实例通过绘制诙谐、幽默的动画展示出一个完整的故事，男主角顺着水管爬到窗户外，对着窗户内表达爱意，女主角打开窗户后，男主角被打掉牙。

🔵 案例效果剖析

本实例制作的动画短片效果展示如图15-108所示。

人物动画1

人物动画2

图15-108 效果展示

▶▶ 案例技术要点

本实例中主要用到的功能及技术要点如下。

- 动画绘制：卡通动画短片重点在于背景及形象的绘制。
- 传统补间：对元件制作传统补间动画，实现连贯的动画。

源文件路径	源文件\第15章\实例288 爱的伤害.fla	
视频路径	视频\第15章\实例288 爱的伤害.mp4	
难易程度	★★★★★	学习时间	2分48秒

实例299 动画短片——爱的礼物

下面制作动画短片爱的礼物。

案例设计分析

设计思路

本实例以一个完整的故事为剧本，绘制多个场景，刻画男主角偷偷将礼物放在女主角的门外，女主角打开礼物后飞出无数个爱心，最后切换画面至故事结束。

案例效果剖析

本实例制作的动画短片效果展示如图15-109所示。

图15-109　效果展示

案例技术要点

本实例中主要用到的功能及技术要点如下。

- 动画绘制：卡通动画短片重点在于背景及形象的绘制。
- 传统补间：对元件制作传统补间动画，实现连贯的动画。

案例制作步骤

源文件路径	源文件\第15章\实例299 爱的礼物.fla	
素材路径	素材\第15章\实例299\图1.jpg、图2.jpg等	
视频路径	视频\第15章\实例299 爱的礼物.mp4	
难易程度	★★★★	学习时间	16分04秒

❶ 新建一个空白文档，并新建"元件1"影片剪辑元件，将"图1.jpg"素材图片拖入舞台中，如图15-110所示。

❷ 在第131帧处插入空白关键帧，继续添加"房子.png"素材图片，如图15-111所示。

图15-110　添加素材

图15-111　添加素材

❸ 将图片转换为影片剪辑元件，在第244帧、第258帧处插入关键帧。选择第258帧的元件，将其放大。创建传统补间。

❹ 在第259帧处插入空白关键帧，将"图2.jpg"素材图片拖入舞台中，并转换为元件，如图15-112所示。

图15-112　添加素材

❺ 在第269帧处插入关键帧。选择第259帧的元件，将其放大，创建传统补间。在第456帧处插入帧。

❻ 新建"云1"影片剪辑元件，绘制云并转换为元件，如图15-113所示，制作云由左往右移动的动画。

图15-113　绘制云

❼ 用同样的方法，新建"云2"和"云3"影片剪辑元件。将3个元件拖入"元件1"影片剪辑元件舞台中。

❽ 新建两个图层，分别将人物的头和身体绘制出来，如图15-114所示。并在各种的图层中创建关键帧，绘制图形，如图15-115所示。

❾ 新建一个图层，绘制图形，如图15-116所示。

图15-114　绘制人物

图15-115　绘制图形

图15-116　绘制图形

⑩ 新建一个图层，绘制草丛，如图15-117所示。

图15-117　绘制草丛

⑪ 新建一个图层，绘制图形，如图15-118所示。

图15-118　绘制图形

⑫ 创建关键帧，绘制图形。继续新建图层，绘制人物，如图15-119所示。

图15-119　绘制人物

⑬ 新建"爱心"影片剪辑元件，绘制爱心，如图15-120所示。

图15-120　绘制爱心

⑭ 将"爱心"影片剪辑元件拖入"元件1"影片剪辑元件舞台中，制作向上运动并淡出的动画，如图15-121所示。

图15-121　制作运动动画

⑮ 新建一个图层，再次添加"爱心"影片剪辑元件，并制作逐渐放大至铺满屏幕并淡出的动画，如图15-122所示。

图15-122　放大元件

⑯ 新建一个图层，调整图层顺序，绘制图形并输入文字，如图15-123所示。

图15-123　绘制图形并输入文字

⑰ 新建元件，绘制图形，并制作动画。返回"元件1"影片剪辑元件，新建一个图层，将元件拖入舞台中，如图15-124所示。制作向上慢慢升起并淡入的动画。

图15-124　添加元件

⑱ 添加按钮元件，绘制箭头。将按钮拖入"元件1"影片剪辑元件的舞台中，并在按钮上添加脚本，如图15-125所示。

图15-125　添加脚本

⑲ 新建一个图层，绘制填充颜色为白色的矩形，在矩形中间再绘制一个笔触颜色为黑色的矩形框，并将中间舞台区域的图形删除，作为幕布，如图15-126所示。

图15-126　绘制幕布

⑳ 将"元件1"影片剪辑元件拖入主舞台中，新建一个图层，添加停止脚本。至此，本实例制作完成，保存并测试影片，如图15-127所示。

图15-127　测试影片

实例300　动画短片——爆炸片段

我们常在电视上看到各种动画片，使用Flash可以制作出这些效果。

案例设计分析

⑤ 设计思路

本实例制作的是一个动画片段，通过传统补间制作机器人手举魔杖挥向地面时闪出绿色的光，如爆炸一般，光消失后机器人也消失不见的动画。

⑥ 案例效果剖析

本实例制作的动画短片效果展示如图15-128所示。

爆炸动画　　　　人物消失

图15-128　效果展示

案例技术要点

本实例中主要用到的功能及技术要点如下。

● 传统运动补间：在元件之间添加传统运动补间，实现动画效果。

● 补间形状：在图形之间添加补间形状，实现形变动画。

源文件路径	源文件\第15章\实例300 爆炸片段.fla		
素材路径	素材\第15章\实例300\背景.jpg		
视频路径	视频\第15章\实例300 爆炸片段.mp4		
难易程度	★★★★	学习时间	1分12秒